Technische Berichte

Heike Hering

Technische Berichte

Verständlich gliedern, gut gestalten,
überzeugend vortragen

8., vollständig überarbeitete Auflage

Unter Mitarbeit von Klaus-Geert Heyne

 Springer Vieweg

Heike Hering
Hannover, Deutschland

ISBN 978-3-658-23483-6   ISBN 978-3-658-23484-3 (eBook)
https://doi.org/10.1007/978-3-658-23484-3

Die Deutsche Nationalbibliothek verzeichnet diese Publikation in der Deutschen Nationalbibliografie; detaillierte bibliografische Daten sind im Internet über http://dnb.d-nb.de abrufbar.

Springer Vieweg
Bis zur 7. Auflage erschien das Buch mit den Autoren Heike Hering und Lutz Hering.
© Springer Fachmedien Wiesbaden GmbH, ein Teil von Springer Nature 1996, 2000, 2002, 2003, 2007, 2009, 2015, 2019

Verantwortlich im Verlag: Thomas Zipsner

Springer Vieweg ist ein Imprint der eingetragenen Gesellschaft Springer Fachmedien Wiesbaden GmbH und ist ein Teil von Springer Nature.
Die Anschrift der Gesellschaft ist: Abraham-Lincoln-Str. 46, 65189 Wiesbaden, Germany

Vorwort

Technische Berichte werden i. Allg. nach Regeln erstellt, die den DIN-/ISO-Normen und „Hausregeln" der jeweiligen Hochschule oder Firma entstammen und auf Logik und langjähriger Praxis beruhen. Diese Regeln sind bei vielen schreibenden Technikern zu wenig bekannt. Das vorliegende Buch, soll darum speziell bei der Gestaltung Technischer Berichte helfen. Es enthält viele Beispiele aus der Praxis.

Die Autoren der 1.–7. Auflage waren beide langjährig in der Ingenieurausbildung an der Hochschule Hannover tätig. Sie haben viele Lehrveranstaltungen betreut, in denen „Berichte" geschrieben werden müssen, und haben alle positiven und negativen Sachverhalte notiert, die beim Konstruieren, im Labor, in Referaten und bei Abschlussarbeiten (Bachelor-, Master-, Diplom- und Doktorarbeiten) wiederholt aufgetreten sind. Frau Dr. Hering arbeitet inzwischen für ihre Nachhilfefirma.

Mitarbeiter von der zweiten bis zur achten Auflage ist Prof. Dr.-Ing. Klaus-Geert Heyne, der das Vortrags- bzw. Präsentationskapitel erweitert und neu gestaltet hat. Prof. Heyne bringt hier die Erfahrung seiner Industriezeit, seiner Professorentätigkeit an der Hochschule RheinMain Wiesbaden Rüsselsheim und zahlreicher eigener Rhetorik- und Visualisierungsseminare in Rüsselsheim und Mannheim ein.

Das vorliegende Buch soll dem Studenten und dem in der Praxis stehenden Ingenieur, Informatiker oder Naturwissenschaftler am PC die Fragen beantworten, die bei der Erstellung von Technischen Berichten und Präsentationen auftreten. Diese Fragen betreffen sowohl inhaltliche als auch formale Aspekte und treten während der gesamten Erarbeitung des Berichtes und der Präsentation bzw. des Vortrags auf. Deshalb ist das Buch als Leitfaden bzw. Handbuch zur Erstellung und zur Präsentation Technischer Berichte konzipiert worden. Es ist nach dem zeitlichen Ablauf bei der Erstellung Technischer Berichte in die drei Phasen Planung, Ausarbeitung und Fertigstellung gegliedert worden.

In dieser 8. Auflage wurden die Abschnitte über häufige Fehler in Technischen Berichten und den Einsatz von Textverarbeitungs-Programmen (Abschn. 3.7) gekürzt. Die Abschnitte über Bilder (Abschn. 3.4) und den Einsatz von Präsentationsgrafik-Programmen (Abschn. 5.4.3) wurden stark überarbeitet. Das Thema Kurzvortrag wurde neu aufgenommen (Abschn. 5.7).

Die Checklisten und das Glossar wurden als digitales Zusatzmaterial aufbereitet und sind nun im Internet verfügbar.

Auch bei dieser 8. Auflage hat mich der Verlag Springer Vieweg sehr unterstützt, insb. Herr Zipsner und Frau Zander. Vielen Dank dafür!

Hannover   Heike Hering
August 2018

Inhaltsverzeichnis

Abbildungsverzeichnis

Tabellenverzeichnis

Einleitung

1

Ein wissenschaftlicher oder ein Technischer Bericht beschreibt einen Forschungsprozess oder Forschungsergebnisse oder den Stand der Technik zu einem wissenschaftlichen oder technischen Problem. Daher sind alle im Folgenden aufgezählten Dokumente „Technische Berichte", soweit in ihnen über ein technisches Thema berichtet wird:

- Laborbericht
- Projektierungs- und Konstruktionsbericht
- Mess- und Versuchsbericht
- Praktikumsbericht, Praxissemesterbericht
- Studien-, Diplom-, Magister-, Bachelor-, Masterarbeit, je nach Studiengang sowie Dissertation/Doktorarbeit und Habilitationsschrift
- Fachartikel in einer Fachzeitschrift
- Forschungsbericht
- Projektbericht, Zwischen- und Abschlussbericht
- Prüfanweisung
- Tätigkeits- bzw. Arbeitsbericht
- Pflichten- und Lastenheft
- Businessplan
- Gutachten
- Patentschrift
- Funktionsbeschreibung, Betriebsanleitung, Software-Dokumentation usw.

Ein Technischer Bericht kann folgendermaßen definiert werden:

▶ Technischer Bericht = Bericht über technische Sachverhalte, geschrieben in der „Fachsprache der Technik" (Fachwörter, Darstellungsregeln usw.)

© Springer Fachmedien Wiesbaden GmbH, ein Teil von Springer Nature 2019
H. Hering, *Technische Berichte*, https://doi.org/10.1007/978-3-658-23484-3_1

Der Technische Bericht soll Klarheit beim Leser hervorrufen! Der Leser soll die im Technischen Bericht beschriebenen Sachverhalte exakt in der vom Autor beabsichtigten Weise ohne Rückfragen verstehen. Diese Forderung nach Klarheit umfasst drei Aspekte:

1. Klarheit der technischen bzw. wissenschaftlichen Aussage (Voraussetzungen, Zahlen, Daten, Fakten, Zusammenhänge, Feststellungen, Schlussfolgerungen, eigene Stellungnahmen),
2. Klarheit der Trennung von Bekanntem und Neuem sowie
3. Klarheit der geistigen Eigenleistung des Verfassers/der Verfasserin.

▶   Ob Ihr Technischer Bericht klar genug dargestellt ist, lässt sich folgendermaßen
     prüfen: Begeben Sie sich als Verfasser gedanklich in die Position des späteren
     Lesers, der zwar technisches Grundwissen besitzt, aber keine Detailkenntnisse
     des im Bericht beschriebenen Themas bzw. Projekts. Dieser fiktive Leser soll Ihren Technischen Bericht ohne Rückfragen verstehen können!

Das positive, professionelle Vermarkten der eigenen Ideen und Arbeitsergebnisse vor Fachkollegen, aber auch in interdisziplinären Teams, gegenüber Geldgebern und der interessierten Öffentlichkeit in Form von Technischen Berichten und Präsentationen wird heute immer wichtiger. Gerade damit haben Ingenieure und Naturwissenschaftler manchmal Schwierigkeiten. Dabei ist es gar nicht so schwer, seine Arbeitsergebnisse logisch gegliedert, klar nachvollziehbar und interessant darzustellen und so den Eindruck zu hinterlassen, dass da ein Profi am Werk war.

Es beginnt bereits mit dem ersten Durchblättern eines schriftlichen Berichtes. Ist er sauber geheftet? Ist ein neuer Hefter oder Ordner verwendet worden? Gibt es ein aussagefähiges Titelblatt? Bei der inhaltlichen Prüfung tritt die Frage auf: Gibt der Titel ausreichende und sachgerechte Information über den Inhalt des Technischen Berichts? Ist ein Inhaltsverzeichnis vorhanden? Hat es auch Seitenzahlen? Ist das Inhaltsverzeichnis logisch gegliedert, ist der „rote Faden" erkennbar? Ist die Ausgangssituation verständlich formuliert? Hat sich der Verfasser am Ende kritisch mit der Aufgabenstellung auseinander gesetzt? Sind Literaturquellen angegeben? Existiert ein Literaturverzeichnis? Sind Tabellen, Bilder und Literaturzitate leicht auffindbar und nach den gängigen Regeln gestaltet?

Dieses Buch ist dazu gedacht, dass es neben dem PC liegend verwendet wird. Es soll Fragen beantworten und nicht neue Fragen hervorrufen. Sie erhalten wichtige Hinweise, die die Vermeidung von Fehlern bei der Präsentation Ihres Technischen Berichtes betreffen. Außerdem werden viele wichtige Regeln und Checklisten zur Text-, Tabellen- und Bilderstellung sowie zur Literaturarbeit vorgestellt, die dazu führen, dass Ihre Technischen Berichte für Ihre Zielgruppe verständlich und gedanklich nachvollziehbar werden.

Wenn Sie das Buch einmal von vorn bis hinten durcharbeiten, dann wird Ihnen auffallen, dass einige Informationen mehrfach dargestellt sind. Das ist absichtlich so geschehen. Alle Informationen zur Erstellung Technischer Berichte sind eng miteinander verwoben. Damit jeder einzelne Abschnitt aber in sich möglichst vollständig ist und nicht zu viele den

Lesefluss störende Querverweise auftreten, werden die jeweils benötigten Informationen an der jeweiligen Stelle möglichst vollständig dargeboten.

All jenen, die noch nicht erfahren im Abfassen Technischer Berichte sind, empfehlen wir, wenigstens Kap. 2 sowie die Abschn. 3.7 und 3.8 bis zu Ende durchzulesen, bevor Sie mit dem Erstellen des Technischen Berichts beginnen.

Alles, was in diesem Buch an Problemen der Schreibenden vorgestellt wird, ist uns entweder selbst passiert oder es ist in von Studenten eingereichten Technischen Berichten vorgekommen oder bei der Betreuung von Abschlussarbeiten oder Doktorarbeiten aufgetreten. Auch die tägliche Berufserfahrung der Autoren und viele Hinweise von unseren Lesern sind in die Buchgestaltung mit eingeflossen. Das vorliegende Buch ist deshalb realitätsnah und berichtet „aus der Praxis für die Praxis".

Planen des Technischen Berichts

2

▶ **Vorüberlegungen zur Planung des Technischen Berichts** Technische Berichte sollen zielgruppenwirksam geschrieben werden. Dies erfordert ein hohes Maß an Systematik, Ordnung, Logik und Klarheit. Gehen Sie an die Bearbeitung Ihres Projekts und an das Schreiben Ihres Projekts so heran, dass Sie diese Klarheit in allen Details darstellen können.

Gliedern Sie Ihre Aufgaben und die erforderlichen Arbeitsschritte in die Phasen *Planung, Ausarbeitung und Fertigstellung (mit Kontrollen)* und unterteilen Sie weiter in aufeinander folgende Arbeitsschritte. Vor der Diskussion von Einzelmaßnahmen während der Planung soll eine Gesamtübersicht über alle erforderlichen Arbeitsschritte gegeben werden.

2.1 Gesamtübersicht über die erforderlichen Arbeitsschritte und Zeitplanung

Die erforderlichen Arbeitsschritte zeigt die folgende Übersicht.

Erforderliche Arbeitsschritte zur Erstellung von Technischen Berichten

- Entgegennahme und Analyse des Auftrags
- Prüfung bzw. Erarbeitung des Titels
- 4-Punkt-Gliederung erstellen
- 10-Punkt-Gliederung erstellen
- folgende Arbeitsschritte erfolgen teilweise parallel bzw. überlappend:
    - Suchen, Lesen und Zitieren von Literatur
    - Notieren der bibliografischen Daten von zitierter Literatur
    - Formulieren des Textes (auf dem Computer)
    - Erstellen bzw. Auswählen der Bilder und Tabellen
    - Feingliederung mitwachsen lassen

© Springer Fachmedien Wiesbaden GmbH, ein Teil von Springer Nature 2019
H. Hering, *Technische Berichte*, https://doi.org/10.1007/978-3-658-23484-3_2

- Endcheck durchführen
- Kopieroriginale drucken oder PDF-Datei erstellen
- Kopieren und Binden der Arbeit
- Verteilen der Arbeit an den festgelegten Verteiler

Diese Aufzählung ist zwar vollständig; die Schritte lassen sich aber in Form eines Netzplanes noch übersichtlicher darstellen, Abb. 2.1.

Dieser Netzplan wird bei den verschiedenen Stufen der Erarbeitung des Technischen Berichts immer wieder dargestellt, wobei die jeweilige Bearbeitungsstufe grau gerastert ist.

Bereits an dieser Stelle sollten Sie berücksichtigen, dass der Arbeitsumfang für das Erstellen eines Technischen Berichtes regelmäßig völlig unterschätzt wird. Beachten Sie daher die folgenden Tipps.

▶ **Zeitplanung:** Machen Sie daher eine realistische Zeitabschätzung für die Arbeiten an Ihrem Projekt einschließlich des Zusammenschreibens und nehmen Sie das Ergebnis mal zwei! Beginnen Sie spätestens nach 1/3 der Laufzeit Ihres Projektes mit dem Zusammenschreiben.

▶ **Faustformel zur Zeitabschätzung:**
Titel und Gliederung: 1 Tag
Texterstellung: 3 Seiten pro Tag
Korrekturphase, Endcheck und Abgabe bzw. Verteilung: 1 bis 2 Wochen

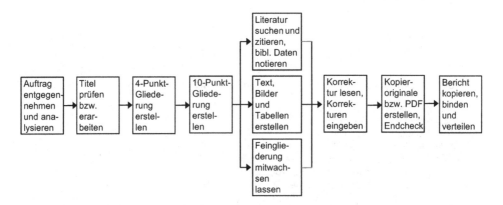

Abb. 2.1 Netzplan zur Erstellung Technischer Berichte

2.2   Entgegennahme und Analyse des Auftrags

Beim Schreiben eines Technischen Berichts existiert praktisch immer ein Auftrag, der entweder selbst gesucht oder in den meisten Fällen vorgegeben ist. Diesen Auftrag muss der Ersteller nun bei der Planung des Berichts genauer analysieren.

Analyse des Auftrags zur Erstellung des Technischen Berichts

- Was ist die Aufgabenstellung? Habe ich die Aufgabenstellung richtig verstanden?
- Von wem kommt der Auftrag?
    - von einem Professor oder Assistenten (bei Berichten im Studium)
    - von einem Vorgesetzten
    - von der Entwicklungsabteilung
    - von einem Fremdunternehmen, das Kunde oder Lieferant ist
    - selbst gesucht (z. B. Schreiben eines Artikels für eine Fachzeitschrift)
- Was ist inhaltliches Ziel meines Berichts? Formulieren Sie dies schriftlich!
- Für wen schreibe ich den Bericht? Wer gehört zur Zielgruppe? Bitte machen Sie sich entsprechende Notizen!
- Wozu schreibe ich den Bericht? Was ist der Nutzen für den Leser? Was sind die Lernziele?
- Wie schreibe ich den Bericht? Welche Darstellungsmethoden und Medien setze ich ein?
- Welche Arbeitsschritte sind erforderlich?
- Womit schreibe ich? Welche Hilfen benötige ich?
    - Hilfen durch Personen, z. B. Rat gebende Fachleute
    - Hilfen durch Sachmittel, z. B. Farb-Laserdrucker
    - Hilfen durch Informationen, z. B. Fachliteratur
- Beinhaltet die Aufgabenstellung bereits einen korrekten bzw. ausformulierten Titel?

Dieser Arbeitsschritt heißt im Netzplan „Auftrag entgegennehmen und analysieren" und wird hier grau dargestellt, Abb. 2.2.

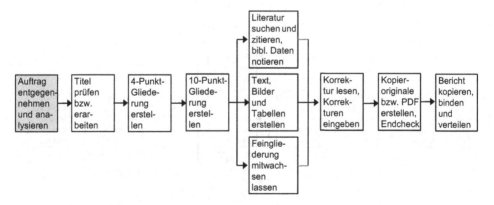

Abb. 2.2 Netzplan zur Erstellung Technischer Berichte: Auftrag analysieren

Darüber hinaus müssen im Rahmen der Planung des Berichts noch folgende Punkte geklärt werden:

- Wie soll der Titel des Berichts lauten?
  (Vorschlag erarbeiten und ggf. mit dem Auftraggeber, Betreuer oder Kunden abstimmen)
- Welche Arbeitsschritte, die nicht im Netzplan aufgeführt sind, sind noch zu erledigen?
- Welche Vorkenntnisse, Interessen und Erwartungen haben die Leser des Technischen Berichts?
- Wie organisiere ich die benötigte Hilfestellung?
- Welche Hilfen bzw. Tätigkeiten sind zeitkritisch?

2.3   Prüfung bzw. Erarbeitung des Titels

Im nächsten Schritt, Abb. 2.3, wird nun der Arbeitstitel geprüft und gegebenenfalls ein eigener Titel erarbeitet.

Der Titel eines Technischen Berichts ist das Erste, was ein Leser von dem Bericht sieht. Dementsprechend soll er neugierig machen auf den Inhalt des Technischen Berichts.

Der Titel soll das Kernthema bzw. die Kernbegriffe der Arbeit enthalten, kurz, prägnant und wahrheitsgemäß sein, eine gute Satzmelodie haben und Interesse wecken. Erläuternde bzw. ergänzende Aspekte können auch in einem Untertitel erscheinen. Auf jeden Fall soll der Titel (ggf. zusammen mit dem Untertitel) den Inhalt des Berichts treffend beschreiben und beim Leser weder unbeabsichtigte Assoziationen hervorrufen noch falsche Erwartungen wecken.

Diese Anforderungen an den Titel eines Technischen Berichts gelten sinngemäß auch für alle anderen Titel bzw. Überschriften von Textabschnitten, Bildern, Tabellen usw.

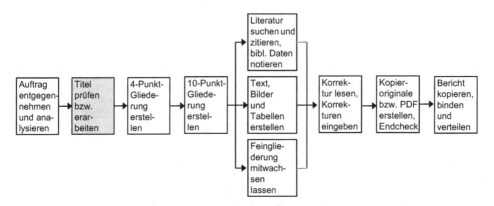

Abb. 2.3 Netzplan zur Erstellung Technischer Berichte: Titel erarbeiten

Oft ist eine Aufgabenstellung bzw. ein Auftrag bereits als Titel des Technischen Berichts verwendbar. Hier einige Beispiele für derartige Aufträge:

- Konstruktion einer Bohrvorrichtung
- Projektierung einer Spraydosen-Shredder-Anlage
- Untersuchung von Komponenten-Kombinationen zur Verkaufsoptimierung
- Ausstattung eines Tagungsraums mit Funktechnik

Selbst wenn ein Auftrag bereits als Titel verwendbar erscheint, ist es dennoch zweckmäßig, mögliche Titelvarianten systematisch zu erarbeiten. Danach können Sie (ggf. gemeinsam mit dem Auftraggeber) entscheiden, welcher Titel verwendet werden soll. Es ist auch möglich, erst einmal den Auftrag als Arbeitstitel zu verwenden und die endgültige Entscheidung über den Titel später zu treffen. Der folgende Überblick zeigt zusammenfassend noch einmal alle Anforderungen an den Titel eines Technischen Berichts.

Anforderungen an den Titel des Technischen Berichts

- Der Titel soll einfach, klar, wahr und ehrlich sein,
- das Kernthema bzw. Kernbegriffe der Arbeit nennen (für Datenbankrecherchen),
- kurz, konkret, anschaulich und glaubwürdig sein,
- eine gute Satzmelodie haben,
- Interesse und Emotionen wecken, d. h. Aufmerksamkeit hervorrufen,
- und ggf. einen erläuternden Untertitel haben.

Schreiben Sie sich die Kernworte zur Charakterisierung des Berichts handschriftlich auf, verbinden Sie diese Kernworte sprachlich zu einem Titel, bilden Sie mehrere Titelvarianten durch Variation der Kernworte, und wählen Sie den „besten" Titel aus.

Nachfolgend wird diese Vorgehensweise zur Titelerarbeitung an einem Beispiel gezeigt.

Beispiel für die Erarbeitung eines Titels

Gesucht wird der Titel einer Dissertation. Im Dissertationsprojekt ist ein Computerprogramm entwickelt worden, das eine anforderungsabhängige Werkstoffwahl erlaubt. Der Konstrukteur gibt die Anforderungen ein, die der Werkstoff erfüllen muss, und das System antwortet aus seiner Datenbank heraus mit den Werkstoffen, die diese Anforderungen erfüllen können. Bereits früh wurde von dem Doktoranden, der Begriff „CAMS" = **C**omputer **A**ided **M**aterial **S**election geprägt, um den Programmzweck zu beschreiben.

Der Doktorand beginnt nun, einen Titel für seine Dissertation entsprechend der vorgestellten Vorgehensweise zu entwerfen. Er überlegt sich zuerst die Schlüsselwörter, die im Titel vorkommen sollen, und schreibt diese Schlüsselwörter von Hand auf.

Erarbeitung des Titels – Schlüsselwörter

- Werkstoffwahl
- Konstruktion
- Ausbildung
- CAMS
- mit Computer

Da es sich um eine große Anzahl an Schlüsselwörtern handelt, ist vermutlich auch ein Untertitel erforderlich, da sonst der eigentliche Titel für einen Technischen Bericht zu lang werden würde. Der Doktorand beginnt nun, die Schlüsselwörter zu kombinieren, um verschiedene Titel zu erhalten:

Erarbeitung des Titels – Titelvarianten

- Beitrag zur computergestützten Werkstoffwahl
- Beitrag zur computergestützten Werkstoffwahl im Konstruktionsbereich
- Beitrag zur computergestützten Werkstoffwahl in der Konstruktionsausbildung
- Computergestützte Werkstoffwahl im Konstruktionsbereich
- Computergestützte Werkstoffwahl in der Konstruktionsausbildung
- Computer Aided Material Selection = CAMS
- CAMS in der Konstruktionsausbildung
- Unterstützung der Werkstoffwahl mit dem Rechner
- Computeranwendung zur Werkstoffwahl
- CAMS in der Konstruktion
- Konstruktion mit CAMS
- Rechnerunterstützung bei der Werkstoffwahl
- Werkstoffwahl mit dem Computer
- CAMS in Design Education

Für Datenbankrecherchen sollen unbedingt auch englische Suchwörter im Titel auftreten. Da der Doktorand den Begriff CAMS selbst geprägt hat, möchte er ihn auch im Dissertationstitel erscheinen lassen. Es soll daher mit Untertitel, in dem dann der Begriff CAMS erscheint, gearbeitet werden. Schließlich entscheidet sich der Doktorand für folgenden Titel:

Erarbeitung des Titels – Auswahl des „besten" Titels

Computergestützte Werkstoffwahl in der Konstruktionsausbildung
- CAMS (Computer Aided Material Selection) in Design Education

Der englische Untertitel erfüllt hier zwei Ziele: einerseits erscheint darin der erwünschte Begriff CAMS, andererseits wird bei Datenbankrecherchen aus dem englischen Sprachraum heraus auch der Begriff „Design Education" gefunden, der dem deutschen Wort Konstruktionsausbildung entspricht.

Die hier angewendete Vorgehensweise ist in der folgenden Übersicht zusammengefasst.

Vorgehensweise zur Titelerarbeitung

- vorgegebene Aufgabenstellung aufschreiben
- Kernworte zur Charakterisierung des Berichts aufschreiben
- diese Kernworte sprachlich zu einem Titel verbinden
- neue Titel bilden durch Variation dieser Kernworte
- mögliche Titel laut lesen, um die Satzmelodie zu optimieren
- Auswahl des „besten" Titels

Nachdem der Titel nun vorliegt, folgt anschließend die Erarbeitung der Gliederung.

2.4 Die Gliederung als „roter Faden"

In unserem Netzplan zur Erstellung Technischer Berichte, Abb. 2.4, sind wir damit bei den beiden letzten Tätigkeiten der Planung des Berichts angekommen, der Erstellung der 4-Punkt- und der 10-Punkt-Gliederung. Da das Erstellen der Gliederung der zentrale Schritt der Planung des Technischen Berichts ist, wird diese wichtige Tätigkeit, in den folgenden Abschnitten detailliert beschrieben.

Sie lernen die zugrundeliegenden Normen kennen, bekommen Tipps zur sprachlogischen und formalen Gestaltung der Überschriften sowie konkrete Beispiel-Gliederungen und etwas abstraktere Muster-Gliederungen zur Orientierung.

Die inhaltliche Abgrenzung der beiden Begriffe „Gliederung" und „Inhaltsverzeichnis" wird sprachlich oft nicht sauber gehandhabt. Deshalb hier folgende Definition:

▶ **Gliederung**: *ohne* Seitenzahlen, enthält Logik, ist **Zwischenergebnis;**
Inhaltsverzeichnis: *mit* Seitenzahlen, ermöglicht Suchen, ist **Endergebnis.**

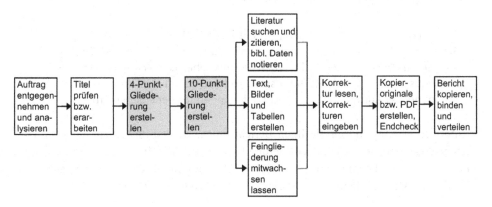

Abb. 2.4 Netzplan zur Erstellung Technischer Berichte: 4-Punkt- und 10-Punkt-Gliederung erstellen

Die typografische Gestaltung bzw. das Layout des Inhaltsverzeichnisses ist kein Planungs-schritt, sondern dieser Arbeitsschritt fällt unter „Erstellung" des Technischen Berichts und ist deshalb im Abschn. 3.1.2 beschrieben.

2.4.1 Allgemeines zu Gliederung und Inhaltsverzeichnis

Die Gliederung (während der Erstellung des Technischen Berichts) bzw. das Inhaltsver-zeichnis ist die „vordere Eingangstür" in Ihren Technischen Bericht. Sie ist nach Titelblatt, Aufgabenstellung und ggf. Vorwort und/oder Danksagung das Nächste, was bei größe-ren Dokumenten wie z. B. Büchern, Forschungs-Anträgen und -Abschlussberichten, Kon-struktionsberichten, Abschlussarbeiten, Bedienungsanleitungen u. ä. gelesen wird.

▶   Eine gute Gliederung ist so wichtig für die Verständlichkeit und Nachvollzieh-barkeit von Texten – auch von kurzen Texten wie z. B. E-Mails –, dass Sie alle von Ihnen selbst geschriebenen Sachtexte, die ca. eine Seite Umfang übersteigen, durch Zwischenüberschriften gliedern sollten.

Die Gliederung ermöglicht den schnellsten und besten Überblick

- zum Hineinfinden in den Technischen Bericht,
- zur Hilfestellung durch den Betreuer und
- zur Beurteilung/Zensierung.

▶   Darum nehmen Sie zur Durchsprache des Arbeitsfortschrittes bei Ihrem Auftrag-geber (Chef, Assistent, Professor usw.) stets die Gliederung mit.

Auch weitere nur eventuell erforderliche Unterlagen (z. B. wichtige oder schwer beschaff-bare Literaturquellen) sollten bereitgehalten werden.

▶   Für jeden Leser eines Technischen Berichts ist die Gliederung der wichtigste Schlüssel zum Erfassen des Inhalts. Deshalb gilt nicht nur für die Gliederung, sondern für den gesamten Technischen Bericht: Gehen keine Kompromisse mit sich selbst ein! Da, wo Sie als Autor selbst nicht zufrieden sind, kritisiert später fast immer der Auftraggeber den nicht gelungenen Teil der eigenen Arbeit.

Die Informationen, mit denen Sie Ihren Bericht füllen, werden im Prinzip nur noch in die Schubladen einsortiert, die die Gliederung festlegt. Die Erstellung der Gliederung ist damit die eigentliche kreative Arbeit. Das spätere Ausformulieren des Textes ist dann nur noch „Handwerk", was allerdings auch entsprechende Routine erfordert.

2.4.2   Regeln für die Gliederung aus DIN 1421 und ISO 2145

Wenn man den Begriff Gliederung erläutert, dann muss man auch Über- und Unterord-nungen von Abschnittsüberschriften besprechen. Hier existieren in der Praxis Begriffe wie „Kapitel, Unterkapitel, Abschnitt, Unterabschnitt, Hauptpunkt, Punkt, Unterpunkt, Absatz, Aufzählung" usw. Diese Begriffe werden im deutschsprachigen Raum nicht mit einheitlicher Bedeutung benutzt.

Schaut man in die für dieses Problem relevante DIN 1421 „Gliederung und Benumme-rung in Texten", dann stellt man fest, dass hier eine ganz andere Terminologie verwendet wird. In der DIN 1421 heißen alle Textblöcke, die eine Abschnittsüberschrift beliebiger Hierarchiestufe aufweisen, einheitlich „Abschnitt". Die Benennung ist dabei unabhängig von der Größe des betrachteten Textblocks. Ob dieser Textblock zur ersten Hierarchiestu-fe des betrachteten Textes gehört (z. B. 1, 2, 3) oder zur letzten (z. B. 3.2.5.4, 3.2.5.5), ist ohne Einfluss. Der Textblock heißt nach DIN 1421 in jedem Fall „Abschnitt".

Die ISO 2145 „Documentation – Numbering of divisions and subdivisions in written documents" verwendet die Begriffe „main division", „subdivision" und „further levels of subdivision".

Diese Festlegung in beiden Normen entspricht nicht dem üblichen Sprachgebrauch der Menschen, für die umfangreiche Dokumente in Kapitel, Unterkapitel, Abschnitte und Un-terabschnitte unterteilt sind. Die Literatur für viele Wissensgebiete der Technik liegt auch in englischer Sprache vor. Daher wurde das deutsche Terminologie-System den entspre-chenden englischen Begriffen gegenübergestellt.

Dokumentteil-Überschriften (deutsch und englisch)	
Dokumentteil-Überschriften	**document part headings**
Titel (gesamter Bericht)	title (whole report)
Kapitel	chapter
Unterkapitel	subchapter
Abschnitt	section
Unterabschnitt	subsection

Im vorliegenden Buch werden entsprechend den Verlagsvorgaben nur die Begriffe Kapitel und Abschnitt für Teile eines Kapitels auf beliebiger Gliederungsebene verwendet. Wenn die Gesamtheit aller Kapitel- und Abschnittsüberschriften angesprochen werden soll, ver-wenden wir den Begriff Dokumentteil-Überschriften.

In den Kapiteln und Abschnitten können die folgenden Text-Elemente auftreten.

Textelemente (deutsch und englisch)	
Text-Elemente	**text elements**
Absatz	paragraph
Satz	sentence
Wort	word
Zeichen	character

Die Dokumentteile können neben Text auch andere Objekte zur Illustration der Aussagen enthalten. Häufig kommen z. B. die folgenden, den Absätzen gleichwertigen Elemente vor.

Illustrations-Elemente (deutsch und englisch)	
Illustrations-Elemente	**illustrating elements**
Tabelle	table
Bild	figure
Gleichung	equation
un-nummerierte Liste mit Aufzählungszeichen wie – oder •	bullet list with item characters
nummerierte Liste mit 1., 2., 3. oder a), b), c)	numbered list with numbers or letters
Legende	legend

Die DIN 1421 „Gliederung und Benummerung in Texten" ist die wichtigste Norm für die Erstellung von Gliederungen im deutschen Sprachraum. Sie ist gültig für alle Arten von Schriftwerken, also für technische, naturwissenschaftliche, kaufmännische, geisteswissenschaftliche, juristische, medizinische Texte usw. In der DIN 1421 von Januar 83 sind u. a. die folgenden Festlegungen enthalten:

- Anwendungsbereich und Zweck der Norm
- Begriffsdefinitionen (Text, Abschnitt, Absatz, Aufzählung)
- Festlegungen zu Abschnitten
  - Abschnittsnummern sollen höchstens dreistufig sein.
  - Punkte in Abschnittsnummern erscheinen nur *zwischen* den Gliederungsstufen, also „1 Einleitung" und nicht „1. Einleitung".
  - Die Kapitelnummer „0" darf verwendet werden für ein Vorwort.
  - Die Unterkapitelnummer „n.0" darf verwendet werden für ein Unterkapitel im jeweiligen Kapitel, das die Funktion eines Prologs, Vorworts, einer Einleitung, Präambel usw. hat.

Die Nummerierung der Dokumentteile erfolgt mit fortlaufenden arabischen Zahlen. Jeder Dokumentteil kann weiter unterteilt werden in mindestens zwei gleichwertige Teile. Auch auf der tieferen Ebene werden die Dokumentteile fortlaufend nummeriert. Die Dokumentteil-Hierarchien werden durch einen Punkt als Gliederungszeichen ausgedrückt. Kapitel erhalten dabei stets eine Dokumentteil-Nummer ohne Punkt.

Nach ISO 2145 kann es beliebig viele Hierarchieebenen geben. Aber die Unterteilung soll möglichst in der dritten Stufe enden, damit die Dokumentteil-Nummern noch übersichtlich bleiben, leicht aussprechbar und leicht zu behalten sind. Also soll eine Unterteilung z. B. von 2 über 2.1, 2.2 bis auf 2.1.1, 2.1.2 usw. erfolgen. Innerhalb einer Hierarchiestufe sollen die Zählnummern möglichst nicht größer als 9 werden.

Technische Berichte erfordern ein hohes Maß an Ordnung und Logik. Diese Logik muss sich natürlich auch in der Gliederung widerspiegeln. Bei der Erstellung von Gliederungen muss deshalb die Beibehaltung der inneren Logik vom ersten Gliederungsentwurf bis zur fertigen Gliederung ständig beachtet werden. Die in Abschn. 2.4.4 empfohlene Vorgehensweise ermöglicht es Ihnen fast automatisch, gute und logisch aufgebaute Gliederungen zu erstellen. Vorweg sollen jedoch wichtige Regeln für Dokumentteil-Nummern und Dokumentteil-Überschriften erläutert werden, weil diese Regeln in Abschn. 2.4.4 beim Entwerfen von Gliederungen bereits angewendet werden.

2.4.3 Sprachlogische und formale Gestaltung von Dokumentteil-Überschriften

In den Dokumentteil-Nummern und Dokumentteil-Überschriften drückt sich die Ablauf-logik (der „rote Faden") des Technischen Berichtes aus. Für viele Menschen hat „Logik" stets etwas mit Mathematik und ihren Gesetzen zu tun. Es gibt aber auch die Sprachlogik, die z. B. in vielen Intelligenztests neben der mathematischen Logik geprüft wird.

▶   Optimieren Sie Ihre eigenen Gliederungen sachgerecht. Dafür ist es erforderlich, dass Sie Ihre eigenen Gliederungen auf Sprachlogik überprüfen.

Diese Handlungsanweisung soll nun an Beispielen verdeutlicht werden. Es existiert aus Gründen der Logik die Forderung, dass verschiedene Dokumentteil-Überschriften auf einer Hierarchiestufe gleichwertig sein sollen. Deshalb ist der folgende Gliederungsaus-schnitt unlogisch.

Gliederungsausschnitt (unterschiedliche Gliederungstiefe, gleichwertige Abschnitte)

falsch:
3.5 Technische Bewertung der Konzeptvarianten
    3.5.1 Technische Bewertungstabelle
3.6 Wirtschaftliche Bewertungstabelle

Hier sollten Sie entweder noch eine weitere Dokumentteil-Überschrift der gleichen Hier-archiestufe hinzufügen oder das übergeordnete Thema nicht unterteilen. Das nachfolgende Beispiel behebt den Fehler und ist deshalb richtig:

Gliederungsausschnitt (Korrektur)

richtig:
3.5 Technisch/wirtschaftliche Bewertung der Konzeptvarianten
    3.5.1 Technische Bewertung der Konzeptvarianten
    3.5.2 Wirtschaftliche Bewertung der Konzeptvarianten
    3.5.3 Zusammenfassende Bewertung der Konzeptvarianten im s-Diagramm

Dieser Sachverhalt gilt auf allen Unterteilungsstufen.

Auf jeder Unterteilungsstufe müssen mindestens zwei Dokumentteil-Überschriften er-scheinen, sonst macht die Unterteilung keinen Sinn. Hier ist ein Beispiel:

Unlogischer Gliederungsausschnitt mit zwei möglichen Korrekturen

unlogisch:
1 Einleitung
    1.1 Ausgangssituation
2 Grundlagen der Metallpulver-Herstellung

logisch richtig:
1 Einleitung
   1.1 Ausgangssituation
   1.2 Ziel der Arbeit
2 Grundlagen der Metallpulver-Herstellung

auch logisch richtig:
1 Einleitung
2 Grundlagen der Metallpulver-Herstellung

Jede Dokumentteil-Überschrift soll für sich allein aussagefähig sein und den Inhalt des Dokumentteils treffend wiedergeben! Sie soll genauso wie der Titel des Technischen Berichts kurz, klar und prägnant formuliert werden. Allerdings sind Dokumentteil-Überschriften, die nur aus einem Wort bestehen, häufig verbesserungsfähig. Ausnahmen sind gängige Einzelwörter wie Einleitung, Versuchsaufbau, Versuchsdurchführung, Versuchsergebnisse, Versuchsauswertung, Literaturverzeichnis, Anhang usw.

Gliederungsausschnitt mit zu ungenauen Einträgen (mit Korrektur)

schlechtes Beispiel:
3.4 Prüfstand
     3.4.1 Randbedingungen
     3.4.2 Beschreibung

verbessertes Beispiel:
3.4 Vorbereitung der Versuche
     3.4.1 Vorbereitung der Proben,
     3.4.2 Kalibrieren der Messgeräte
     3.4.3 Aufbau der Versuchseinrichtung

Die nachfolgende Übersicht zeigt die bisher vorgestellten Regeln und einige weitere Regeln für Dokumentteil-Nummern und Dokumentteil-Überschriften.

Regeln für Dokumentteil-Überschriften

Logikregeln
- Punkte in Dokumentteil-Nummern kennzeichnen die Gliederungsstufe
- Dokumentteil-Nummer 0, x.0 usw. für Präambel/Einleitung zulässig (ausnahmsweise)
- auf jeder Gliederungsebene mindestens zwei gleichwertige Dokumentteile
- Der Dokumentteil-Titel darf sprachlich nicht in den nachfolgenden Text einbezogen werden. Der erste Satz des nachfolgenden Textes muss ein vollständiger Satz sein, der jedoch die Sachaussage des Dokumentteil-Titels aufgreifen bzw. wiederholen darf.

Formale Regeln
- Eidesstattliche Erklärung (bzw. Eidesstattliche Versicherung), Vorwort, Aufgabenstellung und Inhaltsverzeichnis haben zwar praktisch immer eine Dokumentteil-Überschrift; sie erhalten jedoch keine Dokumentteil-Nummer, d. h. der Dokumentteil-Titel steht allein.
- Hinter der Dokumentteil-Nummer und dem Dokumentteil-Titel steht nie ein Satzzeichen wie Punkt, Doppelpunkt, Fragezeichen, Ausrufungszeichen usw.
- Auch die Formulierung von ganzen Sätzen oder Hauptsätzen mit einem oder mehreren Nebensätzen als Dokumentteil-Titel ist eher ungewöhnlich.
- Hinter der Dokumentteil-Überschrift steht nie eine Quellenangabe wie z. B. „[13]".

Layout-Regeln
- Wenn Sie das Inhaltsverzeichnis mit Ihrem Textverarbeitungsprogramm automatisch erzeugen
  wollen, dann formatieren Sie Dokumentteil-Überschriften im laufenden Text mit den ggf. bzgl.
  Layout veränderten Formatvorlagen: Kapitel mit „Überschrift 1", Unterkapitel mit „Überschrift 2",
  Abschnitte mit „Überschrift 3" usw. Um das Aussehen des Inhaltsverzeichnisses zu beeinflussen,
  ändern Sie die Formatvorlagen „Verzeichnis 1", „Verzeichnis 2" usw. Üblich ist, dass die
  Dokumentteil-Überschriften fett und größer als die normale Schrift sind, aber nicht unterstrichen
  werden.
- Vermeiden Sie bitte, die Überschriften und Verzeichniseinträge in Großbuchstaben oder
  Kapitälchen zu setzen, weil dies viel schwerer zu lesen ist als Groß- und Kleinbuchstaben.
- In DIN 5008 wird festgelegt, dass Dokumentteil-Überschriften vom vorhergehenden und
  nachfolgenden Text durch je eine Leerzeile abzutrennen sind. Dies ist aber unübersichtlich. In der
  inzwischen zurückgezogenen DIN 1422 Teil 2 war geregelt, dass oberhalb der Dokumentteil-
  Überschrift ein größerer Leerraum vorzusehen ist, als darunter. Auch ISO 8 legt dies fest. Diese
  Art des Layouts ist übersichtlicher und wird deshalb empfohlen.

Obige Regeln gelten sinngemäß auch für Tabellenüberschriften und Bildunterschriften mit
folgenden Ausnahmen:

- Hinter Tabellenüberschriften und Bildunterschriften *muss* eine Quellenangabe erscheinen, wenn das Bild bzw. die Tabelle von anderen Autoren übernommen ist.
- Für Bildnummern und Tabellennummern gelten andere Regeln als für Dokumentteil-
  Nummern. Bilder und Tabellen werden entweder durch den ganzen Technischen Bericht chronologisch durchnummeriert oder die Nummern werden aus Kapitelnummer
  und einer laufenden Nummer innerhalb des Kapitels kombiniert, siehe Abschn. 3.3.2
  und 3.4.2.
- Damit Ihr Textverarbeitungs-System das Bilderverzeichnis und Tabellenverzeichnis
  automatisch aus den Bildunterschriften und Tabellenüberschriften erzeugen kann, verwenden Sie keine manuell zugewiesenen Absatzformatierungen, sondern jeweils eigene Absatzformatvorlagen oder Beschriftungen.

Nach dieser Darstellung der wichtigsten Regeln zur Gestaltung von Dokumentteil-
Überschriften kann nun unter Verwendung dieser Kenntnisse die Gliederung erarbeitet
werden.

2.4.4   Zweckmäßige Vorgehensweise zur Erstellung von Gliederungen und einige Beispiel-Gliederungen

Die Erstellung der Gliederung erfolgt in mehreren aufeinander folgenden Schritten. Ausgehend vom Arbeitstitel (oder auch dem bereits endgültigen Titel) wird das Hauptziel
bzw. die Kernaussage des Technischen Berichts in einem Satz formuliert. Diese Aussage
wird dann immer weiter in Dokumentteil-Überschriften untergliedert bis zur vollständigen, später in der Arbeit erscheinenden Feingliederung bzw. dem sich daraus ergebenden

Inhaltsverzeichnis. Dabei hat sich die in der folgenden Übersicht gezeigte Vorgehensweise zur Erarbeitung der fertigen, in sich logischen Gliederung sehr gut bewährt.

Schritte zur Erarbeitung der Gliederung

1. ausgehend vom Titel die Kernaussage/das Hauptziel des Technischen Berichts formulieren
2. auflösen in 3 bis 4 Hauptpunkte (4-Punkt-Gliederung)
3. weiter auflösen in 8 bis 10 Hauptpunkte (10-Punkt-Gliederung)
4. weitere Auflösung durch Untergliederung umfangreicher Hauptpunkte
5. Auflösung bis zur fertigen Gliederung (Feingliederung) parallel mit der weiteren Ausarbeitung des Technischen Berichts
6. abschließend Übereinstimmungs- und Vollständigkeits-Kontrolle für Dokumentteil-Nummern und -Überschriften vorn/hinten sowie Hinzufügung der Seitenzahlen, wenn das Inhaltsverzeichnis nicht automatisch erstellt wird

---

Bei Beachtung dieser Vorgehensweise kann die bereits in der 4-Punkt-Gliederung festgelegte Logik in der Reihenfolge der Gedanken bei der weiteren Detaillierung der Gliederung nicht mehr verloren gehen!

Nun soll diese Vorgehensweise an vier Beispielen erläutert werden. Die Beispiele beziehen sich auf einen Konstruktionsbericht, einen Bericht über durchgeführte Messungen, also einen Laborbericht, einen Bericht über die Erweiterung des Netzwerks bei einer Kundenfirma, also einen Projektbericht und eine Diplomarbeit, in deren Rahmen ein Computerprogrammsystem entwickelt wurde. Die vorgestellte Vorgehensweise ist natürlich auch auf andere Berichtsarten übertragbar, z. B. auf Literaturarbeiten, Projektierungen usw.

Beispiel 1: Konstruktionsbericht

Titel des Berichts: Konstruktive Umgestaltung einer Anlage zur Herstellung von Magnesium-Lithium-Wasserstoff-Legierungen

1. Schritt: Kernaussage (Hauptziel) des Technischen Berichts formulieren

Vorhandene Schwachstellen der bisherigen Gießanlage sollen durch konstruktive Umgestaltung behoben werden.

2. Schritt: Auflösen in 3 bis 4 Hauptpunkte (4-Punkt-Gliederung)

Stand der Technik
Beschreibung der vorhandenen Schwachstellen
Beschreibung der Verbesserungen

3. Schritt: weiter auflösen in 8 bis 10 Hauptpunkte (10-Punkt-Gliederung)

1 Einleitung
2 Stand der Technik
3 Erforderliche Veränderungen der bisherigen Anlage
4 Anforderungen an die neue Anlage
5 Konstruktive Gestaltung der neuen Gießanlage
6 Praktische Erprobung der neuen Gießanlage

7 Auswertung der Gießversuche mit der neuen Anlage

8 Zusammenfassung und Ausblick

4. Schritt: weitere Auflösung durch Untergliederung umfangreicher Hauptpunkte

Kapitel 3 kann in die einzelnen Gruppen der erforderlichen Veränderungen unterteilt werden (Verwendbarkeit der Anlage für andere technologische Prozesse, erleichterte Bedienbarkeit, erleichterte Reinigung, verbesserte Arbeitssicherheit beim Arbeiten mit Wasserstoff usw.).

Kapitel 5 kann aufgeteilt werden in grundsätzliche Prinzipien bei der Verbesserung der Gießanlage und konstruktive Detaillösungen.

5. Schritt: Auflösung bis zur fertigen Gliederung (Feingliederung) parallel mit der Ausarbeitung des Technischen Berichts

5 Konstruktive Gestaltung der neuen Gießanlage

    5.1 Gestaltungsgrundsätze und Prinzipskizze

    5.2 Konstruktive Realisierung der erforderlichen Veränderungen

        5.2.1 Grundaufbau der Gießanlage

        5.2.2 Temperaturführung der Anlagenkomponenten

        5.2.3 Gasführung von Inertgas und Legierungsgas

        5.2.4 Veränderung der Abgießvorrichtung

        5.2.5 Flexibler Kokillenaufbau durch Stecksystem

        5.2.6 Schutzgasbehälter für die Kokille

        5.2.7 Zentrale Anlagensteuerung über das Bedienpult

Beispiel 2: Bericht über durchgeführte Messungen

Titel des Berichts: Schadenserkennung mit der holografischen Interferometrie

1. Schritt: Kernaussage (Hauptziel) des Technischen Berichts formulieren

Die Verformung eines Stahlbehälters unter Innendruck soll mit der holografischen Interferometrie gemessen werden (Ziel: Erkennung des Einflusses von Behälter-Geometrie, Schweißraupe, Wärmeeinflusszone und absichtlich in die Behälterwand eingebrachten Werkstoff-Fehlern auf die Verformung des Stahlbehälters).

2. Schritt: Auflösen in 3 bis 4 Hauptpunkte (4-Punkt-Gliederung)

Stand der Technik

Versuchsaufbau

Versuchsdurchführung

Versuchsergebnisse

3. Schritt: weiter auflösen in 8 bis 10 Hauptpunkte (10-Punkt-Gliederung)

1 Einleitung

2 Stand der Technik

3 Versuchseinrichtung

4 Versuchsvorbereitung

5 Versuchsdurchführung

6 Auswertung der Interferogramme

7 Abschätzung und Klassifizierung aufgetretener Messfehler

8 Vorschläge für weiterführende Arbeiten

9 Zusammenfassung

4. Schritt: weitere Auflösung durch Untergliederung umfangreicher Hauptpunkte

Kapitel 5 kann nach der Art der durchgeführten Arbeitsschritte unterteilt werden in Abschätzung des erforderlichen Prüfkörperinnendrucks, Beschreibung der unbeabsichtigten Fehler in Schweißraupe und Wärmeeinflusszone sowie der bewusst herbeigeführten Schweißnahtfehler, Beschreibung der Messstellen, Einfluss der Behältergeometrie.

In Kapitel 6 kann die Auswertung der Messergebnisse aufgeteilt werden nach dem räumlichen Einfluss der Nahtbereiche sowie nach der Art der eingebrachten Werkstoff-Fehler.

5. Schritt: Auflösung bis zur fertigen Gliederung (Feingliederung) parallel mit der Ausarbeitung des Technischen Berichts

6 Auswertung der Interferogramme
    6.1 Relative Verformungsextrema
    6.2 Einfluss der Wärmeeinflusszone
    6.3 Einfluss der Schweißraupe
    6.4 Einfluss der eingebrachten Fehler

Beispiel 3: Bericht über eine Computernetzwerk-Erweiterung

Titel des Berichts: Ausstattung eines Tagungsraums mit Funktechnik

1. Schritt: Kernaussage (Hauptziel) des Technischen Berichts formulieren

Das Netzwerk des Kunden soll so erweitert werden, dass es zwei Internetzugänge für Außendienst-Mitarbeiter im Schulungsraum und zwei Internetzugänge für Kunden im Pausenbereich gibt.

2. Schritt: Auflösen in 3 bis 4 Hauptpunkte (4-Punkt-Gliederung)

Analyse des Kundenauftrags
Planung der neuen Netzwerk-Struktur
Realisierung der Netzwerkerweiterung beim Kunden
Rechnungsstellung und Zahlungsabwicklung

3. Schritt: weiter Auflösen in 8 bis 10 Hauptpunkte (10-Punkt-Gliederung)

1 Einleitung
2 Analyse des Kundenauftrags
3 Planung der neuen Netzwerk-Struktur
4 Vorbereitende Arbeitsschritte
5 Realisierung der Netzwerkerweiterung beim Kunden
6 Abnahme
7 Rechnungstellung und Zahlungsabwicklung
8 Zusammenfassung

4. Schritt: weitere Auflösung durch Untergliederung umfangreicher Hauptpunkte

Kapitel 2 kann in die Schritte Ist-Analyse und Soll-Analyse unterteilt werden, auch Kapitel 3, 4 und 5 sowie 9 Anhang sind in der Original-Arbeit weiter unterteilt worden.

5. Schritt: Auflösung bis zur fertigen Gliederung (Feingliederung) parallel mit der Ausarbeitung des Technischen Berichts

3 Planung der neuen Netzwerk-Struktur
    3.1 Angebotseinholung bzgl. möglicher Hardware
    3.2 Nutzwertanalyse und Lieferantenauswahl für die einzusetzende Hardware
    3.3 Planung der Verkabelung
    3.4 Planung der Fremddienstleistungen

Beispiel 4: Bericht über die Entwicklung von Software

Titel des Berichts: Computergestützte Analyse und Optimierung der Verständlichkeit technischer Texte

1. Schritt: Kernaussage (Hauptziel) des Technischen Berichts formulieren

Ausgehend von bestehenden Ansätzen zur Verbesserung der Verständlichkeit von Texten soll ein interaktives Computerprogramm entwickelt werden, das die Textverständlichkeit misst und im Dialog mit dem Anwender schrittweise verbessert.

2. Schritt: Auflösen in 3 bis 4 Hauptpunkte (4-Punkt-Gliederung)

Ansätze zur Messung und Verbesserung der Verständlichkeit von Texten
Entwicklung des Verständlichkeitskonzepts von <Programmname>
Das Programmsystem von <Programmname>
Dokumentation des Quellcodes

3. Schritt: weiter Auflösen in 8 bis 10 Hauptpunkte (10-Punkt-Gliederung)

1 Einleitung
2 Ansätze zur Messung und Verbesserung der Verständlichkeit von Texten
3 Entwicklung des Verständlichkeitskonzepts von <Programmname>
4 Das Programmsystem von <Programmname>
5 Dokumentation des Quellcodes von <Programmname>
6 <Programmname> im praktischen Einsatz
7 Weiterentwicklung von <Programmname>
8 Zusammenfassung und Ausblick

4. Schritt: weitere Auflösung durch Untergliederung umfangreicher Hauptpunkte

Das Kapitel 2 beschäftigt sich mit dem Stand der Technik, wie er in der Fachliteratur beschrieben ist und ist weiter unterteilt worden in Ansätze der Verständlichkeitsforschung, Praxisorientierte Ansätze zur Verbesserung der Verständlichkeit und Das Hamburger Verständlichkeitskonzept (HVK).

5. Schritt: Auflösung bis zur fertigen Gliederung (Feingliederung) parallel mit der Ausarbeitung des Technischen Berichts

4 Das Programmsystem von <Programmname>
   4.1 Die Menüstruktur von <Programmname>
   4.2 Der Funktionsablauf von <Programmname>
      4.2.1 Gesamtfunktionsablauf
      4.2.2 Funktionsablauf Typographie
      4.2.3 Funktionsablauf Klarheit
      ··· (weitere Abschnitte für Logik, Kürze, Motivatoren)
      4.2.8 Funktionsablauf Rechtschreibfunktionen
   4.3 Hilfsfunktionen für das Suchen und Klassifizieren
      4.3.1 Das Wortklassifikationsobjekt
      4.3.2 Das Wörterbuchobjekt

Ausführungsregeln und Hinweise für die Schritte zur Erstellung der Gliederung

Titel des Berichts: hinschreiben!

1. Schritt: Kernaussage (Hauptziel) des Technischen Berichts formulieren

Auch wenn es schwer fällt: schreiben Sie hier nur einen Satz auf!

2. Schritt: Auflösen in 3 bis 4 Hauptpunkte (4-Punkt-Gliederung)

Beispiele:

„Ausgangssituation – eigene Leistung – Verbesserungen an der Situation – Zusammenfassung"

„Stand der Technik – Versuchsaufbau – Versuchsdurchführung – Versuchsergebnisse – Schlussfolgerungen"

Falls Sie die Aufgabenstellung des Technischen Berichts als eigenes Kapitel in die Gliederung aufnehmen, sind das Kapitel „Aufgabenstellung" und die verschiedenen Kapitel über die Bearbeitung der Aufgabenstellung (Projektierung, Konstruktion, Berechnung oder Versuchsaufbau, Versuchsdurchführung, Versuchsergebnisse usw.) jeweils getrennte Kapitel.

3. Schritt: weiter auflösen in 8 bis 10 Hauptpunkte (10-Punkt-Gliederung)

Mögliche Gliederungs-Prinzipien für die Schritte 3. bis 5. sind:

- von grob (Übersicht) nach fein (Details)
- nach zeitlichem Ablauf
- nach Ausgangsbedingungen
- nach Zielen
- nach möglichen Alternativen
- nach Bestandteilen bzw. Baugruppen
- vom Eingang zum Ausgang
- in Wirkungsrichtung (Kräfte, Momente)
- in Flussrichtung (Daten, elektr. Strom, Hydraulik, Pneumatik, transportiertes Material)
- nach Ausbaustufen
- nach zusammengehörigen Sachgebieten
- oder im speziellen Fall je nach Aufgabenstellung

4. Schritt: weitere Auflösung durch Untergliederung umfangreicher Hauptpunkte

Es empfiehlt sich, *bevor* der Text zu einem Kapitel entsteht, eine vorläufige Gliederung dieses Kapitels in Unterkapitel vorzunehmen. Ganz analog wird, *bevor* der Text eines Unterkapitels entsteht, eine Gliederung des Unterkapitels in Abschnitte erstellt oder aber bewusst entscheiden, dass keine weitere Unterteilung nötig ist.

Um den Technischen Bericht zielgruppenorientiert zu schreiben, ist es sinnvoll, vom Leser erwartete und in der Praxis übliche Dokumentteil-Überschriften zu verwenden. So erwartet der Leser zum Beispiel in einem Versuchsbericht die Stichworte Versuchsaufbau, -durchführung und- auswertung bzw. Versuchsergebnisse. Diese Stichworte sollten deshalb auch so oder ähnlich in den Dokumentteil-Überschriften erscheinen und bei der Materialsammlung verwendet werden.

5. Schritt: Auflösung bis zur fertigen Gliederung (Feingliederung) parallel mit der Ausarbeitung des Technischen Berichts

Dieser Schritt bedarf keiner weiteren Erläuterung.

2.4.5 Allgemeine Muster-Gliederungen für Technische Berichte

Nachfolgend werden einige Muster-Gliederungen für häufig vorkommende Arten des Technischen Berichts angegeben, die sich in der Praxis gut bewährt haben. Wenn Sie eine solche Mustergliederung verwenden, brauchen Sie natürlich keine 4-Punkt- und 10-Punkt-Gliederung zu erarbeiten.

Zunächst wird eine Muster-Gliederung für einen Projektierungsbericht vorgestellt, in dem nach der Ermittlung der Teilfunktionen und der konstruktiven Teilfunktionslösungen verschiedene Konzeptvarianten festgelegt werden. Diese werden dann bewertet nach den VDI-Richtlinien für Konstruktionsmethodik, also VDI 2222 und 2225, speziell nach Entwurf VDI 2225, Blatt 3 „Technisch-wirtschaftliche Bewertung" (siehe auch Abschn. 3.3.2).

Muster-Gliederung eines Projektierungsberichts – mehrere Konzeptvarianten

1 Ausgangssituation
2 Aufgabenstellung
   2.1 Klären der Aufgabenstellung
   2.2 Anforderungsliste
3 Funktionsanalyse
   3.1 Formulierung der Gesamtfunktion
   3.2 Aufgliederung in Teilfunktionen
   3.3 Morphologischer Kasten
   3.4 Festlegung der Konzeptvarianten
   3.5 Technische Bewertung der Konzeptvarianten
   3.6 Wirtschaftliche Bewertung der Konzeptvarianten
   3.7 Auswahl der bestgeeigneten Konzeptvariante mit dem s-Diagramm
4 Konstruktion
   4.1 Konstruktionsbeschreibung
   4.2 Konstruktionsberechnung
5 Zusammenfassung und Ausblick
6 Literaturverzeichnis
7 Anhang
   7.1 Stückliste
   7.2 Herstellerunterlagen

Falls Sie keine Herstellerunterlagen beifügen wollen, verwenden Sie nur die Überschrift „7 Stückliste". Falls Sie auch Ausdrucke bzw. Plots oder Verkleinerungskopien von Zeichnungen beifügen wollen, dann am besten so gliedern: 7 Anhang, 7.1 Stückliste, 7.2 Zusammenbauzeichnung, 7.3 Einzelteilzeichnungen, 7.4 Herstellerunterlagen.

Stückliste im Technischen Bericht und im Zeichnungssatz
Die Stückliste ist eigentlich kein Teil des Berichts, sondern sie gehört inhaltlich zum Zeichnungssatz. Da dieser oft in einer Zeichnungsrolle vorgelegt wird, hat es sich als zweckmäßig erwiesen, die Stückliste dem Bericht zweimal beizufügen. Einmal wird sie in den Bericht im Anhang eingeheftet und das zweite Exemplar befindet sich beim Zeichnungssatz in der Zeichnungsrolle. Wenn bei der Präsentation Zeichnungen an den Wänden

des Besprechungszimmers aufgehängt werden, dann kann die (vergrößerte!) Stückliste ebenfalls mit aufgehängt werden.

Zusammenbauzeichnung im Technischen Bericht und im Zeichnungssatz
Überlegen Sie auch, ob Sie eine Verkleinerungskopie der Zusammenbauzeichnung in den Technischen Bericht einheften. Dies kann entweder im Anhang erfolgen (nach der Stückliste) oder in einem Textkapitel (am besten bei „Konstruktionsbeschreibung").

Wenn die verkleinerte Zusammenbauzeichnung im Technischen Bericht eingeheftet ist, können die Bauteile in der Konstruktionsbeschreibung jeweils ergänzend mit ihrer Positionsnummer versehen werden, zum Beispiel „Handgriff (23)". Weisen Sie aber beim ersten Auftreten eines solchen Bauteilnamens mit Positionsnummer auf die Positionsnummern in der Zusammenbauzeichnung und in der Stückliste hin.

Doch nun zurück zu den Muster-Gliederungen. Nachfolgend die Muster-Gliederung eines Projektierungsberichts, bei dem die jeweils bestgeeigneten Teilfunktionslösungen die eine (einzige) Konzeptvariante bilden (siehe auch Abschn. 3.3.2).

Muster-Gliederung eines Projektierungsberichts – eine Konzeptvariante

1 Einleitung
2 Aufgabenstellung
   2.1 Klären der Aufgabenstellung
   2.2 Anforderungsliste
3 Funktionsanalyse
   3.1 Formulierung der Gesamtfunktion
   3.2 Aufgliederung in Teilfunktionen
   3.3 Morphologischer Kasten
   3.4 Verbale Bewertung der Teilfunktionslösungen
   3.5 Festlegung der Konzeptvariante
4 Konstruktion
   4.1 Konstruktionsbeschreibung
   4.2 Konstruktionsberechnung
5 Zusammenfassung und Ausblick
6 Literaturverzeichnis
7 Anhang
   7.1 Stückliste
   7.2 Herstellerunterlagen

Nun folgen Hinweise zu Laborversuchen bzw. experimentellen Arbeiten und eine entsprechende Mustergliederung. Für das Erstellen von Laborberichten gilt:

▶   Laborversuche müssen grundsätzlich „reproduzierbar" dokumentiert werden! Geben Sie immer so viele Informationen an, dass jemand anders unter den angegebenen Bedingungen die gleichen Versuchsergebnisse ermittelt.

Daraus ergibt sich, dass die folgenden Angaben auf keinen Fall fehlen dürfen:

- Prüfmaschine/Versuchseinrichtung mit Hersteller, Typbezeichnung, Inventarnummer usw.
- alle jeweils an der Maschine bzw. Einrichtung eingestellten Parameter
- alle Messgeräte, jeweils mit Hersteller, Typbezeichnung, Inventarnummer usw.
- alle an den Messgeräten und Maschinen eingestellten Parameter
- verwendete Proben mit allen erforderlichen Angaben nach der jeweiligen DIN-, EN-, ISO- Norm bzw. andere Normen je nach Notwendigkeit
- bei nicht genormten Versuchen sinngemäße Angaben zur Probenform, zu Versuchsparametern, zu Temperaturen, physikalischen und chemischen Eigenschaften usw.
- sämtliche gemessenen Werte bzw. Versuchsergebnisse mit allen Parametern
- angewendete Auswertungsformeln mit vollständigen Quellenangaben

---

Muster-Gliederung eines Versuchsberichts

1 Zweck und Bedeutung des Versuchs
2 Theoretische Grundlagen
3 Der Laborversuch
   3.1 Versuchseinrichtung
      4.1.1 Versuchsstand
      4.1.2 Eingesetzte Messgeräte
   3.2 Versuchsvorbereitung
      4.2.1 Probenvorbereitung
      4.2.2 Einstellung des Ausgangszustandes
   3.3 Versuchsdurchführung
      4.3.1 Durchführung der Vorversuche
      4.3.2 Durchführung der Hauptversuche
   3.4 Versuchsergebnisse
   3.5 Versuchsauswertung
   3.6 Fehlerdiskussion
4 Kritische Betrachtung des Laborversuchs
5 Zusammenfassung
6 Literatur
7 Anhang
   7.1 Messprotokolle der Vorversuche
   7.2 Messprotokolle der Hauptversuche

Die nächste Mustergliederung gilt für Handbücher und Betriebsanleitungen für komplexe technische Produkte. Diese Dokumente sind in der Praxis unterschiedlich gegliedert. Die Dokumentteil-Überschriften können nach DIN 1421 nummeriert werden; die Dokumentteil-Nummern können aber auch fehlen. Um hier mehr Einheitlichkeit herbeizuführen, ist die DIN EN 82079 „Erstellen von Anleitungen; Gliederung, Inhalt und Darstellung" herausgegeben worden. Dort wird u. a. Inhalt und Reihenfolge der Informationen in Anleitungen festgelegt. Weitere Festlegungen werden in der DIN 31051 „Grundlagen der Instandhaltung" getroffen. Auch in der VDI-Richtlinie 4500 „Technische Dokumentation" finden sich Hinweise zu Reihenfolge und Inhalt der Informationseinheiten in Technischen Dokumentationen. Der Text in Betriebsanleitungen soll für technische Laien verständlich sein. Der Verkäufer des Produkts trägt ein Produkthaftungsrisiko.

Die folgende Gliederung unterscheidet sich von den übrigen Muster-Gliederungen dadurch, dass die einzelnen Dokumentteil-Überschriften z. T. nicht so ausformuliert sind. Das liegt daran, dass die technischen Produkte sehr unterschiedlichen Komplexitätsgrad und eine sehr unterschiedliche Bedienungsphilosophie haben können. Betrachten Sie deshalb diese Muster-Gliederung lediglich als Orientierungshilfe und passen Sie die Muster-Gliederung an Ihr technisches Produkt an. Die Informationen können hier entweder sachlogisch (produktorientiert) oder handlungslogisch (aufgabenorientiert) strukturiert werden.

Muster-Gliederung für Handbücher und Betriebsanleitungen

1 Vor dem Betreiben der Anlage/Maschine
  1.1 Wichtige Informationen zur Anlage/Maschine
     (Beschreibung, Leistungen, Nutzen, Sicherheits- und Warnhinweise,
     Überblick über die Funktionen)
  1.2 Lieferumfang und Optionen
  1.3 Hinweise zum Arbeiten mit der Anlage/Maschine (Vorschriften,
     Sicherheits- und Warnhinweise, bestimmungsgemäße Verwendung,
     unsachgemäßes Vorgehen, Fremd-Dokumentationen)
  1.4 Transportieren der Anlage/Maschine
  1.5 Anforderungen an den Aufstellort
  1.6 Auspacken, Zusammenbauen, Montieren und Aufstellen der Anlage/Maschine
  1.7 Anschließen der Anlage/Maschine und Probelauf
2 Betreiben und Anwenden der Anlage/Maschine
  2.1 Inbetriebnahme der Anlage/Maschine
  2.2 Funktionen der Anlage/Maschine, Sicherheits- und Warnhinweise
  2.3 Nachfüllen von Verbrauchsmaterial
  2.4 Reinigen der Anlage/Maschine
  2.5 Vorbeugendes Instandhalten (Wartung, Inspektion)
  2.6 Entsorgen der Hilfs- und Betriebsstoffe
  2.7 Stillsetzen der Anlage/Maschine
3 Nach dem Betreiben der Anlage/Maschine
  3.1 Ermitteln und Beseitigen von Störungen
  3.2 Bestellmöglichkeiten für Ersatzteile, Verschleißteile und Schaltpläne
  3.3 Demontieren der Anlage/Maschine (Hinweise zum Abbauen)
  3.4 Entsorgen und Recycling der Anlage/Maschine (was? wo? wie?)
4 Anhang
  4.1 Fehlersuche (was tue ich, wenn ...?)
  4.2 Zubehörteile, Zusatzteile (über den Lieferumfang hinausgehend)
  4.3 Glossar
  4.4 Index

Selbstverständlich können alle in diesem Abschnitt vorgestellten Muster-Gliederungen an die jeweilige Aufgabenstellung bzw. an das beschriebene Produkt angepasst werden. Wenn der Auftraggeber eine eigene Muster-Gliederung herausgegeben hat, verwenden Sie die auch. Andererseits gewährleistet die Anwendung der Muster-Gliederungen dieses Buches, dass man sich von der sachlich bzw. logisch richtigen Vorgehensweise nicht zu weit entfernt.

2.5   Kladde (Laborbuch)

In einem Leitfaden zum Erstellen von Technischen Berichten von Thomas Hirschberg, einem Professor der FH Hannover, fand ich folgenden Hinweis.

▶   Strukturieren Sie den Stoff frühzeitig und protokollieren Sie Probleme und Ent-
     scheidungen sowie noch zu erledigende Arbeiten zu Ihrem Projekt in einer Klad-
     de (Laborbuch) stets „online". Beginnen Sie *nicht* erst nach Abschluss aller Arbei-
     ten mit dem Zusammenschreiben.

Da Sie dieses Büchlein sowohl am Arbeitsplatz/im Labor als auch zu Hause brauchen, verwenden Sie hierfür am besten ein kleines Heft im Format DIN A5 oder DIN A6.

2.6   Der Berichts-Leitfaden (Style Guide) sichert einheitliche Formulierung und Gestaltung

Ein Berichts-Leitfaden ist nur beim Erstellen größerer schriftlicher Arbeiten erforderlich. Er hat Ähnlichkeit mit einem Dokumentations-Handbuch eines Dokumentations- oder Übersetzungs-Dienstleisters. Er hilft dabei, dass innerhalb einer größeren Arbeit glei-che Sachverhalte immer gleich ausgedrückt werden (Formulierungen, Terminologie) bzw. gleich dargestellt werden (Gestaltung, Layout), dass also die Arbeit in sich konsistent ist.

Deshalb werden im Berichtsleitfaden bestimmte Schreibweisen, Standard-Formulie-rungen, Fachbegriffe und Layout-Vorschriften, Grafiken, Logos, Copyright-Texte usw. gesammelt. Bleiben wir gleich in der ersten Zeile dieses Absatzes. Dem aufmerksamen Leser ist sicher aufgefallen, dass die Schreibweise des Fachbegriffes Berichtsleitfaden in diesem Absatz vom vorhergehenden Absatz und von der Überschrift abweicht. Dies soll aber innerhalb eines Berichts nicht sein. Schreiben Sie die richtige Schreibweise deshalb in den Berichts-Leitfaden (nun wieder richtig geschrieben). Im Rahmen des Endchecks prüfen Sie mit der Funktion „Suchen" bzw. „Suchen/Ersetzen" des Textverarbeitungs-Programms, ob die im Berichts-Leitfaden festgelegte Schreibweise immer verwendet wird. So sichert der Berichts-Leitfaden die einheitliche Formulierung und Gestaltung im Technischen Bericht.

Die folgende Übersicht zeigt, was in einem Berichts-Leitfaden festgehalten bzw. ge-regelt werden kann. Es wird der vom Verlag und den Autoren für die ersten Auflagen festgelegte Berichts-Leitfaden für das vorliegende Buch auszugsweise vorgestellt, wobei der Verlag vor allem den Satzspiegel und die Definition der Formatvorlagen vorgege-ben hat (Corporate Design). Die dort festgelegten Formatierungen bewirken ein etwas gedrängtes Layout. Für normale Technische Berichte soll die Schriftgröße der Standard-Schrift 11 oder 12 pt betragen und der Abstand nach Absätzen 6 pt. Alle anderen Formate müssen entsprechend angepasst werden. Ähnliche Vorgaben wie vom Verlag gibt es bei fast jedem Institut oder Arbeitgeber.

Das Erstellen und Anwenden eines eigenen Berichts-Leitfadens wird dringend empfohlen. Es ist zu mühsam und zu unsicher, alle getroffenen Festlegungen und „Spielregeln" im Kopf behalten zu wollen.

Beispielhafte Einträge in einem Berichts-Leitfaden (Style Guide)

Aufzählungen beginnen grundsätzlich an der linken Fluchtlinie
- das erste Leitzeichen ist ein kleiner dicker Punkt (Alt + 0149 bei gedrückter Num Lock-Taste)
  – das zweite Leitzeichen ist ein Gedankenstrich (Strg + Minus im Ziffernblock oder Alt + 0150)

Handlungsanweisung (Sie-Form, die Hand ist nicht kursiv gesetzt, sie gehört zur Schriftart Wingdings und wird mit Alt-0070 eingegeben, Einzug hängend 0,5 cm):
☞ *Schreiben Sie sich ...*

Schreibweisen

verwenden	nicht verwenden
alphabetisch	alfabetisch
bibliografisch	bibliographisch
Indizes	Indices

Leerzeichen/Tabulatoren
nach Bild-/Tabellen-Nummer Tabulator
nach Abschnitts-Nummer Tabulator
nach Kapitelnummer Tabulator

Selbstdefinierte Formatvorlagen

Element	Formatvorlage	Stichworte
vor Aufzählung	AufzählungVor	2 pt-Leerzeile
Aufzählung	Standardeinzug	10 pt, Einzug hängend 0,5 cm, nachher 0 pt
nach Aufzählung	AufzählungNach	6 pt-Leerzeile
Bildunterschrift	Bildunterschrift	9 pt, vorher 12 pt/nachher 24 pt
Formel	Formel	10 pt, Einzug links 1 cm
Standard-Schrift	Standard	10 pt, nachher 4 pt
Tabellenüberschrift	Tabellenüberschrift	9 pt, vorher 12 pt/nachher 12 pt, Doppellinie ¾ pt
Dokumentteil-	Überschrift 1	16 pt fett, nachher 30 pt
Überschriften	Überschrift 2	13 pt fett, vorher 18 pt/nachher 9 pt
1. bis 3. Ordnung	Überschrift 3	11 pt fett, vorher 12 pt/nachher 4 pt

Sonderzeichen mit Ziffernblock eingeben (einschalten mit FN+NumLock oder FN+F11)

Schriftart normal	Schriftart normal	Schriftart Symbol	Schriftart Symbol
© Alt-Strg-C, Alt-0169	± Alt-0177	• Alt-0183	⇒ Alt-0222
® Alt-Strg-R, Alt-0174	– Alt-0150	≈ Alt-0187	× Alt-0180
~ Alt-0126	• Alt-0149	≅ Alt-0064	≤ Alt-0163
« Alt-0171	· Alt-0183	≠ Alt-0185	≥ Alt-0179
» Alt-0187		≡ Alt-0186	™ Alt-0212

weiche Trennung: Strg-Minus   Gedankenstrich: Strg-Minus im Ziffernblock

2.7 Anmeldungen vor und nach Veröffentlichung des Technischen Berichts

Wenn Sie selbst eine Publikation produzieren und vermarkten wollen, z. B. als E-Book, müssen Sie dieselben Schritte wie ein Verlag durchführen, damit Buchhandel und Bibliotheken von Ihrem Angebot erfahren. Früher gab es dafür die standardisierte Meldung der bibliografischen Daten an den CIP-Dienst, der Ende 2002 eingestellt wurde. Die Nachfolge des CIP-Dienstes ist der Neuerscheinungsdienst (ND) der Deutschen Bibliothek. Die bibliografischen Daten können abgerufen werden in der Deutschen Nationalbibliografie unter http://dnb.d-nb.de.

Die Deutsche Bibliothek kooperiert mit der MVB Marketing- und Verlagsservice des Buchhandels GmbH (www.mvb-online.de), die das Verzeichnis lieferbarer Bücher VLB erstellen. Melden Sie Ihre Publikation beim VLB unter www.vlb.de an.

In das Meldeformular müssen Sie die bibliografischen Daten Ihrer Publikation eintragen, u. a. den genauen Titel, das Erscheinungsdatum und max. 7 Schlagwörter, unter denen das Werk eingeordnet werden kann. Außerdem müssen Sie natürlich Ihre Adressdaten angeben. Die Deutsche Bibliothek wird dadurch automatisch mit informiert.

Um eine Publikation beim VLB anzumelden, ist auch eine Europäische Artikelnummer (EAN) nötig. In der 13-stelligen EAN ist die ISBN (Internationale Standard-Buchnummer bei Büchern) bzw. ISSN (Internationale Standard-Serien-Nummer bei Zeitschriften) enthalten. Eine ISBN können Sie zentral unter www.german-isbn.org bestellen.

Egal, ob Sie Ihren Bericht über einen Verlag oder selbst veröffentlicht haben, sollten Sie daran denken, Ihre Publikation bei der VG Wort zu melden unter www.vgwort.de. Die VG Wort nimmt das Urheberrecht für Sie wahr und zahlt Ihnen einen Anteil aus Nutzungsentgelten, die für die legale Vervielfältigung Ihres Werkes gezahlt werden müssen (z. B. für die Nutzung von Kopierern in der Bibliothek). Das kann die VG Wort aber nur, wenn Sie Ihr Werk dort auch melden!

Zusammenfassung

Damit sind die planerischen Tätigkeiten für die Erstellung des Technischen Berichts abgeschlossen. Nun folgt der umfangreichste Teil der Arbeit am Technischen Bericht und zwar die praktische Realisierung bzw. Ausarbeitung der erstellten Pläne. Dies umfasst Literaturarbeit, Erstellung von Text, Bildern und Tabellen sowie die kontinuierliche Anpassung der Gliederung an den jeweiligen Arbeitsfortschritt.

2.8 Literatur

- DIN 1421:1983-01 Gliederung und Benummerung in Texten
- DIN 1422-1:1983-02 Veröffentlichungen aus Wissenschaft, Technik, Wirtschaft und Verwaltung; Teil 1: Gestaltung von Manuskripten und Typoskripten
- DIN 5008:2011-04 Schreib- und Gestaltungsregeln für die Textverarbeitung

- DIN 31051:2012-09 Grundlagen der Instandhaltung
- DIN EN 82079:2018-05 Erstellen von Gebrauchsanleitungen; Gliederung, Inhalt und Darstellung
- ISO 8:1977-09 Gestaltung von Zeitschriften (Documentation – Presentation of periodicals)
- ISO 2145:1978-12 Documentation – Numbering of divisions and subdivisions in written documents.
- VDI 2222-2225 Konstruktionsmethodik, mehrere Blätter
- VDI 4500 Technische Dokumentation – Benutzerinformation, mehrere Blätter
- Brändle, M. et al. Praxisleitfaden Betriebsanleitungen. tekom (Hrsg.), Stuttgart, 4. Aufl. 2014
- Gabriel, C.-H. et al. Richtlinie zur Erstellung von Sicherheitshinweisen in Betriebsanleitungen. tekom (Hrsg.), Stuttgart, 2005
- Reichert, G. W. Kompendium für Technische Dokumentationen. 2. Aufl. Leinfelden-Echterdingen: Konradin, 1993
- Erdmann, E. et al. Praxisleitfäden: Regelbasiertes Schreiben – Englisch für deutschsprachige Autoren. tekom (Hrsg.), Stuttgart, 2. Auflage 2017
- www.mvb-online.de MVB Marketing- und Verlagsservice des Buchhandels GmbH erstellt das VLB
- www.vlb.de Verzeichnis lieferbarer Bücher VLB, melden Sie Ihre Publikationen dort an.
- www.german-isbn.org, falls Sie eine ISBN beantragen wollen
- www.vgwort.de Um einen finanziellen Anteil zu bekommen, wenn Bibliotheken Ihre Publikation kaufen oder wenn Leser Ihre Publikation kopieren, müssen Sie Ihre Publikation bei der VG Wort anmelden.

Formulieren, Schreiben und Erstellen des Technischen Berichts

3

> ► In diesem Kapitel werden viele Hinweise zur sachgerechten Erstellung des Technischen Berichts genannt und erläutert. Hinweise zur Arbeit mit Textverarbeitungs-Systemen sind vor allem in Abschn. 3.7 zusammengefasst. Bevor jedoch die Einzelheiten des Kap. 3 gezeigt werden, folgen zuerst zusammenfassende und übergeordnete Überlegungen.

Es war schon gedanklich erarbeitet worden, dass die Erstellung der Gliederung des Technischen Berichts der schwierige und kreative Teil der Gesamtarbeit ist. Ob der Gesamtbericht eine nachvollziehbare innere Logik aufweist, wird durch die Gliederung festgelegt.

Die Erstellung des vollständigen Technischen Berichts kann – obwohl sie für viele Anfänger im „Technischen Schreiben" ungewohnt ist – dennoch als eine eher „handwerkliche" Tätigkeit angesehen werden. Sie beinhaltet die Einhaltung der geltenden Regeln, die im vorliegenden Buch ausführlich erläutert werden.

Vielfach kann man an Technischen Berichten erkennen, ab wann der Termindruck kräftig zugenommen hat bzw. von wo an sich Fehler und Ungenauigkeiten deutlich häufen! Deshalb ist der Endcheck ein überaus wichtiger Arbeitsschritt, der keinesfalls aus Termingründen weggelassen werden darf, siehe Abschn. 3.8.3.

Es kann vorkommen, dass ein Auftraggeber keine fachlichen Einwände gegen die Arbeit hat. Wenn er nun trotzdem etwas beanstanden will, dann kritisiert er oft Kleinigkeiten oder äußere Mängel. Zur Vermeidung solcher Fehler haben sich die Hilfsmittel *Berichts-Leitfaden* und *Berichts-Checkliste* in der Praxis sehr gut bewährt.

Oft haben Institute, Firmen, Ämter und andere Institutionen Regeln, wie Briefe, Berichte, Overhead-Folien und andere Dokumente auszusehen haben, damit sie zum einheitlichen Erscheinungsbild (Corporate Design) des Hauses passen. Solche Regeln sollen in Berichts-Leitfaden (Abschn. 2.6) und Berichts-Checkliste (Abschn. 3.8.1) aufgenommen und beachtet werden.

© Springer Fachmedien Wiesbaden GmbH, ein Teil von Springer Nature 2019
H. Hering, *Technische Berichte*, https://doi.org/10.1007/978-3-658-23484-3_3

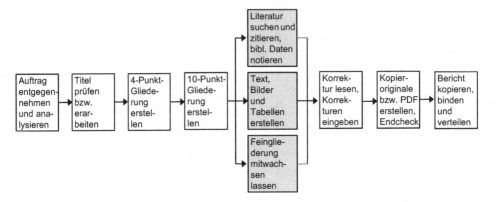

Abb. 3.1 Netzplan zur Erstellung Technischer Berichte: Literatur suchen und zitieren, Text, Bilder und Tabellen erstellen, Feingliederung mitwachsen lassen

Vor uns liegt nun nach beendeter Planung das eigentliche Erstellen bzw. Ausarbeiten des Berichts. Im Netzplan ist diese Phase wiederum grau gerastert.

Für alle im Netzplan markierten Tätigkeiten, siehe Abb. 3.1, gilt:

▶ Zwischendurch müssen Sie immer wieder einmal die gedankliche Position des Lesers einnehmen und sich fragen: Wann brauche ich welche Information? Fällt das hier verwendete Bild „vom Himmel"? Soll ich mich auf die Gliederung beziehen, eine Zwischenzusammenfassung machen oder den neuen Dokumentteil aus übergeordneter Sicht ankündigen? Ist die Aufteilung der Informationen logisch und nachvollziehbar?

Bevor die einzelnen Schritte zur Erstellung des Berichts im Detail beschrieben werden, wird erst einmal ein Überblick gegeben über den Gesamtaufbau des Technischen Berichts mit allen zu erstellenden Teilen.

3.1 Bestandteile des Technischen Berichts und ihre Gestaltung

Der vollständige Technische Bericht hat nach DIN 1422 folgende Bestandteile, die in der in der folgenden Liste angegebenen Reihenfolge erscheinen.

Bestandteile des Technischen Berichts nach DIN 1422, Teil 4

Titelei:
- „Umhüllung" bzw. Außentitel (vorderer Deckel) *)
- weißes Blatt *)
- Titelblatt (Innentitel) *)
- ggf. Sperrvermerk
- ggf. Aufgabenstellung

- ggf. eidesstattliche Versicherung (bei Diplomarbeiten, Magisterarbeiten usw.)
- ggf. Danksagung
- ggf. Dokumentationsblatt
- ggf. Vorwort
- Gliederung mit Seitenzahlen = Inhaltsverzeichnis
- Bilder-, Tabellen-, Abkürzungs-, Formelzeichen-, Normenverzeichnis usw.
- ggf. Kurz-Zusammenfassung

*) *Ausnahme bei Klarsicht-Deckblatt:* Außentitel und weißes Blatt entfallen, da der Innentitel auch außen sichtbar ist; hinter dem Innentitel erscheint ein weißes Blatt.

Text:
- alle Textkapitel
- Literaturverzeichnis

Anhänge:
- ggf. eidesstattliche Versicherung (bei Doktorarbeiten)
- Bilder-, Tabellen-, Abkürzungs-, Formelzeichen-, Normenverzeichnis usw. (traditionell übliche Position)
- Bilder- und Tabellenanhang
- evtl. zusätzliche Unterlagen (Messprotokolle, Stückliste, Zeichnungen, Herstellerunterlagen, Programmlistings o. ä.), oft separat gebunden
- Glossar (= Erläuterung von Fachbegriffen)
- Index (= Suchwortverzeichnis mit Seitenzahlen)
- ggf. „Curriculum Vitae" = Lebenslauf (bei Doktorarbeiten)
- weißes Blatt
- „Umhüllung" (Rückendeckel)

In der englischsprachigen Welt gelten etwas andere Regeln für die Reihenfolge. Es werden wieder deutsche und englische Bezeichnungen aufgeführt. Nach ISO 7144 „Documentation – Presentation of theses and similar documents" besteht ein technischer Bericht aus den in der folgenden Liste aufgeführten Teilen und Elementen.

Bestandteile eines Technischen Berichts bzw. einer Abschlussarbeit nach ISO 7144

Titelei	**front matter**
- Äußerer und innerer Buchdeckel (Umschlagseiten 1 und 2)	- outside and inside front cover (cover pages 1 and 2)
- Titelblatt	- title leaf
- evtl. Sperrvermerk	- evtl. confidentiality notice
- Fehlerberichtigungen	- errata page
- Kurzzusammenfassung	- abstract
- Vorwort	- preface
- Inhaltsverzeichnis	- table of contents
- Abbildungs- (Bilder-) und Tabellenverzeichnis	- list of illustrations (figures) and list of tables
- Abkürzungs- und Symbolverzeichnis	- list of abbreviations and symbols
- Glossar	- glossary

Textkapitel	**body of thesis**
- Haupttext mit erforderlichen Bildern und Tabellen	- main text with essential illustrations and tables
- Literaturverzeichnis	- list of references
Anhänge	**annexes**
- Tabellen, Bilder, Informationsmaterial usw.	- tables, illustrations, bibliography etc.
Schlussbestandteile	**end matter**
- Index (einer oder mehrere)	- index(es)
- Lebenslauf des Autors	- curriculum vitae of the author
- Innerer und äußerer Buchrücken (Umschlagseite 3 und 4)	- inside and outside back cover (cover pages 3 and 4)
- zusätzliche Unterlagen	- accompanying material

Nicht in allen Technischen Berichten sind alle genannten Teile vorgeschrieben oder erforderlich. Es gehört zu den Pflichten des Erstellers, sich beim Auftraggeber nach den einzuhaltenden Regeln zu erkundigen, soweit diese nicht schriftlich vorliegen.

Nachfolgend werden die Bestandteile des Technischen Berichts einzeln vorgestellt und einige Hinweise gegeben.

3.1.1 Titelblatt

Nachdem der „beste" Titel in Abschn. 2.3 erarbeitet wurde, muss nun noch die Anordnung aller erforderlichen Angaben auf dem Titelblatt festgelegt werden. Ein Titelblatt ist dabei für Technische Berichte unverzichtbar.

Bei der Festlegung, welche Angaben auf dem Titelblatt stehen sollen, muss zwischen Innentitelblatt und Außentitelblatt unterschieden werden. Der Außentitel ist der bei dem nicht aufgeschlagenen Technischen Bericht von außen sichtbare Titel. Der Innentitel ist erst nach Aufschlagen und im Regelfall nach Umblättern eines weißen Blattes sichtbar.

Ist der Bericht jedoch so gebunden, dass außen eine Klarsichtfolie den Blick auf den Titel erlaubt, dann sind Innen- und Außentitel identisch, d. h. es gibt nur ein Titelblatt, nämlich das Innentitelblatt. Dann wird das weiße Blatt, das sonst üblicherweise zwischen Außen- und Innentitel angeordnet ist, hinter dem Innentitel angeordnet.

Von diesem Sonderfall einmal abgesehen, gilt generell Folgendes: der Innentitel enthält stets mehr Informationen als der Außentitel. So werden z. B. bei Studienarbeiten auf dem Außentitel der oder die Betreuer der Arbeit üblicherweise nicht angegeben, während sie auf dem Innentitel unbedingt genannt werden müssen.

Häufig treten auf Titelblättern Fehler auf. Einige davon sind in Abb. 3.2 dargestellt.

Die häufigsten Fehler auf Titelblättern sind:

- Es fehlt oben auf der Titelseite die Angabe der Institution.
- Es wird zwar die Hochschule angegeben, aber nicht das Institut bzw. der Fachbereich.
- Der Titel (wesentlich!) wird in zu kleiner Schriftgröße gesetzt, dafür die Art des Berichts (nicht so wesentlich!) viel größer als der Titel.

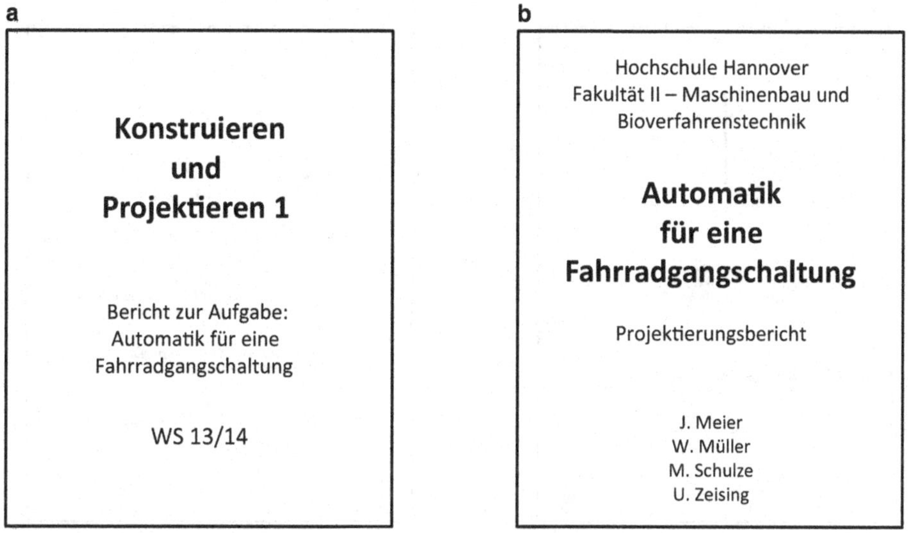

a

**Konstruieren
und
Projektieren 1**

Bericht zur Aufgabe:
Automatik für eine
Fahrradgangschaltung

WS 13/14

b

Hochschule Hannover
Fakultät II – Maschinenbau und
Bioverfahrenstechnik

**Automatik
für eine
Fahrradgangschaltung**

Projektierungsbericht

J. Meier
W. Müller
M. Schulze
U. Zeising

Abb. 3.2 Gegenüberstellung eines falschen (**a**) und eines richtigen Außentitelblatts (**b**)

In die Titelblattgestaltung fließen auch übergeordnete Regeln ein. So kann in einer Firma oder Hochschule im Sinne von „Corporate Design" (einheitliches Erscheinungsbild) ein bestimmtes Formular, z. B. „Umschlagblatt für Laborberichte" vorgeschrieben sein oder in der Industrie ein entsprechender Vordruck. Fast immer gibt es auch Regeln für die optische Aufmachung, z. B. dass das Firmen-Logo immer oben links, mittig oder rechts erscheint und welche Schriftart und -größe zu verwenden ist. Im Hochschulbereich können diese Regeln auf Instituts- oder Fachbereichsebene oder für die gesamte Hochschule gelten. Diese Vorschriften sind selbstverständlich zu beachten.

Die Version in Abb. 3.2b ist in Ordnung, soweit sie nicht gegen bestehende Regeln des Auftraggebers verstößt. Nun zur systematischen Erarbeitung der Gestaltung des Außen- und Innentitelblatts Ihres Technischen Berichts. Als Beispiel dient wieder die Dissertation „Computergestützte Werkstoffwahl in der Konstruktionsausbildung – CAMS in Design Education".

Unser Doktorand hat sich bei der zuständigen Universität erkundigt, ob für die Deckblattgestaltung besondere Regeln einzuhalten sind, und er hat sich andere Dissertationen in der Uni-Bibliothek als Muster angesehen. Er hat als Vorgabe bekommen, dass die folgenden Informationen auf dem Deckblatt erscheinen müssen:

- der Titel der Arbeit,
- der Zusatz „Dissertation zur Erlangung des Doktorgrades an der Universität Klagenfurt",
- die Namen der beiden Betreuer und des Autors mit vollen akademischen Titeln sowie

a

b

Abb. 3.3   Zwei handschriftliche Entwürfe des Innentitelblatts einer Dissertation (mit Informations-anordnung zentriert, linksbündig (**a**), entlang einer Linie und rechtsbündig (**b**))

- die Stadt, in der sich die Universität befindet, mit Monat und Jahr, in dem die Dissertation eingereicht wird.

Für die genaue Anordnung der Informationen auf dem Titelblatt existieren keine fest vorgegebenen Regeln. Also hat der Doktorand vier Titelblatt-Varianten handschriftlich zu Papier gebracht, um ein Gefühl für

- die Platzaufteilung,
- die Textausrichtung der Blöcke (zentriert, linksbündig, rechtsbündig, entlang einer Linie) und
- den Zeilenumbruch der einzelnen Informationsblöcke

zu bekommen, Abb. 3.3 und 3.4.

Der Doktorand tippt dann die „beste" handschriftliche Version in die Textverarbeitung ein. Dort werden noch die folgenden typografischen Gestaltungsmöglichkeiten optimiert:

- Schriftart und -größe und
- Hervorhebungen wie fett, kursiv, gesperrt usw.

Die Deckblätter für Arbeiten während des Studiums wie Studienarbeiten, Labor- und Konstruktionsberichte sowie Abschlussarbeiten enthalten z. T. andere Angaben als hier im Beispiel.

a

b

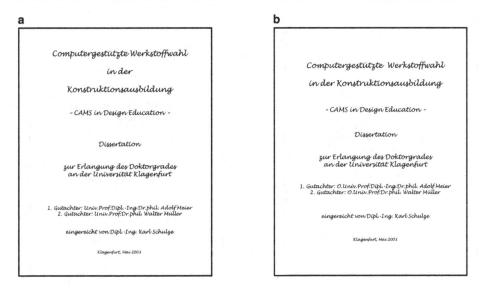

Abb. 3.4   Zwei handschriftliche Entwürfe des Innentitelblatts einer Dissertation (mit Variation von Schriftgröße und Zeilenumbruch)

a

b

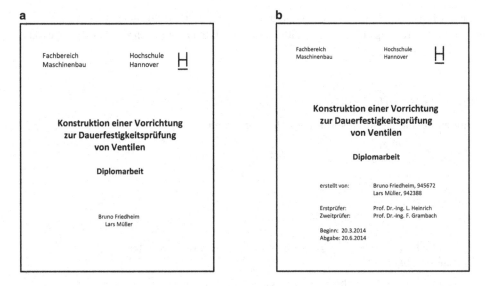

Abb. 3.5   Außen- und Innentitelblatt einer Diplomarbeit

Bei Abschlussarbeiten werden zusätzlich Matrikelnummern, Beginn- und Abgabedatum angegeben. Bei Studienarbeiten u. ä. hochschulinternen Berichten werden Matrikelnummern und Semester genannt. Deshalb wird hier jeweils ein Außen- und ein Innentitelblatt dargestellt für eine Diplomarbeit, Abb. 3.5, sowie für einen Projektierungsbericht, Abb. 3.6.

a

b

Abb. 3.6 Außen- und Innentitelblatt eines Projektierungsberichts

In der folgenden Übersicht werden nun noch einmal die Mindestangaben (das „Was")
und deren Anordnung auf den Titelblättern mit qualitativen Angaben zur Schriftgröße (das
„Wie") zusammengefasst.

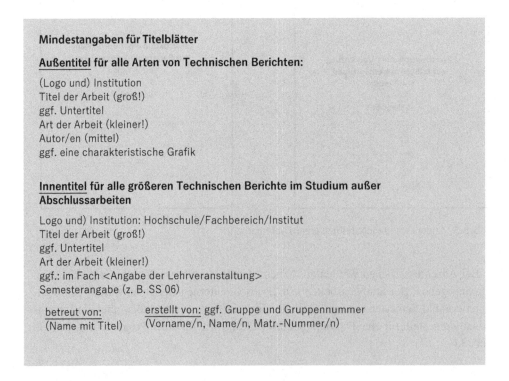

Mindestangaben für Titelblätter

Außentitel für alle Arten von Technischen Berichten:

(Logo und) Institution
Titel der Arbeit (groß!)
ggf. Untertitel
Art der Arbeit (kleiner!)
Autor/en (mittel)
ggf. eine charakteristische Grafik

Innentitel für alle größeren Technischen Berichte im Studium außer Abschlussarbeiten

Logo und) Institution: Hochschule/Fachbereich/Institut
Titel der Arbeit (groß!)
ggf. Untertitel
Art der Arbeit (kleiner!)
ggf.: im Fach <Angabe der Lehrveranstaltung>
Semesterangabe (z. B. SS 06)

betreut von: erstellt von: ggf. Gruppe und Gruppennummer
(Name mit Titel)   (Vorname/n, Name/n, Matr.-Nummer/n)

Innentitel für Abschlussarbeiten

(Logo und) Institution: Hochschule/Fachbereich/Institut
Titel der Arbeit (groß!)
ggf. Untertitel
Art der Arbeit (kleiner!)

Erstprüfer: (Name mit Titel)   erstellt von:
Zweitprüfer: (Name mit Titel)   (Vorname/n, Name/n, Matr.-Nummer/n)

Beginn: (genaues Tagesdatum)
Ende: (genaues Tagesdatum)

Innentitel für Technische Berichte in der Industrie

(Logo und) Firma, Hauptabteilung, Abteilung
Titel der Arbeit (groß!)
Art der Arbeit (kleiner!)
von
Autor/en (Titel, Vorname/n, Name/n, Abteilung/en, ggf. E-Mail, Telefon, Fax,
ggf. Adressen von Ansprechpartnern, Förderern, Sponsoren etc.)
Datumsangabe und ggf. Versionsangabe (z. B. Juni 2014 oder Version 1, Juni 2014)

Damit liegen die Art und die Reihenfolge der Angaben auf Außen- und Innentitel fest. Nun noch einmal eine zusammenfassende Darstellung der Arbeitsschritte zur Gestaltung der Titelblätter.

Anordnung der Informationen auf dem Titelblatt

Bearbeiten Sie folgende Schritte zur Anordnung der Informationen auf dem Titelblatt:

- mehrere Variationen handschriftlich auf Papier entwerfen, um die Kreativität nicht durch die begrenzte Bildschirmanzeige zu behindern
- verschiedene Zeilenumbrüche probieren
- verschiedene „Blöcke" bilden (Titel, Betreuer, Firma/Uni, Datum)
- diese Blöcke zentriert, linksbündig, rechtsbündig oder entlang einer gedachten schrägen Linie anordnen
- die „beste" Anordnung auswählen
- auf die Textverarbeitung übertragen und dort optimieren
- Layout-Vorschriften von Hochschule, Institut oder Firma beachten

Für den englischsprachigen Raum gibt es Festlegungen zur Anordnung und Gestaltung der Informationen auf Titelblättern in den Normen ISO 1086 "Information and Documentation – Title leaves of books" und ISO 7144 "Documentation – Presentation of theses and similar documents".

Nach dem Titelblatt können Aufgabenstellung, eidesstattliche Versicherung (bei Diplomarbeiten, Magisterarbeiten usw.), Danksagung und Vorwort erscheinen. Danach folgt stets das Inhaltsverzeichnis.

3.1.2 Gliederung mit Seitenzahlen = Inhaltsverzeichnis

In Unterkapitel 2.4 „Die Gliederung als ‚roter Faden'" wurde dargelegt, dass in den Dokumentteil-Überschriften der Gliederung die Ablauflogik des Technischen Berichts enthalten ist. Sie gibt die Reihenfolge und die logische Über- und Unterordnung der Dokumentteil-Überschriften an. Sie ist in dieser Fassung aber noch nicht zum Nachschlagen und Aufsuchen bestimmter Textstellen geeignet. Erst durch das Hinzufügen der Seitenzahlen wird die Gliederung zum Inhaltsverzeichnis und ist nun zum Nachschlagen geeignet. Daraus ergibt sich, dass das Inhaltsverzeichnis eines Technischen Berichts *immer* mit Seitennummerierung aller Dokumentteil-Überschriften von der 1. bis zur 3. (oder 4.) Stufe versehen sein muss.

In diesem Abschnitt diskutieren wir im Wesentlichen Layout-Fragen und die formale Gestaltung des Inhaltsverzeichnisses. Das Inhaltsverzeichnis des vorliegenden Buches ist übrigens eine gut geeignete Vorlage für Ihre Inhaltsverzeichnisse.

Die Überschrift des Inhaltsverzeichnisses heißt *nicht* – wie es oft geschrieben wird – „Inhaltsverzeichnis". In der DIN 1421 „Gliederung und Benummerung in Texten" ist festgelegt, dass die Überschrift des Inhaltsverzeichnisses „Inhalt" ist. Dass es sich dabei um ein Verzeichnis handelt, ist beim ersten Blick auf die jeweilige Seite des Inhaltsverzeichnisses ja ohnehin klar. Nun folgen noch einige Überlegungen zu den Seitenzahlen bzw. zur Seitennummerierung.

Die Seitennummerierung beginnt auf der ersten Textseite. Dies ist die Seite, auf der die Kapitelnummer „1" steht, im Ausnahmefall auch die Kapitelnummer „0" für eine Präambel, eine Vorbemerkung oder etwas Ähnliches. Vor der ersten Textseite können noch andere Seiten auftreten, insbesondere das Inhaltsverzeichnis. Diese Teile des Berichts heißen *Titelei*.

Ob die Titelei überhaupt im Inhaltsverzeichnis erscheint und ob sie dort mit oder ohne Seitenzahlen erscheint, wird sehr unterschiedlich gehandhabt. Fast jedes Buch bietet dabei eine unterschiedliche Version an. Deshalb hier ein Vorschlag, wie Sie es in Ihren Technischen Berichten handhaben können.

- Die Titelei kann römische Seitenzahlen erhalten, muss aber nicht. Falls die Titelei nummeriert wird, ist das Titelblatt die erste Seite der Titelei. Es wird zwar in die Seitenzählung mit römischen Zahlen einbezogen; es erhält jedoch keine aufgedruckte Seitenzahl. Auch die Rückseite des Titelblatts erhält bei der **Buch-Seitenzählung** mit Seitennummern für Vorder- und Rückseite des Papierblattes keine Seitenzahl. Also beginnen die gedruckten Seitenzahlen mit III auf der ersten Seite des Vorworts oder des Inhaltsverzeichnisses.

- Bei der üblichen **Berichts-Seitenzählung**, bei der nur die Blattvorderseiten beschriftet und gezählt werden, erhält die erste Seite des Vorworts oder Inhaltsverzeichnisses, die auf das Titelblatt folgt, die Seitenzahl II. Das restliche Inhaltsverzeichnis und die anderen Teile der Titelei erhalten dann ebenfalls römische Seitenzahlen. In kleinen bis mittleren Technischen Berichten soll allerdings die Titelei nicht nummeriert werden.
- Das Inhaltsverzeichnis soll die Bestandteile der Titelei in der richtigen Reihenfolge aber ohne Seitenzahlen auflisten, um nur arabische Seitenzahlen im Inhaltsverzeichnis zu haben. Die römischen Seitenzahlen der Titelei sind wesentlich breiter als die arabischen Seitenzahlen der normalen Textkapitel. Auch Bestandteile des Technischen Berichts, die nach den Verzeichnissen im Anhang erscheinen, z. B. „Curriculum Vitae" und „Eidesstattliche Versicherung" bei Dissertationen erscheinen im Inhaltsverzeichnis in der richtigen Reihenfolge, aber ohne Seitenzahlen.

Die ISO 7144 legt bzgl. Seitennummerierung folgendes fest:

- Die Titelblätter werden mitgezählt, bekommen aber keine Seitenzahlen.
- Die Seitennummerierung erfolgt fortlaufend in arabischen Zahlen, leere Seiten werden mitgezählt. Die erste Seitenzahl erscheint auf der Vorderseite des ersten bedruckten Blatts. Das heißt, die Titelei wird normal mitgezählt.
- Die Seiten der Anhänge bekommen eigene Seitennummern in arabischen Zahlen, die aus dem Buchstaben des Anhangs und der bei 1 beginnenden Seitenzahl bestehen.

Als Seitenzahl wird im Inhaltsverzeichnis jeweils nur die Beginn-Seite des betreffenden Dokumentteils angegeben. Ein häufiger Fehler in Technischen Berichten ist, dass hier Beginn- und End-Seite mit einem Erstreckungszeichen dazwischen angegeben werden.

> **falsch:**   3.1 Versuchsaufbau 27-30
> **richtig:**   3.1 Versuchsaufbau 27

Die Seitenzahlen werden im Inhaltsverzeichnis immer rechtsbündig geschrieben.

Es bleibt noch die Anordnung der Dokumentteil-Überschriften auf dem Papier zu überlegen. Die DIN 1421 „Gliederung und Benummerung in Texten" legt hier Folgendes fest. Alle Dokumentteil-Nummern im Inhaltsverzeichnis beginnen an einer gemeinsamen Fluchtlinie. Alle Dokumentteil-Überschriften beginnen ebenfalls an einer weiter rechts liegenden, gemeinsamen Fluchtlinie. Diese Anordnung zeigt das folgende Beispiel.

Gliederung eines Kapitels nach DIN 1421

Einrückungen sind also in der DIN 1421 nicht vorgesehen. Seit vielen Jahrzehnten wird aber vielfach mit Einrückungen gearbeitet, wie dies das folgende Beispiel zeigt.

Gliederung eines Kapitels mit Einrückungen schafft Übersicht

Eine Gliederung bzw. ein Inhaltsverzeichnis mit Einrückungen ist viel übersichtlicher und wird deshalb empfohlen!

Um dieses Ergebnis zu erreichen, verwenden Sie entsprechendem Einzug und Tabulatoren, da bei Verwendung von Leerzeichen die senkrechten Fluchtlinien nicht präzise eingehalten werden können. Wenn jede Hierarchiestufe an einer eigenen Fluchtlinie beginnt, kann der Leser viel besser die innere Struktur des Berichts erfassen. Der Autor kann bei der Erstellung der 4- und 10-Punkt-Gliederung und später in der Feingliederung ständig die Logik des Berichts besser überprüfen.

Die durch die Einrückungen erleichterte Logikprüfung soll nun anhand des obigen Beispiels näher erläutert werden. Wir schauen uns die Dokumentteil-Überschriften der zweiten Stufe längs ihrer Fluchtlinie an. Wir lesen dort nacheinander folgende Begriffe: Versuchsaufbau, Versuchsvorbereitung, Versuchsdurchführung und Versuchsauswertung.

Eine Überprüfung auf innere Logik („roter Faden") führt zu folgenden Überlegungen. Nach der Beschreibung des Versuchsstandes erfolgt die Beschreibung der Vorbereitungen vor Versuchsbeginn. Danach werden Anmerkungen zur Versuchsdurchführung gemacht und die ermittelten Ergebnisse ausgewertet. Die innere Logik stimmt!

Diese ständigen Kontrollen während des Schreibens, ob die Dokumentteil-Überschriften logisch aufgebaut sind, werden durch die Anordnung von Gliederung und Inhaltsverzeichnis mit Einrückungen nachhaltig unterstützt.

Außer durch Einrückungen können die Strukturen der Dokumentteil-Überschriften noch durch Fettdruck und Schriftgröße optisch unterstrichen werden, z. B.

- Kapitel 14 Punkt, fett
- Unterkapitel 12 Punkt (ohne Fettdruck)
- Abschnitte 11 Punkt (ohne Fettdruck)

Dokumentteil-Überschriften sollten nie in Großbuchstaben (Versalien oder Kapitälchen) geschrieben werden, weil dies für das Auge sehr ungewohnt und dadurch deutlich schlechter lesbar ist. Auge und Gehirn nehmen nämlich beim Lesen die Wortumrisse aus Groß- und Kleinbuchstaben wie ein Bild auf als „Skyline" und vergleichen sie mit gespeicherten „Skylines". Werden nur Versalien verwendet, müssen die Buchstaben einzeln gelesen und die Wortbedeutungen analysiert werden.

Im Inhaltsverzeichnis lassen sich auch durch Variation der vertikalen Abstände zwischen den Dokumentteil-Überschriften Gruppen bilden. Zwischen Dokumentteil-Überschrift und Seitenzahl werden Führungspunkte verwendet. Das folgende Beispiel zeigt, wie diese Mechanismen wirkungsvoll zusammenspielen können.

Wenn eine Dokumentteil-Überschrift (durch ihre Länge bzw. durch die Einrückungen) nicht mehr auf eine Zeile passt, dann muss sie in den nachfolgenden Zeilen an der entsprechenden Fluchtlinie für den Text der Dokumentteil-Überschrift fortgesetzt werden. Erst in der *letzten* Zeile dieser Dokumentteil-Überschrift folgen dann die Führungspunkte und die Seitenzahl. Die Seitenzahlen sollen mit einheitlicher Schriftgröße ohne irgendwelche Hervorhebungen gesetzt werden.

Es sieht übrigens schöner aus, wenn Sie zwischen der Abschnittsüberschrift im Inhaltsverzeichnis und dem Tabulator mit den Führungspunkten sowie zwischen dem Tabulator und der Seitenzahl ein Leerzeichen einfügen. Ersetzen Sie die Tabstoppzeichen mit Bearbeiten – Ersetzen... Suchen Sie nach „^t" und ersetzen Sie die Tabstopps durch Leerzeichen, Tabstopp, Leerzeichen.

Typografische Hervorhebungen machen die Struktur der Gliederung noch deutlicher

Inhalt

Der Zwischenraum zwischen einer Kapitelüberschrift und der zugehörigen Seitenzahl sollte immer mit denselben Punkten ausgefüllt werden. Für den Tabulator mit den Führungspunkten sollte kein Fettdruck angewendet werden. Die Schriftgröße soll in den Zwischenräumen einheitlich sein, denn Punkte haben bei 14 Punkt einen größeren Abstand und Durchmesser als bei 10 Punkt, wie das folgende Beispiel zeigt.

Führungspunkte und Seitenzahlen mit Fettdruck und größerer Schrift vermeiden

...

...

Zwischenüberschriften, die keine eigenen Dokumentteil-Nummern haben, erscheinen grundsätzlich nicht im Inhaltsverzeichnis. Beispiele sind Zwischenüberschriften mit den Kennzeichnungen „a), b), c)", „α), β), γ)" oder nur fett gedruckte Zwischenüberschriften. Solche nicht dekadisch nummerierten Zwischenüberschriften werden z. B. verwendet, um eine Unterteilung in die vierte Hierarchiestufe zu vermeiden. Sie können auch bei Berechnungen auftreten. Ein Beispiel im vorliegenden Buch finden Sie im Literaturverzeichnis.

Wenn Zwischenüberschriften einen ankündigenden Charakter haben, dann kann – anders als bei Dokumentteil-Überschriften – am Ende der Zwischenüberschrift ein Doppelpunkt erscheinen.

Falls vier oder mehr Hierarchiestufen auftreten, dann gehen die Einrückungen relativ weit nach rechts. Dadurch können viele Dokumentteil-Überschriften auftreten, die sich über mehr als eine Zeile erstrecken. Auch der senkrechte Abstand zur übergeordneten Dokumentteil-Überschrift wird relativ groß. Um diese Probleme zu verhindern, gibt es verschiedene Möglichkeiten:

- Das Inhaltsverzeichnis kann eine etwas kleinere Schriftgröße erhalten als der normale Text, z. B. normaler Text in 12 Punkt, das Inhaltsverzeichnis in (10 oder) 11 Punkt.
- Es werden nicht dekadisch nummerierte Zwischenüberschriften verwendet (s. o.).
- Es werden dekadisch nummerierte Dokumentteil-Überschriften im Text verwendet, die nicht im Inhaltsverzeichnis erscheinen (sollte eigentlich nicht sein!).
- Es werden dekadisch nummerierte Dokumentteil-Überschriften im Text verwendet, die nicht im Gesamt-Inhaltsverzeichnis des Technischen Berichts erscheinen. Sie werden jedoch in einem detaillierteren Kapitel-Inhaltsverzeichnis aufgeführt. Diese Vorgehensweise wird z. T. bei größeren Dokumenten (z. B. bei Handbüchern und Lehrbüchern) angewendet. Sie ist jedoch für Technische Berichte eher unüblich.
- Die Einrückungen werden kleiner gewählt als die breiteste Dokumentteil-Nummer breit ist. Dadurch gibt es weniger Dokumentteil-Überschriften, die sich über mehr als eine Zeile erstrecken.

▶ Besprechen Sie mit Ihrem Betreuer bzw. dem Auftraggeber des Technischen Berichts, welche Variante angewendet werden soll. Im Zweifelsfall ist stets die klassische Lösung mit einem vorn stehenden, vollständigen Gesamt-Inhaltsverzeichnis vorzuziehen, in dem alle dekadisch nummerierten Dokumentteil-Überschriften erscheinen.

Da die Möglichkeiten der Nach-Formatierung eines automatisch erzeugten Inhaltsverzeichnisses nicht so bekannt sind, werden in der Praxis die Inhaltsverzeichnisse entweder mit den Standard-Layout-Einstellungen erzeugt, was teilweise nicht besonders gut aussieht, oder als ganz normaler Text geschrieben und entsprechend layoutet. Dabei können sich jedoch Fehler einschleichen. Hierbei ist auf folgende Punkte besonders zu achten:

- Alle Dokumentteil-Überschriften mit Dokumentteil-Nummern, die im Text auftreten, müssen auch im Inhaltsverzeichnis erscheinen, *genauso wie im Text ohne Abweichungen*. Außerdem erhält *jede Dokumentteil-Überschrift* im Inhaltsverzeichnis ihre *eigene Seitenzahl*.
- Vor dem endgültigen Ausdruck sollte deshalb im Rahmen des Endchecks unbedingt noch einmal überprüft werden, ob alle dekadisch nummerierten Überschriften des Textes mit richtiger Dokumentteil-Nummer im richtigen Wortlaut und mit der richtigen Seitenzahl im Inhaltsverzeichnis erscheinen!
- Wenn Sie das Inhaltsverzeichnis automatisch erstellen, sollten Sie es nach Fertigstellung aller anderen Seiten noch einmal aktualisieren und neu ausdrucken.

3.1.3 Text mit Bildern, Tabellen und Literaturzitaten

Der „Text" umfasst alle Informationen, die in den Kapiteln (z. B. beginnend mit *Einleitung* und endend mit *Zusammenfassung*) angeboten werden. In diesen Text sind i. d. R.

auch Tabellen und Bilder ggf. mit Legenden, Formeln, Literaturzitate und Fußnoten integriert. Informationen, die der Autor nicht selbst geschrieben, sondern zitiert hat, um sich darauf zu stützen oder eine Argumentation aufzubauen, müssen eindeutig als Zitat gekennzeichnet werden, siehe Abschn. 3.5. Dies gilt auch für zitierte Bilder und Tabellen.

Die einzelnen Bestandteile des Technischen Berichts wie Tabellen, Bilder, Literaturzitate, Text und Formeln werden in eigenen Abschnitten in diesem Kapitel genauer vorgestellt. Hier vorn sollen aber noch einige Aspekte besprochen werden, die sich wegen ihres übergeordneten Charakters den nachfolgenden Einzelbetrachtungen nicht so gut zuordnen lassen.

Der Autor eines Technischen Berichtes soll den Leser „mit Worten führen". Dies bedeutet, dass alle Zwischenüberlegungen, Schlussfolgerungen usw. dem Leser mit Worten mitgeteilt werden. Dadurch ist der Leser in der Lage, die logischen Überlegungen des Autors zum Ablauf des Berichtes und damit den „roten Faden" gedanklich nachzuvollziehen. Auf diese Weise steigt die Verständlichkeit des Technischen Berichts beträchtlich.

Wenn aber direkt nach der Dokumentteil-Überschrift ein Bild, eine Tabelle oder eine Aufzählung mit Leitzeichen folgen, dann ist in den meisten Fällen der Leser irgendwie allein gelassen. Fast immer fehlt hier ein „einleitender Satz", der in die Ablauflogik bzw. in den Inhalt des Bildes, der Tabelle oder der Aufzählung einführt. Dieser Mangel in Technischen Berichten tritt so oft auf, dass die Autorin hier mit dem Kurzzeichen „eS >" am Rand arbeitet. Dabei zeigt die Spitze des Winkels in den Raum zwischen Dokumentteil-Überschrift und Bild, Tabelle oder Aufzählung, und die Abkürzung signalisiert: hier fehlt der „einleitende Satz".

Nachfolgend ein Beispiel mit einleitendem Satz, das zeigt wie es eigentlich sein soll, und daher nicht beanstandet wird:

Einleitender Satz zwischen Dokumentteil-Überschrift und Tabelle

··· <Text> ···

3.3 Morphologischer Kasten

Die in 3.2 „Auflösung in Teilfunktionen" ermittelten Teilfunktionen werden nun mit den gedanklich erarbeiteten konstruktiven Teilfunktionslösungen im Morphologischen Kasten übersichtlich dargestellt.

Teilfunktion		Teilfunktionslösungen			
		1	2	3	4
A	Drehbewegung erzeugen	Elektromotor	Verbrennungs-motor		
⋮					

··· <Text> ···

Mit dem einleitenden Satz wird der Leser mit Worten geführt. Er kann den Überblick über den Ablauf so eigentlich nicht verlieren, was die Verständlichkeit des Technischen Berichts erhöht.

Besondere Bedeutung für den Technischen Bericht haben die Kapitel „Einleitung" und „Zusammenfassung". Diese beiden Kapitel werden von vielen Lesern nach einem Blick auf Titel und Inhaltsverzeichnis zuerst überflogen, bevor das Durcharbeiten des eigentlichen Textes beginnt. Sie werden in der folgenden Übersicht mit Beispielen für Aufbau und Inhalt vorgestellt.

Merkmale von Einleitung und Zusammenfassung

Die Einleitung

- steht am Anfang des Textes und ist normalerweise das erste Kapitel.
- beschreibt die Ausgangssituation, von der aus das Projekt durchgeführt wird, die Relevanz des Projektes für die jeweilige wissenschaftliche Fachdisziplin, die für die Gesellschaft zu erwartenden Auswirkungen der Forschungs- bzw. Arbeitsergebnisse u. ä. Aspekte.
- kann eine Beschreibung der Aufgabenstellung mit den eigenen Worten des Autors und das Ziel der Arbeit enthalten.
- kann auch auf das jeweilige Thema bezogene Überlegungen zu folgenden Teilbereichen beinhalten: Ökonomie, Technik, Gesetze, Umwelt, Organisation, Soziales, Politik oder ähnliche Themen.
- enthält eine kurze Beschreibung des technischen Umfeldes, der technischen Voraussetzungen und der Randbedingungen für die Durchführung der Arbeit.
- sollte unbedingt an Vorkenntnisse und Erfahrungen der Leser anknüpfen.
- beeinflusst stark die Motivation des Lesers für die gedankliche Auseinandersetzung mit den Inhalten in Ihrem Technischen Bericht.

Die Zusammenfassung

- steht am Ende des Textes und ist normalerweise das letzte Kapitel.
- kann Dokumentteil-Überschriften haben wie: Zusammenfassung, Zusammenfassung und Ausblick, Zusammenfassung und kritische Würdigung usw.
- setzt sich kritisch mit der Aufgabenstellung auseinander. Also: Was sollte getan werden und was wurde tatsächlich erreicht, wo gab es besondere Schwierigkeiten, welche Teile der Aufgabenstellung konnten eventuell gar nicht bearbeitet werden und warum.
- beschreibt normalerweise noch einmal kurz, was in welchem Kapitel und Unterkapitel des Technischen Berichts steht (Gliederung wieder aufgreifen!). Dabei muss deutlich werden, wie die Dokumentteile logisch zusammenhängen (ausgehend von ..., darauf aufbauend ..., nachfolgend ...).
- kann im Ausblick Empfehlungen für eine weitere sinnvolle Fortsetzung des Projektes bzw. der Forschungsarbeit enthalten. Solche Empfehlungen beruhen üblicherweise auf Erkenntnissen, die während der Bearbeitung des laufenden Projektes entstanden sind.

3.1.4   Literaturverzeichnis

Das Literaturverzeichnis ist normalerweise direkt nach dem letzten Textkapitel angeordnet. Bei größeren Dokumenten (z. B. bei Handbüchern oder Lehrbüchern) kann auch
nach jedem Textkapitel ein eigenes Kapitel-Literaturverzeichnis vorkommen. Nach dem
Gesamt-Literaturverzeichnis bzw. nach dem Literaturverzeichnis des letzten Textkapitels
folgt dann der Anhang. Es ist nicht üblich, das Literaturverzeichnis in den Anhang einzu-
beziehen. Es steht immer mit eigener Kapitelnummer zwischen Text und Anhang für sich
allein.

Um die Informationen zum Arbeiten mit Literaturhinweisen an einer Stelle zu konzentrieren, erfolgen die Vorgehens- und Gestaltungshinweise für Literaturzitate und Literaturverzeichnis zusammengefasst in Abschn. 3.5.

3.1.5   Sonstige vorgeschriebene oder zweckmäßige Teile

Zu den sonstigen vorgeschriebenen oder zweckmäßigen Teilen ist zu sagen, dass deren
Anordnung innerhalb des Berichts und deren Gestaltung noch stärker von hochschul- oder
firmeninternen Regeln abhängt, als dies z. B. beim Literaturverzeichnis der Fall ist.

Zu einer fertig gebundenen Diplomarbeit gehört oft die **Aufgabenstellung**. Sie wird
vom Institut bzw. vom Betreuer erstellt und fast immer mit eingeheftet. Sie ist in der
Regel das erste Blatt nach dem Innentitel.

Außerdem gehört zu einer Abschlussarbeit (Diplom-, Magister-, Bachelor-, Master-,
Doktor-Arbeit, Habilitation) unbedingt dazu, dass der Autor eine **eidesstattliche Versicherung** abgibt. Diese Versicherung besagt, dass der Autor die Arbeit selbständig angefertigt hat und dass alle verwendeten Quellen und Hilfsmittel wahrheitsgemäß angegeben
sind. Der genaue Wortlaut und die Position der eidesstattlichen Versicherung innerhalb
der Arbeit sind i. Allg. von der Hochschule vorgeschrieben. Die eidesstattliche Versicherung wird immer vom Autor eigenhändig unterschrieben. Meist ist sogar vorgeschrieben,
dass die Unterschrift nicht kopiert sein darf. Bei Diplomarbeiten erscheint die eidesstattliche Versicherung fast immer vorn direkt nach der Aufgabenstellung, bei Doktorarbeiten
erscheint sie fast immer hinten vor dem Curriculum Vitae (Lebenslauf).

Oft erscheint in Abschlussarbeiten auch eine **Danksagung**. Sie tritt vor allem dann auf,
wenn die Arbeit außerhalb der Hochschule durchgeführt wurde und wenn den Vertretern
von Industriefirmen gedankt werden soll. Allerdings sollten auch die Betreuer aus der
Hochschule hier nicht vergessen werden. Ohne ihre Bereitschaft, die Arbeit zu betreuen,
und ohne ihre Erfahrungen, was sich in welchem Umfang als Thema eignet, würde so
manche Arbeit überhaupt nicht stattfinden oder wesentlich länger dauern als geplant. Die
Danksagung sollte, wenn nichts anderes vorgeschrieben ist, vor dem Inhaltsverzeichnis
bzw. vor dem Vorwort erscheinen, falls ein solches vorhanden ist.

Bücher haben oft ein **Vorwort,** in dem auf das Informationsziel, auf Veränderungen gegenüber der letzten Auflage oder auf besondere Regeln bei der Benutzung hingewiesen wird. Ein Vorwort wird immer direkt vor dem Inhaltsverzeichnis platziert.

Gegebenenfalls ist am Institut oder in der Firma auch eine **Kurz-Zusammenfassung** vorgeschrieben. Sie darf auf keinen Fall länger als eine Seite sein, möglichst nur eine halbe Seite. Sie sollte „Kurz-Zusammenfassung" bzw. „Abstract" heißen, um sie von der normalen Zusammenfassung bzw. „Summary" zu unterscheiden, die am Ende des Technischen Berichts angeordnet ist. Die Kurz-Zusammenfassung sollte aus Gründen der Logik direkt vor der Einleitung eingruppiert werden. Für Artikel in Fachzeitschriften ist eine Kurz-Zusammenfassung nach dem Titel und den Autorennamen vor dem Beginn des eigentlichen Textes fast immer vorgeschrieben. Sie wird oft kursiv gesetzt und erscheint z. T. in Deutsch und Englisch.

Also ist die **„Titelei"** dann wie folgt aufgebaut: Titelblätter, Aufgabenstellung (Was war zu tun?), ggf. eidesstattliche Versicherung (Wie wurde es getan? „selbständig"!), ggf. Danksagung und Vorwort, „Kurz-Zusammenfassung" bzw. „Abstract" (Was kam dabei heraus?). Daran schließt sich der Text und das Literaturverzeichnis an.

Oft soll der Technische Bericht **Anhänge** bekommen, in denen die verschiedenen Verzeichnisse außer Inhalts- und Literaturverzeichnis, Glossar und Index untergebracht werden können. Diese Anhänge folgen normalerweise dem Literaturverzeichnis. Beispiele:

- Bilderverzeichnis
- Bildanhang
- Tabellenverzeichnis
- Tabellenanhang
- Versuchs- und Messprotokolle
- Verzeichnis wichtiger Normen
- Abkürzungsverzeichnis
- Verzeichnis der verwendeten Formelzeichen und Einheiten
- Stückliste
- Technische Zeichnungen
- Herstellerunterlagen und sonstige Quellen

Bilder, Tabellen sowie Versuchs- und Messprotokolle sind nur dann sinnvoll in den Anhängen angeordnet, wenn der Lesefluss vorn im Text zu sehr gestört würde.

Die Verzeichnisse und Anhänge aus obiger Aufzählung können als eigene Kapitel aufgeführt werden. Dann erhalten sie fortlaufend durchnummerierte Kapitelnummern. Der Nachteil dieser Methode ist jedoch, dass die Kapitelnummern dabei recht groß werden können. Hier bietet es sich als Alternative an, die oben genannten Verzeichnisse und Anhänge in einem gemeinsamen Kapitel „Anhang" zusammenzufassen. **Glossar und Index** bleiben dabei auf jeden Fall **separate Kapitel,** und sie werden hinter dem Kapitel Anhang angeordnet.

Die zwei folgenden Beispiele (links und rechts) demonstrieren, dass ein Anhang entweder als ein einziges, zusätzliches Kapitel oder in Form von mehreren Kapiteln organisiert werden kann.

Alternativen für die Struktur des Anhangs in deutschsprachigen Dokumenten

In englischsprachigen Dokumenten ist es üblich, die Anhänge mit Großbuchstaben zu kennzeichnen und dies in der Seitennummerierung ebenfalls anzuwenden. Bitte beachten Sie auch die Seitennummerierung für Glossar und Index.

Alternativen für die Struktur des Anhangs in englischsprachigen Dokumenten

Die Variante „Anhang als ein einzelnes Kapitel" hat den Vorteil, dass die Dokumentteil-Nummern nicht so groß werden und damit übersichtlicher bleiben. Außerdem sind die Textkapitel im Regelfall untergliedert, so dass die Kapitelüberschrift den Oberbegriff darstellt. Es ist in sich logischer, diese Vorgehensweise auch im Anhang anzuwenden. Die rechte Anordnung wird deshalb zur Anwendung empfohlen. Zum Vergleich hier noch einmal der Aufbau des Technischen Berichts nach ISO 7144:

- **Titelei:** Buchdeckel (Umschlagseiten 1 und 2), Titelblatt, Fehlerberichtigungen, Kurzzusammenfassung, Vorwort, Inhaltsverzeichnis, Abbildungs- (Bilder-) und Tabellenverzeichnis, Abkürzungs- und Symbolverzeichnis, Glossar
- **Textkapitel:** Haupttext mit erforderlichen Bildern und Tabellen, Literaturverzeichnis

- **Anhänge:** Tabellen, Bilder, Informationsmaterial usw.

  Index (einer oder mehrere)
- **Schlussbestandteile:** Lebenslauf des Autors, ...

Nun folgen Gestaltungshinweise für die einzelnen Bestandteile des Anhangs.

Ein Bilderverzeichnis enthält Bildnummern, Bildtitel und Seitenzahlen. Ein Tabellenverzeichnis enthält Tabellennummern, Tabellentitel und ebenso Seitenzahlen. Die Seitenzahlen erscheinen rechtsbündig an einer gemeinsamen Fluchtlinie. Der Abstand zwischen dem Ende der Bildunterschrift oder Tabellenüberschrift und der Seitenzahl wird wie im Inhaltsverzeichnis mit Führungspunkten ausgefüllt.

Ein Bild- oder Tabellenanhang wird z. T. nur aus Bequemlichkeit angelegt, da Bilder und Tabellen in einem Anhang leichter hantierbar sind als vorne im Text. Solch ein Anhang zwingt die Leser dazu, sehr viel im Technischen Bericht hin- und her zu blättern. Der Text-Bild-Bezug ist bei dieser Lösung schlecht. Deshalb integrieren Sie Bilder und Tabellen besser vorn in den Text. *Konstruktions*-Zeichnungen werden i. Allg. jedoch besser in einem Zeichnungsanhang angeordnet, weil sie, wenn sie alle vorn im Text angeordnet wären, den Lesefluss zu stark stören würden. Wenn einzelne Zeichnungen vorn im Text ausführlich erläutert werden (z. B. Umbau eines Versuchsstandes), dann können diese Zeichnungen zusätzlich auch vorn erscheinen, ggf. als auf DIN A4 oder DIN A3 verkleinerte Kopie.

Das Abkürzungsverzeichnis enthält – alphabetisch geordnet – die verwendeten Abkürzungen und eine Erläuterung. Die Erläuterungen beginnen an einer gemeinsamen Fluchtlinie rechts von den Abkürzungen. Wenn die Erläuterungen den Charakter von Definitionen haben, können sie durch Gleichheitszeichen eingeleitet werden. Wenn die Abkürzungen sich aus den Anfangsbuchstaben der Erläuterung zusammensetzen, können diese Anfangsbuchstaben in der Erläuterung durch Fettdruck hervorgehoben werden, wie dies auch im Glossar in diesem Buch erfolgt ist.

Enthält ein Technischer Bericht viele mathematische Formeln, dann kann ein Verzeichnis der verwendeten Formelzeichen hilfreich sein. Die Erläuterungen der Formelzeichen sollten wieder an einer gemeinsamen Fluchtlinie rechts von den Formelzeichen beginnen. Je nach dem Thema Ihres Berichts können Sie auch weitere Verzeichnisse anlegen, z. B. für Checklisten, Übungsbeispiele, Linklisten usw.

Falls sonstige Quellen (Firmenschriften bzw. Herstellerunterlagen, wichtige Normen und selbst besorgte Literatur) als Literaturquellen zitiert werden, dann müssen sie auch im Literaturverzeichnis erscheinen. Falls sie nicht zitiert werden, dann reicht es aus, wenn sie nur zur Information mit in den Anhang aufgenommen werden (als Original oder Kopie). Bitte überlegen Sie dies frühzeitig und schreiben Sie keine Notizen in ihre Original-Unterlagen. Gewählte Abmessungen können Sie mit gelbem Textmarker hervorheben. Textmarker in anderen Farben ergeben Schatten beim Kopieren.

Die Seiten der Anhänge werden üblicherweise fortlaufend mit arabischen Zahlen durchnummeriert. Nach ISO 7144 erhalten die Anhänge fortlaufende Großbuchstaben anstelle von Kapitelnummern und die Seitenzahlen bestehen aus dem Kapitelbuchstaben und einer fortlaufenden arabischen Zahl.

Beigelegte Dokumente oder Kopien haben i. d. R. eigene Seitenzahlen. Darum werden nicht die Seiten nummeriert, sondern jeder Prospekt bzw. jede technische Unterlage erhält eine fortlaufende Nummer („1", „2", „3", … oder „Unterlage 1", „Unterlage 2", „Unterlage 3" …), die mit weißen Aufklebern aufgeklebt werden kann. Haftnotizzettel wie z. B. „Post-it" sind nicht geeignet.

Normalerweise bestehen die beigelegten Dokumente aus Originalprospekten oder Fotokopien, die mit eingebunden werden. Wenn die beigelegten Dokumente nicht eingebunden werden können, weil sie zu umfangreich sind oder das Format DIN A4 überschreiten, dann sollten diese Teile in eine separate Mappe o. ä. eingelegt werden. Solche vom Technischen Bericht getrennten Dokumente oder Zeichnungen werden im Inhaltsverzeichnis des eigentlichen Berichtes an der logisch richtigen Stelle aufgeführt und erhalten einen Vermerk wie „(in Zeichnungsrolle)" oder „(in separatem Ordner)". Beispiel:

Hinweis auf Anhänge in Zeichnungsrollen und separaten Ordnern

…

Oft ist ein Deckblatt für das Kapitel Anhang sehr hilfreich. Solch ein Deckblatt gibt einen Überblick über das Kapitel Anhang und bildet ein Kapitel-Inhaltsverzeichnis. Beispielsweise könnte ein Anhang mit (eingebundenen) Konstruktionszeichnungen und einer Stückliste aus vier Teilen bestehen. Vorn im Gesamt-Inhaltsverzeichnis würde diese Struktur folgendermaßen abgebildet:

Struktur des Anhangs im Inhaltsverzeichnis

Struktur des Anhangs im Inhaltsverzeichnis

Hinten im Anhang wird der Leser durch ein entsprechendes Deckblatt noch einmal an den Aufbau des Kapitels Anhang erinnert, was ihm den Überblick erleichtert Abb. 3.7.

Abb. 3.7 Beispielhaftes
Kapitel-Inhaltsverzeichnis
für den Anhang

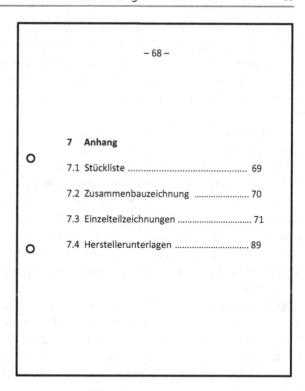

▶   Das Layout für das Deckblatt vor dem Kapitel Anhang entspricht teilweise dem
     Layout für Inhaltsverzeichnisse (Fettdruck der Kapitelüberschrift, Führungs-
     punkte, Seitenzahlen) und teilweise dem Layout von Titelblättern (großzügige
     Verteilung und gefällige Anordnung der Druckerschwärze auf dem Papier).

Wenn im Kapitel Anhang umfangreiche Messprotokolle, Programmlistings, Zeichnungen
und ähnliche auf DIN A4-Papier gedruckte Dokumente auftreten, kann dieser Anhang
separat als Band 2 gebunden werden. Das Inhaltsverzeichnis sollte jeweils alle Inhalte
aus beiden Bänden aufzeigen. Sowohl Band 1, als auch Band 2 haben dann ein Gesamt-
Inhaltsverzeichnis mit den Abschnitten „Inhalt – Band 1" und „Inhalt – Band 2".

Wenn zu Ihrem Technischen Bericht oder Projekt viele Dateien gehören, können Sie
im Anhang eine Liste mit den Pfad- und Dateinamen sowie dem Dateiinhalt einfügen.
Diese Liste können Sie wie eine kommentierte Linkliste oder eine Liste mit Definitionen
gestalten.

Nun folgen einige Anmerkungen zu weiteren Anhängen, die – wenn vorhanden – immer hinter den anderen Anhängen als eigene Kapitel organisiert werden müssen.

Ein **Glossar** enthält Fachbegriffe und Erklärungen dieser Begriffe. Es ist dann hilfreich,
wenn sich der Technische Bericht mit einem Spezialgebiet beschäftigt und die Leser die
einschlägigen Begriffe evtl. nicht alle kennen. Hier ist zu überlegen, ob außer den deutschen Fachbegriffen und einer deutschen Definition der Begriffe auch die Fachbegriffe

in englischer Sprache aufgeführt werden sollten. Immerhin findet in vielen Bereichen die Fach-Kommunikation in der Literatur und auf Tagungen in englischer Sprache statt. Die Fachbegriffe werden im Glossar durch Fett- oder Kursivdruck hervorgehoben. Sie stehen an einer gemeinsamen Fluchtlinie. Die Erläuterungen beginnen entweder rechts davon an einer weiteren Fluchtlinie oder in der nächsten Zeile ggf. um einen oder zwei Zentimeter eingerückt.

Ein **Index** ist ein Stichwort- bzw. Sachwortverzeichnis. Die Einträge müssen *aus der Sicht der Leser* formuliert werden. Eine Strukturierung in Oberbegriffe und Unterbegriffe (der ersten und maximal der zweiten Stufe) schafft eine bessere Übersichtlichkeit. Die Seitenzahlen werden z. T. direkt hinter den Fachbegriffen mit Kommata angehängt. Oder sie sind rechtsbündig entlang einer gemeinsamen Fluchtlinie angeordnet. In der Lücke zwischen Indexeinträgen und Seitenzahlen stehen dann Führungspunkte. Dies sieht gefälliger aus (vor allem, wenn der Index mehrspaltig ist). Wenn ein Indexeintrag auf mehreren Seiten erscheint und an einer Stelle besonders wichtige Informationen stehen, kann diese Seitenzahl durch Fettdruck hervorgehoben und dadurch als Hauptfundstelle gekennzeichnet werden.

Doktorarbeiten enthalten in aller Regel ein **Curriculum Vitae** (Lebenslauf). Dort wird in groben Zügen der bisherige Werdegang des Doktoranden bzw. Autors niedergeschrieben. Bei Doktorarbeiten tritt auch eine **Eidesstattliche Versicherung** auf, z. B. nach dem Literaturverzeichnis. Inhalt und Strukturierung des Curriculum Vitae sind sehr verschieden, je nach Hochschule bzw. Fakultät. Auch die Regeln für die Anordnung von Curriculum Vitae und Eidesstattlicher Versicherung können anders lauten als hier vorgeschlagen. Daher sollte sich der Doktorand vom Betreuer der Dissertation ein Muster für ein Curriculum Vitae und die Eidesstattliche Versicherung geben lassen, evtl. mit anonymisierten (d. h. unkenntlich gemachten) persönlichen Daten.

3.2 Sammeln und Ordnen des Stoffes

Bis hierher sind bereits folgende Unterlagen erarbeitet worden:

- exakter Titel mit Titelblattgestaltung sowie
- Gliederung (Detaillierung bis zur 10-Punkt-Gliederung oder feiner).

Diese Unterlagen bieten eine gute Orientierung für die Stoffsammlung. Sie helfen, die folgenden Fragen sachgerecht zu beantworten:

- Was wird insgesamt gebraucht?
- Was ist schon vorhanden?
- Was fehlt noch?

Dieses Sammeln erforderlicher Informationen muss ziel- und zielgruppenorientiert erfolgen und folgende Fragen beantworten:

- Was will ich wie vermitteln?
- Welche Literaturquellen sollen unbedingt zitiert werden?
- Liegt für jede wichtige Aussage eine Visualisierung (Bild, Tabelle, Formel) vor oder zumindest eine Aufzählung?

Denn etwas zu sammeln, zu ordnen und zu schreiben, was der Leser nicht braucht, ist fast immer unnütze Arbeit!

Nun zur praktischen Vorgehensweise für die Stoffsammlung. Alle spontanen Einfälle und Ideen zum Inhalt des Berichtes sollten ohne Rücksicht auf ihre Reihenfolge und ihre Zugehörigkeit zu bereits vorhandenen Gliederungspunkten auf einem oder mehreren Blättern gesammelt werden. Eventuell kann man auch jede Idee einzeln auf Notizzettel, Schreibpapier oder Karteikarten z. B. im Format DIN A5 quer aufschreiben. Dabei sollten auf jeden Fall nur die Vorderseiten beschrieben werden, damit die Blätter bzw. Karten auf dem Tisch oder dem Fußboden zum Sortieren und Ordnen ausgebreitet werden können.

Zur Stoffsammlung gehören auch Hinweise darauf, in welchem Abschnitt der eigenen Arbeit auf welche Literatur (Internetquellen, Bücher, Zeitschriftenartikel und sonstige Quellen) eingegangen werden soll. Bitte schreiben Sie sich von Anfang an alle bibliografischen Angaben vollständig und die Einordnungsformeln exakt mit Autor, Jahr, Seitenzahl, Abschnittsnummer oder exakter URL (Internetadresse und Datum) auf, damit Sie beim späteren Schreiben nicht unnötig viel Zeit mit eigentlich schon einmal erbrachten Sucharbeiten verbringen müssen und korrekt zitieren können.

Wenn ein Bericht umfangreicher ist (etwa ab 20 Seiten), dann sollte die Stoffsammlung nicht gliederungsübergreifend für den gesamten Bericht durchgeführt werden. Es ist in diesem Fall besser, für jedes Kapitel bzw. auch für die Unterkapitel eigene Stoffsammlungen vorzunehmen.

▶   Das Ordnen des Stoffes kann auf verschiedene Weise durchgeführt werden. In dieser Phase denken Sie wieder an Ihre Zielgruppe:

- Sind alle Stichpunkte für die Leser von Interesse? (Falls nicht: streichen)
- Lassen sich die Stichpunkte bereits vorhandenen Gliederungspunkten zuordnen? (Falls nicht: neuen Gliederungspunkt eröffnen)
- Bei voll beschriebenen Blättern mit jeweils mehreren Stichpunkten auf einer Seite markieren Sie die Ideen der „Reihenfolge" nach. Verwenden Sie z. B. die Dokumentteil-Nummern aus der Gliederung und ggf. fortlaufende Nummern innerhalb eines Abschnitts. Bei Einzelblättern bzw. Karteikarten mit jeweils nur einem Stichpunkt auf einer Seite ordnen Sie die Blätter oder Karten der gewählten „Reihenfolge" nach.

Die „Reihenfolge" der Gedanken kann eine zeitliche oder sachliche (nach Ausgangsbedingungen, Zielen, Alternativen, Baugruppen, zusammengehörigen Sachgebieten usw.) sein; sie ist aber immer eine logische Reihenfolge, die von der bereits vorliegenden Gliederung des Berichts – mindestens teilweise – vorgegeben wird.

Das Ordnen des Stoffes ist also nur möglich, wenn vorher bereits eine 4-Punkt- und 10-Punkt-Gliederung erarbeitet wurde. Sammeln und Ordnen des Stoffes erfolgen damit durch die hier empfohlene Reihenfolge der Arbeitsschritte automatisch logisch und zielgerichtet. Außerdem spart dieses Verfahren Arbeitszeit, da alle Arbeitsergebnisse zueinander passen und relativ wenig „für den Papierkorb" gearbeitet wird.

3.3 Erstellung *guter* Tabellen

Tabellen sind matrixartige Anordnungen, die Zeilen und Spalten aufweisen. Dadurch entstehen Felder, die in Textverarbeitungs- und Tabellenkalkulations-Programmen Zellen genannt werden. Diese Bezeichnung wird auch hier verwendet.

Bei kleineren Tabellen überwiegt der Effekt, dass Informationen in Tabellen sehr systematisch, übersichtlich und strukturiert dargeboten werden können. Größere Tabellen sind jedoch durch ihren geringen Visualisierungsgrad oft unübersichtlich. Stehen in den Zellen Wörter, dann ist dies weniger problematisch als bei reinen Zahlen-Tabellen.

Es fällt dem Leser einer Zahlen-Tabelle meist schwer, Verhältnisse von Zahlen abzuschätzen und Größenvergleiche durchzuführen. Deshalb besteht bei reinen Zahlen-Tabellen oft der Wunsch, die in Zahlen ausgedrückten Sachverhalte in Diagrammform zu visualisieren.

Trotzdem müssen Sie in Ihrem Bericht Berechnungen, statistische Auswertungen und Versuchsergebnisse natürlich mit exakten Zahlen belegen.

▶ Deshalb schlagen wir Folgendes vor: Die umfangreichen und dadurch eher unübersichtlichen Zahlen-Tabellen kommen in den Tabellen-Anhang. Vorn im Text erscheinen aussagekräftige Visualisierungen der Zahlen (Diagramme), und die Bildunterschriften beziehen sich auch auf die zugehörigen Tabellen im Anhang, z. B. mit dem Hinweis „(siehe Tabelle xx, Seite yy)".

In integrierten Programmpaketen ist das jeweilige Textverarbeitungs-Programm mit dem Tabellenkalkulations-Programm kompatibel, und Zahlen bzw. Tabellen können bequem ausgetauscht werden. In derartigen Programmen lassen sich die Zahlen der Tabelle in einem wählbaren Diagrammtyp als Präsentationsgrafik darstellen.

Mögliche und übliche Diagrammtypen sind hier u. a. Linien-, Säulen- und Kreisdiagramm. Hinweise zur Auswahl des Diagrammtyps und zur Gestaltung von Diagrammen finden Sie in Abschn. 3.4.5.

3.3.1 Tabellennummerierung und Tabellenüberschriften

Tabellen haben im Technischen Bericht eine Tabellen*über*schrift und in der Präsentation einen Tabellentitel. Im Tabellentitel kann genau angegeben werden, was für Daten die

Tabelle enthält, welche Rahmenbedingungen galten, welche Aussage die Tabelle belegen soll usw. Außerdem kann hier bei zitierten Tabellen eine Einordnungsformel folgen.

Die Komponenten einer Tabellenüberschrift benennen wir in diesem Buch wie folgt:

Tabelle 16 Ergebnisse der Verbrauchsmessungen	Tabellenüberschrift
16	Tabellennummer
Tabelle 16	Tabellenbezeichnung
Ergebnisse der Verbrauchsmessungen	Tabellentitel

Ein möglicher Grund für die im Technischen Bericht grundsätzlich oben angeordnete Tabellenüberschrift kann darin gesehen werden, dass bei der Tabellenüberschrift ein Hinweis auf die nachfolgende Fortsetzung der Tabelle bzw. ein Hinweis darauf, dass es sich um eine Fortsetzungs-Tabellenseite handelt, an der Stelle erscheint, wo der Leser die Information benötigt, nämlich am Kopf der Tabelle. Die Zweckmäßigkeit dieser Anordnung wird nachfolgend an Beispielen gezeigt. In den folgenden Beispielen wird die vollständige Tabelle jeweils durch zwei kurze Linien angedeutet.

Zuerst ein Beispiel für eine Tabelle, die nur über maximal eine Seite geht.

Tabellenüberschrift für Tabelle auf einer Seite

Tabelle 16 Ergebnisse der Verbrauchsmessungen

Nun ein Beispiel, wie eine Tabelle beschriftet werden kann, die über mehr als eine Seite geht.

Tabellenüberschrift mit Fortsetzungshinweis (Methode 1)

Tabelle 19 Ergebnisse der Schweißversuche <wird fortgesetzt>

Tabelle 19 Ergebnisse der Schweißversuche <Fortsetzung>

Die Tabellennummer und Tabellenüberschrift wird dabei auf allen Folgeseiten exakt wiederholt. Die Hinweise <wird fortgesetzt> und <Fortsetzung> zeigen, ob der aktuelle Tabellenausschnitt auf einer ersten Seite oder einer Folgeseite steht.

Wenn eine deutlichere Kennzeichnung gewünscht wird, dann kann der Hinweis „<wird fortgesetzt>" auch an das Tabellenende gesetzt werden:

Tabellenüberschrift mit Fortsetzungshinweis (Methode 2)

Tabelle 19 Erg...	Tabelle 19 Erg... <Forts.>	Tabelle 19 Erg... <Forts.>
<wird fortgesetzt>	<wird fortgesetzt>	

Eine andere Möglichkeit zur Kennzeichnung der Tabellenüberschriften mehrseitiger Tabellen ergibt sich, wenn das Nummerierungsprinzip für Technische Zeichnungen auch auf Tabellenüberschriften angewendet wird. Hierzu wieder ein Beispiel:

Tabellenüberschrift mit Fortsetzungshinweis (Methode 3)

Tabelle 19 Erg... <Seite 1 von 2>   Tabelle 19 Erg... <Seite 2 von 2>

Die Tabellennummern können durch den ganzen Bericht hindurch fortlaufend hochgezählt werden (Beispiel: 1, 2, 3, . . . , 67, 68, 69). Die Tabellennummern können jedoch auch zusammengesetzt werden aus der Kapitelnummer und der innerhalb eines Kapitels fortlaufend hoch gezählten Tabellennummer (Beispiel für Kapitel 3: 3-1, 3-2, 3-3, . . . , 3-12, 3-13). Statt Bindestrich kann auch ein Punkt zur Unterteilung der Tabellennummer verwendet werden (Beispiel: 3.1, 3.2, 3.3, . . . , 3.12, 3.13). Bücher, die viele kleine Tabellen auf jeweils einer Seite haben (z. B. KLEIN, DUBBEL usw.), verwenden auch die Kombination von Seitenzahl und Tabellennummer innerhalb der Seite (Beispiel: 324.1, 324.2, 324.3).

Die fortlaufende Nummerierung der Tabellen hat den Vorteil, dass die Gesamtanzahl der Tabellen sehr leicht zu ermitteln ist. Wenn aber nachträglich noch eine Tabelle eingefügt oder weggelassen wird, ergeben sich Nachteile, wenn Sie nicht mit den automatischen Nummerierungsfunktionen Ihres Textverarbeitungsprogramms arbeiten, weil sämtliche nachfolgenden Tabellennummern und die Querverweise auf die Tabellen geändert werden müssen.

Wenn Sie ein Tabellenverzeichnis automatisch erzeugen wollen, dann sollten Sie alle Tabellenüberschriften mit derselben Formatvorlage formatieren und diese Formatvorlage nur für Tabellenüberschriften verwenden.

Generell soll die Tabellenüberschrift den Inhalt der Tabelle möglichst treffend beschreiben. Tabellenüberschrift, Tabellenkopfzeile und Führungsspalte sollen ohne weitere Erläuterungen verständlich sein. Die Legende und ggf. auch Fußnoten dürfen diese Angaben ergänzen.

Für die Formulierung von Tabellentiteln gelten sinngemäß die gleichen Regeln wie für die Formulierung von Dokumentteil-Titeln, siehe Abschn. 2.4.3.

Auf jede im Text angeordnete Tabelle sollte im Text mindestens einmal hingewiesen werden. Dabei soll die Tabelle möglichst in der Nähe dieses Hinweises erscheinen. Falls von mehreren Stellen des Technischen Berichts auf eine Tabelle hingewiesen wird, dann soll die Tabelle in der Nähe des wichtigsten Hinweises angeordnet werden. Der Bezug vom Text auf die Tabelle kann z. B. durch die folgenden Formulierungen ausgedrückt werden:

- . . . , Tabelle xx.
- . . . , siehe Tabelle xx.
- . . . zeigt die folgende Tabelle.
- . . . zeigt Tabelle xx.

Wenn Sie eine Tabelle aus einer Literaturquelle herauskopieren oder einscannen bzw. eine Tabelle aus dem Internet als Grafikdatei einbinden und in Ihren Bericht einfügen wollen, dann sollten Sie die Tabellenüberschrift wegschneiden bzw. nicht mit einscannen. Sie vergeben Ihre eigene Tabellenbezeichnung. Den Tabellentitel können Sie entweder unverändert aus der Literaturquelle bzw. dem Internet abtippen oder Sie vergeben einen eigenen, neuen Tabellentitel. Alle Tabellenüberschriften werden einheitlich mit dem Textverarbeitungs-Programm erzeugt. So ergibt sich ein einheitlicher Gesamteindruck.

Zitierte Tabellen, d. h. nicht von Ihnen selbst aufgestellte Tabellen, müssen eine Einordnungsformel in der Tabellenüberschrift erhalten. Wie diese Einordnungsformel genau aussieht, ist in Abschn. 3.5.4 beschrieben.

▶ Planen Sie rechtzeitig, welche Tabellen in Ihren Technischen Bericht aufgenommen werden sollen. Selbst wenn Sie eine Tabelle später einfügen oder aus einer Literaturquelle zitieren wollen, fügen Sie an der entsprechenden Stelle schon mal eine Tabellenüberschrift als Platzhalter ein, während Sie Ihren Text schreiben. Schreiben Sie evtl. einen Hinweis wie „Achtung:" oder „Tabelle folgt:" oder „###" an den Anfang der Tabellenüberschrift.

3.3.2 Der Morphologische Kasten – eine *besondere* Tabelle

Der Morphologische Kasten ist – neben seiner Anwendung im Rahmen der Kreativitätstechniken – ein zentrales Element der Konstruktionsmethodik. Der Morphologische Kasten ist dort ein Arbeitsschritt des Konstruktionsverfahrens. Er tritt deshalb in Technischen Berichten häufig auf.

Wesentliches Merkmal des methodischen Konstruierens ist das Denken in Funktionen und die vom Verfahren vorgegebene Reihenfolge der Arbeitsschritte.

Zuerst wird – ausgehend von der Anforderungsliste (Pflichtenheft) – die Hauptfunktion der zu projektierenden Einrichtung festgelegt. Dabei hat es sich bewährt, die Anforderungsliste in einer tabellarischen Form aufzustellen. Anschließend wird die Hauptfunktion in Teilfunktionen aufgegliedert. Dabei werden die Teilfunktionen immer nach dem Prinzip „Verrichtung am Objekt" formuliert. Also zum Beispiel: Kraft erzeugen, Drehmoment wandeln, Lenkbarkeit sicherstellen usw. Danach werden zu den ermittelten Teilfunktionen die konstruktiven Teilfunktionslösungen erarbeitet.

Im nächsten Schritt werden die Teilfunktionen und die gefundenen Teilfunktionslösungen im Morphologischen Kasten in tabellarischer Form übersichtlich einander zugeordnet. Die Teilfunktionslösungen können in den Tabellenzellen nur verbal, nur grafisch (mit Prinzipskizzen) oder verbal und grafisch dargestellt sein. Am häufigsten ist jedoch die verbale Darstellung. Ab hier sind dann zwei unterschiedliche Vorgehensweisen möglich, nämlich die Darstellung mit mehreren Konzeptvarianten oder mit nur einer Konzeptvariante.

Mehrere Konzeptvarianten werden üblicherweise mit farbigen oder anders zu unterscheidenden Linien im Morphologischen Kasten gekennzeichnet. Sie können auch Zahlen oder Abkürzungen verwenden. In Tab. 3.1 ist solch ein Morphologischer Kasten mit mehreren Konzeptvarianten abgebildet.

Danach werden die Konzeptvarianten technisch und wirtschaftlich bewertet, Tab. 3.5 und 3.6. Dann wird die technische und wirtschaftliche Bewertung im s-Diagramm zusammengefasst, Abb. 3.8. Aus dem s-Diagramm ergibt sich die am besten geeignete Konzeptvariante.

Bei der Vorgehensweise mit nur einer Konzeptvariante wird als Erstes ein Morphologischer Kasten ohne Kennzeichnung von Konzeptvarianten dargestellt. Danach werden alle konstruktiven Teilfunktionslösungen einer verbalen Bewertung unterzogen. Dies bedeutet, dass für alle konstruktiven Teilfunktionslösungen ihre Vor- und Nachteile in Strichaufzählungen benannt werden. Die Teilfunktionslösung, die verwendet werden soll, wird im Text angekündigt mit der Zeile „gewählt: <vollständige Bezeichnung der Teilfunktionslösung>". Danach folgt eine Begründung in ca. ein bis drei Sätzen. Die Konzeptvariante wird nun gedanklich aus den jeweils bestgeeigneten Teilfunktionslösungen zusammengebaut. Die Kennzeichnung dieser Konzeptvariante im Morphologischen Kasten erfolgt am Ende der verbalen Bewertung, z. B. durch graues Rastern der gewählten Teilfunktionslösungen, Tab. 3.2.

Wenn eine verbale Bewertung bei einer Teilfunktionslösung nur Vorteile aufweist und Nachteile nicht angegeben sind (oder umgekehrt), dann machen Sie das durch die Wortangabe „keine" oder durch das Zeichen „–" deutlich. Nachfolgend wird eine verbale Bewertung an einem Beispiel zur „Teilfunktion C: Wasser fördern" gezeigt.

Verbale Bewertung einer Teilfunktionslösung

Teilfunktionslösung C2: **Kreiselpumpe**
        <u>Vorteile:</u>   laufruhig
                            große Fördermenge
      Nachteile: keine (oder „–")

Nachfolgend lernen Sie beide Varianten des Morphologischen Kastens (mit mehreren oder nur einer Konzeptvariante) an einem gemeinsamen Beispiel kennen. Beide Varianten des Morphologischen Kastens gelten für eine Schnellabschalt-Einrichtung für ein Kernkraftwerk, die an der FH Hannover im Rahmen einer Projektierungsaufgabe entwickelt wurde.

Im ersten Morphologischen Kasten, Tab. 3.1, sind mehrere Konzeptvarianten markiert. In einem Technischen Bericht sollten die verschiedenen Konzeptvarianten – wenn möglich – farbig mit je einer durchgehenden Linie gekennzeichnet werden, da durch die Verwendung von Farben die Konzeptvarianten am besten unterschieden werden können. Buntstift ist günstiger als andere Stifte, weil nichts auf die Rückseite durchfärbt, wie dies bei Textmarkern, Faserschreibern und Filzstiften oft der Fall ist. Hier wurden in Klammern gesetzte Ziffern verwendet, um die Konzeptvarianten zu unterscheiden. In der Legende unterhalb des Morphologischen Kastens müssen die jeweiligen Konzeptvarianten den Linienarten, -farben und -breiten oder Ziffern bzw. Abkürzungen eindeutig zugeordnet werden.

Tab. 3.1 Morphologischer Kasten (für eine Schnellabschalt-Einrichtung eines Kernkraftwerks) mit mehreren Konzeptvarianten, gewählt wurde die elektrische Lösung

Teilfunktion		Teilfunktionslösungen			
		1	**2**	**3**	**4**
A	Notfall erkennen	**elektromagn. Kupplung (1) (3)**	Sensoren (2)		
B	Vorrichtung vom normalen Betrieb trennen	**elektromagn. Kupplung (1) (2) (3)**	hydraulische Kupplung	pneumatische Kupplung	
C	Steuerstäbe absenken	**elektrischer Antrieb (3)**	hydraulischer Antrieb	pneumatischer Antrieb (2)	Eigengewicht (1)
D	Brems-vorrichtung ankoppeln	**elektromagn. Kupplung (3)**	hydraulische Kupplung	pneumatische Kupplung (2)	fest verbunden (1)
E	Bremskraft erzeugen	Scheiben-bremse (2)	Trommel-bremse (1)	**Induktions-bremse (3)**	Hydraulik-dämpfer
F	Bremskraft übertragen	Zahnrad und Zahnstange (1) (2)	Gewinde-stange und Mutter	**Reibräder (3)**	
G	Bremsvorgang steuern	Fliehkraft-regler (1) (2)	Zeit-regler	**Strecken-regler (3)**	
H	Endlagen-dämpfung ermöglichen	hydraulische Ölbremsen	**hydraulische Stoßdämpfer (1) (3)**	pneumatische Stoßdämpfer (2)	

Legende:
Variante 1 = elektrisch-mechanische Lösung
Variante 2 = elektrisch-pneumatische Lösung
Variante 3 = elektrische Lösung

Im Morphologischen Kasten mit mehreren Konzeptvarianten kennzeichnen Sie die aufgrund der technisch-wirtschaftlichen Bewertung bestgeeignete Lösung bei Schwarz-Weiß-Druck durch eine deutlich breitere Linie. Bei Verwendung von Ziffern oder Abkürzungen können Sie die gewählte Konzeptvariante durch Fettdruck kennzeichnen.

Im Morphologischen Kasten mit nur einer Konzeptvariante stellen Sie die aufgrund der verbalen Bewertung ausgewählten, bestgeeigneten Teilfunktionslösungen am besten grau gerastert dar, Tab. 3.2.

Spezielle Gestaltungsregeln für den Morphologischen Kasten

- Die verschiedenen Teilfunktionen des Morphologischen Kastens besitzen in der Regel eine unterschiedliche Anzahl von Teilfunktionslösungen. Dadurch ergeben sich am rechten Rand leere Zellen. Diese leeren Zellen bleiben weiß, sie werden also weder grau gerastert noch durchgestrichen.

Tab. 3.2 Morphologischer Kasten (für eine Schnellabschalt-Einrichtung eines Kernkraftwerks) mit nur einer Konzeptvariante

Teilfunktion		Teilfunktionslösungen			
		1	2	3	4
A	Notfall erkennen	elektromagn. Kupplung	Sensoren		
B	Vorrichtung vom normalen Betrieb trennen	elektromagn. Kupplung	hydraulische Kupplung	pneumatische Kupplung	
C	Steuerstäbe absenken	elektrischer Antrieb	hydraulischer Antrieb	pneumatischer Antrieb	Eigengewicht
D	Brems- vorrichtung ankoppeln	elektromagn. Kupplung	hydraulische Kupplung	pneumatische Kupplung	fest verbunden
E	Bremskraft erzeugen	Scheiben- bremse	Trommel- bremse	Induktions- bremse	Hydraulik- dämpfer
F	Bremskraft übertragen	Zahnrad und Zahnstange	Gewinde- stange und Mutter	Reibräder	
G	Bremsvorgang steuern	Fliehkraft- regler	Zeitregler	Streckenregler	
H	Endlagen- dämpfung ermöglichen	hydraulische Ölbremsen	hydraulische Stoßdämpfer	pneumatische Stoßdämpfer	

- Eintragungen im Morphologischen Kasten erfolgen stets linksbündig. Werden solche Eintragungen zentriert gesetzt, dann entsteht ein zu unruhiges Layout.
- Verschiedene Konzeptvarianten sollten aussagefähige Namen mit hohem Wiedererkennungswert bekommen. Beispiele:
  - Knickarm-, Schwenk- und Portalroboter oder
  - hydraulische, pneumatische und elektrische Lösung.
- Im weiteren Verlauf des Technischen Berichts werden diese Varianten dann immer mit diesen einmal festgelegten Namen angesprochen, und auch Skizzen der Konzeptvarianten werden mit diesen Namen beschriftet. Dies ist wesentlich besser als die Benennung mit Variante 1, Variante 2, Variante 3 usw., weil man sich die Namen viel besser merken und mit inneren Bildern der Konzeptvarianten im Kopf verbinden kann als dies bei Zahlen der Fall ist.
- Nummerieren Sie die konstruktiven Teilfunktionslösungen waagerecht mit Zahlen und die Teilfunktionen senkrecht mit Großbuchstaben. Wenn man Zeilen und Spalten beide mit Zahlen nummeriert, ist es aus der Bezeichnung Zelle 3.2 nicht ohne weiteres klar, ob dies die zweite Zelle in der dritten Zeile oder die dritte Zelle in der zweiten Zeile ist. Wenn Sie jedoch Buchstaben und Zahlen verwenden, dann ist C2 die zweite Teil-

Tab. 3.3 Morphologischer Kasten: Teilfunktion mit mehreren Untergruppen bzw. Ausprägungen

Teilfunktion		Teilfunktionslösungen		
		1	2	3
C	Wasser speichern			
Ca	Anzahl	drei	fünf	zehn
Cb	Ort	Fass	Kanister	Flasche
Cc	Form	Zylinder m. Deckel	Quader m. Tragegriff	Zylinder m. Hals
Cd	Größe	600 l	100 l	50 l

Tab. 3.4 Morphologischer Kasten: Teilfunktionslösungen aufgliedern

Teilfunktion		Teilfunktionslösungen				
		1	2	3	4	5
A	...					
B	Motor und Zylinder kühlen	Luftkühlung		Wasserkühlung		
		Ring-Kühler	Rohr-Kühler	Umlauf-Kühler	Durchlauf-Kühler	
C	...					

funktionslösung zur Teilfunktion C. Diese eindeutige Bezeichnung kann auch bei der verbalen Bewertung der Teilfunktionslösungen verwendet werden.

• Zerfällt eine Teilfunktion in mehrere Untergruppen bzw. Ausprägungen, dann kann im Morphologischen Kasten diese Teilfunktion untergliedert werden. Die Untergruppen werden mit Kleinbuchstaben gekennzeichnet. Beispielsweise soll Teilfunktion C „Wasser speichern" (in einer Kläranlage) aufgeteilt werden in Anzahl, Ort, Form und Größe der Speicherbehälter. Im Morphologischen Kasten wäre dies folgendermaßen einzutragen: Die jeweiligen Teilfunktionslösungen werden durch eine Kombination aus Großbuchstabe, Kleinbuchstabe und Ziffer identifiziert, z. B. Cb2 Kanister, siehe Tab. 3.3.

• Zerfällt eine Teilfunktionslösung in mehrere Untergruppen bzw. Ausprägungen, dann wird dies – anders als bei unterteilten Teilfunktionen – nicht durch eine weitere Nummer angedeutet, sondern der Begriff, der die Teilfunktionslösung kennzeichnet, erstreckt sich über mehrere Spalten, und die Untergruppen bekommen je eine eigene arabische Nummer. Das nächste Beispiel zeigt dies für die Teilfunktionslösungen Luftkühlung und Wasserkühlung eines Motors. Die Untergruppen haben jeweils eigene Nummern, so dass sie mit Buchstabe und Nummer eindeutig identifiziert werden können (B1 Ringkühler bis B4 Durchlaufkühler), siehe Tab. 3.4.

Nachdem nun die Gestaltung des Morphologischen Kastens beschrieben ist, folgen einige Ausführungen zu Bewertungstabellen.

3.3.3   Hinweise zu Bewertungstabellen

In Bewertungstabellen werden mehrere Varianten nach unterschiedlichen Kriterien bewertet. Beispiele sind u. a. Tabellen mit Kriterien für die Standortwahl einer industriellen Unternehmung, Kosten-/Nutzen-Analysen oder die Bewertung von Konzeptvarianten nach VDI 2222 und VDI 2225 Blatt 3. Dabei werden die Konzeptvarianten zunächst technisch und danach wirtschaftlich bewertet und je eine Bewertungstabelle erstellt.

Zuerst möchten wir Ihnen das in den Normen festgelegte Verfahren zeigen. Danach empfehlen wir einige Abweichungen von der Norm. Bitte besprechen Sie vorab mit Ihrem Auftraggeber oder Betreuer, welche Vorgehensweise und Tabellengestaltung eingesetzt werden soll.

In der VDI 2222 wird das Konzipieren technischer Produkte vorgestellt. Es besteht aus den Phasen

- Planen,
- Konzipieren (Anforderungsliste),
- Funktionsanalyse (Pflichtenheft),
- Konzept (Konzeptvarianten und technisch-wirtschaftliche Bewertung),
- Entwurf (Zusammenbauzeichnung),
- Optimierung,
- Ausarbeitung (Einzelteilzeichnungen) und
- Produktion eines Prototyps.

Neben vielen anderen Beispielen wird eine Kläranlage konzipiert.

Die Konzeptvarianten sollten sprechende Namen erhalten, die man sich gut merken kann. Die Kopfzeile sollte entweder durch Fettdruck oder durch Rasterung hervorgehoben werden, so wie wir es abweichend von der Norm hier auch getan haben. Doch betrachten wir nun die einzelnen Schritte der Bewertung, Tab. 3.5, 3.6 und Abb. 3.8.

Die Varianten werden mit ihrer Stärke s, die sich aus den x, y-Koordinaten der jeweiligen Teilfunktionslösung ergibt, als Punkte $s1$, $s2$, $s3$ und $s4$ in ein Netzliniendiagramm

Tab. 3.5 Technische Bewertungsmerkmale einer Kläranlage (nach VDI 2222)

Technische Bewertungsmerkmale der Kläranlage	Punktezahlen der Varianten 1 bis 4				
	Var. 1	Var. 2	Var. 3	Var. 4	ideal
Verstopfungsgefahr	2	3	4	3	4
Geruchsausbreitung	3	3	3	3	4
Schallausbreitung	3	3	2	3	4
Raumbedarf	1	2	3	2	4
Betriebssicherheit	3	3	4	2	4
Summe	12	14	16	13	20
Technische Wertigkeit x	0,60	0,70	0,80	0,65	1

Tab. 3.6 Wirtschaftliche Bewertungsmerkmale einer Kläranlage (nach VDI 2222)

Wirtschaftliche Bewertungsmerkmale der Kläranlage	Punktezahlen der Varianten 1 bis 4				
	Var. 1	Var. 2	Var. 3	Var. 4	ideal
Aushub	2	3	4	3	4
Betonarbeit	3	3	3	3	4
Aufwand für Rohrleitungen und Armaturen	3	3	2	3	4
Montageaufwand	1	2	3	2	4
Unterhaltsaufwand	3	3	4	2	4
Summe	12	14	16	13	20
Wirtschaftliche Wertigkeit y	0,50	0,60	0,75	0,70	1

Abb. 3.8 Technisch-wirtschaftliche Bewertung der Konzeptvarianten für eine Kläranlage (aus VDI 2222)

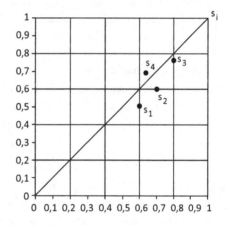

– das s-Diagramm – eingezeichnet. Die Ideallösung s_i wird an der Stelle $x = 1{,}0$ und $y = 1{,}0$ eingetragen. Durch das Diagramm wird von links unten nach rechts oben eine Gerade eingetragen. Die beste Teilfunktionslösung, hier Variante 3, liegt am weitesten rechts und oben.

Für alle Bewertungstabellen gilt, dass aus der Tabelle und/oder der Legende klar werden muss, nach welchen Kriterien wie bewertet wurde und welche Variante wie viele Punkte erringen konnte. Grundregel: Die Bewertungstabelle soll keine Denksport-Aufgabe sein. Deshalb muss für derartige Tabellen stets angegeben werden, welche Variante „gewonnen" hat: die mit der höchsten oder – weitaus seltener – die mit der niedrigsten Punktzahl.

Bei dem Versuch einer sachgerechten Bewertung tritt das Problem auf, dass verschiedene Bewertungskriterien unterschiedlich gewichtet werden müssen. Um diese unterschiedliche Gewichtung realisieren zu können, sind Gewichtungsfaktoren eingeführt worden. Durch Multiplikation der Einzelpunkte mit den jeweiligen Gewichtungsfaktoren ergibt sich die Gesamtpunktzahl bezüglich des betrachteten Kriteriums. Die Addition der Ge-

Tab. 3.7 Beispiel einer technischen Bewertungstabelle für das Fahrgestell eines Bootsanhängers

Bewertungs-kriterium	Ge-wicht	1achsig, 2 Räder		2achsig, 4 Räder		2achsig, 3 Räder, 1 Rad drehbar		2achsig, 4 Räder, 1 Achse drehbar	
	g	EP	GP	EP	GP	EP	GP	EP	GP
Eigen-gewicht	10	3	30	2	20	2	20	1	10
Montage	6	3	18	2	12	1	6	1	6
Kosten	10	3	30	2	20	1	10	1	10
Gebrauch	8	3	24	2	16	2	16	2	16
Gestaltung	4	3	12	2	8	1	4	1	4
Fahrwerk	8	4	32	3	24	3	24	3	24
Tragfähigkeit	8	2	16	4	32	3	24	4	32
Summe			162		132		104		102

Legende:

g = Gewichtungsfaktor	$g = 2$, sehr geringe Bedeutung	EP $= 0$, ungeeignet
EP = Einzelpunkte	$g = 4$, geringe Bedeutung	EP $= 1$, mit Mängeln
GP $= g \cdot$ EP = Gesamtpunkte	$g = 6$, mittlere Bedeutung	EP $= 2$, befriedigend
	$g = 8$, hohe Bedeutung	EP $= 3$, gut
	$g = 10$, sehr hohe Bedeutung	EP $= 4$, sehr gut

samtpunktzahlen aller Kriterien führt zu der Gesamtpunktzahl der jeweiligen Variante, die in der Bewertungstabelle in der untersten Zeile als „Summe" erscheint.

Als konkretes Beispiel, wie eine gute Bewertungstabelle aussieht, dient die Bewertung mehrerer Varianten des Fahrgestells eines Bootsanhängers, Tab. 3.7.

Hier ist insbesondere zu beachten, dass in der Legende zunächst sämtliche Abkürzungen und danach die Bedeutung der Bewertungsfaktoren erklärt werden. Der Leser kann so aufgrund der Legende gedanklich nachvollziehen, wie es zu der jeweiligen Summe gekommen ist. Bei der Vergabe der Punktwerte sollten Sie, um Logik-Fehler zu vermeiden, nach den folgenden Prinzipien vorgehen:

- Die vergebenen Punkte sind „Pluspunkte".
- Hohe Einzelpunkte bedeuten hohe Güte und hohen Nutzen für die Anwender.
- Hohe Gewichtungsfaktoren ergeben durch die Multiplikation mit den Einzelpunkten einen großen Einfluss des Kriteriums auf das Bewertungsergebnis, also auf die Summe (= die aufaddierten Gesamtpunkte) der jeweiligen Konzeptvariante.

In unserem Beispiel des Bootsanhänger-Fahrgestells sind die Bewertungskriterien Eigengewicht und Tragfähigkeit unterschiedlich zu bewerten: Wenn die Tragfähigkeit steigt, dann steigt auch die (Plus-)Punktzahl. Aber wenn das Eigengewicht steigt, dann muss die (Plus-)Punktzahl sinken! In Formelschreibweise sieht dieser Sachverhalt folgendermaßen aus:

Bepunktung eines Bewertungskriteriums mit hohem und geringem Nutzen

Tragfähigkeit ↑ ⇒ Nutzen für die Anwender ↑ ⇒ Einzelpunktzahl ↑
Eigengewicht ↑ ⇒ Nutzen für die Anwender ↓ ⇒ Einzelpunktzahl ↓

Wir erkennen aus dieser Betrachtung, dass es offenbar zwei verschiedene Fälle gibt.

Zwei Arten der Bepunktung in Bewertungstabellen	
1. Fall: gleichlaufende Bepunktung	Zahlenwert des Kriteriums ↑ und Punkte ↑ (hier: Tragfähigkeit)
2. Fall: gegenläufige Bepunktung	Zahlenwert des Kriteriums ↑ und Punkte ↓ (hier: Eigengewicht)

Bei dieser entweder gleichlaufenden oder gegenläufigen Bepunktung werden die meisten Fehler in Bewertungstabellen gemacht. Es handelt sich um ein Problem der Sprachlogik, die ohnehin vielen Menschen schwerer fällt als mathematische Logik.

Häufig tritt der Fall auf, dass mehrere solcher Bewertungstabellen im Bericht aufeinander folgen. Dann muss jede Tabelle ihre eigene Legende erhalten, damit jede Tabelle für sich allein lesbar bleibt und unnötiges Blättern vermieden wird.

Es gibt bestimmte Schlüsselwörter, deren Auftreten immer die gegenläufige Bepunktung signalisiert. Beispiele: Hoher **Aufwand** und hohe **Kosten** sind das Gegenteil von hohem Nutzen und müssen daher **gegenläufig bepunktet** werden. Ein steigender Kostenaufwand wird mit fallender Einzelpunktzahl bewertet. Auch der Einarbeitungsaufwand, um den Umgang mit einem technischen Produkt zu lernen, ergibt eine fallende Einzelpunktzahl.

Versetzen Sie sich bei der Festlegung der Einzelpunktzahl für das jeweilige Bewertungskriterium in Gedanken in die Situation der Anwender oder Kunden und nicht in die der Hersteller bzw. Dienstleistungsanbieter! Dann erkennen Sie leichter, ob hier gleichlaufende oder gegenläufige Bepunktung erforderlich ist.

3.3.4 Tabellarische Umgestaltung von Text

REICHERT hat in seinem Buch „Kompendium für Technische Dokumentationen" die Methode des didaktisch-typografischen Visualisierens (DTV) beschrieben. Dabei wird Fließtext aufgebrochen, gekürzt und visualisiert. Dies erhöht die Übersichtlichkeit gegenüber Fließtext. Als Resultat entstehen tabellarische Anordnungen oder Textbilder. Hier folgt ein Beispiel für eine tabellarische Umgestaltung von Text.

Didaktisch-typografisches Visualisieren durch tabellarische Umgestaltung von Text

Original-Text:
> Die Sterilisationstemperatur bei der Sterilisierung des Tankes sollte mindestens 135 °C für einen Zeitraum von 30 Minuten betragen. Die Sterilisationstemperatur an den Kondensomaten sollte 125 °C nicht unterschreiten.

verbesserte Version:
> **Mindest-Temperaturen beim Sterilisieren:**

Ort	Temperatur
am Tank	Temp. = 135 °C, 30 min
an den Kondensomaten	Temp. = 125 °C

Nachdem Sie nun etliche Regeln für die Gestaltung von Zahlen- und Text-Tabelle, Morphologischem Kasten und Bewertungstabelle sowie das didaktisch-typografische Visualisieren durch die tabellarische Gestaltung von Text kennen gelernt haben, folgen nun Hinweise zur Gestaltung und Herstellung von Bildern.

3.4 Das Bild zum Text

Informationen, die der Ersteller des Technischen Berichts vermitteln will, können auf verschiedene Art und Weise dargeboten werden:

- mit Buchstaben (Wörter, Sätze, Text-Tabellen),
- mit Zahlen (Zahlen-Tabellen und Formeln) oder
- als grafische Darstellung bzw. Bild (man spricht auch von Diagramm, Illustration, Grafik, Abbildung, Schema usw.; eine Abgrenzung dieser Begriffe folgt später).

Diese verschiedenen Arten der Darstellung haben jeweils Vor- und Nachteile. Die verbale Darstellung ist sehr exakt, und es lassen sich auch abstrakte Ideen darstellen; sie ist jedoch nicht sehr anschaulich. Zahlen sind ebenfalls sehr exakt. Umfangreiche Zahlen-Tabellen sind aber recht unübersichtlich, selbst bei optimaler Tabellengestaltung. Wenn die Zahlen aber in Form eines Diagrammes visualisiert werden, verbessert sich die Anschaulichkeit deutlich.

Viele andere Sachverhalte können bedeutend einfacher und klarer in Bildern dargestellt werden, als dies durch verbale Beschreibungen oder Tabellen und Formeln möglich ist. Bilder sind ein Blickfang für das Auge; sie werden deshalb zuerst wahrgenommen. Informationen, die grafisch dargeboten werden, können auch leichter aufgenommen und verarbeitet werden.

Bilder erzeugen im Gehirn des Lesers Assoziationen und regen so die Phantasie an. Dadurch wirken Grafiken motivierend, und sie sind sehr einprägsam. Teilweise können sie sogar ausführliche Beschreibungstexte ersetzen. Bilder betonen Strukturen, und sie bilden die Wirklichkeit ab. Bilder erleichtern und intensivieren Verstehensprozesse. Informationen aus Bildern werden deshalb auch besser behalten als gelesene Informationen. Der Wirkungsgrad der Informationsübermittlung wird verbessert.

Nicht immer sind Bilder die beste Art der Informationsdarbietung. Abstrakte Informationen können besser durch Texte beschrieben werden.

▶ **Zuordnung der Informationen zum Text und zu den Bildern** Es kommt also auf die richtige Mischung und Zuordnung von Text und Bild an. Sie legen fest,

- welche Informationen im Text untergebracht werden,
- welche Informationen nur in einem Bild erscheinen sollen und
- welche Informationen auf beiden Wegen angeboten werden.

In diesem Zusammenhang wird oft von Text-Bild-Bezug gesprochen. Dieser Text-Bild-Bezug muss gut geplant werden. Auch die Platzierung der Bilder relativ zum Text muss geplant werden. Der Autor gibt durch diese Platzierung und durch Verweise vom Text auf die Bilder eine Empfehlung für die Lesereihenfolge.

Die Bilder werden entweder vorn in den Text integriert oder erscheinen hinten in einem eigenen Bildanhang. Beide Methoden haben Vor- und Nachteile. Beim Überarbeiten des Textes sind Bilder im Bildanhang einfacher zu verwalten, da sie bei Textänderungen ihre Position im Bildanhang behalten. Stände das Bild vorn, würde dies zusätzliche Maßnahmen beim Seitenumbruch erfordern (Absätze von „hinter dem Bild" nach „vor dem Bild" verschieben und umgekehrt, anpassen der Querverweise vom Text zum Bild). Allerdings weist die Anordnung „Bilder hinten" einen entscheidenden Nachteil auf. Der für das schnelle Verständnis des zugehörigen Textes erforderliche Text-Bild-Bezug ist durch das zwingend notwendige Hin- und Herblättern stark erschwert und die Verständlichkeit sinkt.

Deshalb wird die textnahe Anordnung der Bilder empfohlen. Im Idealfall befindet sich also das Bild auf der gleichen Seite wie der erläuternde Text, wenn Vorder- und Rückseiten bedruckt sind, soll sich das Bild auf der gleichen Doppelseite wie der Text befinden. Bei Layout-Problemen kann das Bild auch eine Seite später erscheinen, wobei ein entsprechender Hinweis auf der vorherigen Seite im Text das sofortige und ggf. mehrmalige Umblättern zur nächsten Seite ermöglicht.

▶   Verweisen Sie immer rechtzeitig auf nachfolgende Bilder und Tabellen!

Die einfachste Methode eines solchen Hinweises auf ein Bild ist eine beliebige Sachaussage, bei der am Ende mit Komma der Hinweis auf das Bild angeschlossen wird. Beispiel:

Querverweis auf ein Bild

Der Kraftfluss in der Becherpresse führt vom Stößel über das Gestell zum Pressentisch, Bild 12.

Tab. 3.8 Unterteilung grafischer Darstellungen nach Funktion und Inhalt

Bildhafte (grafische) Darstellungen		
Schemata (Realität vereinfachen)	**Diagramme** (Abstraktes konkretisieren)	**Bildzeichen** (Assoziation hervorrufen)
- Sinnbild - Prinzip-Skizze - Blockschaltbild - Funktions-Schema - Fließbild eines Prozesses - Organigramm - Lageplan, Stadtplan, Landkarte, Kartogramm - elektrischer, hydraulischer, pneumatischer Schaltplan, Rohrleitungsplan - Technische Zeichnung - Berechnungs-Skizze - perspektivische Zeichnung (inkl. Explosionszeichnung) - Comic	- Säulendiagramm - Balkendiagramm - Punktdiagramm - Liniendiagramm, z. B. Graph einer Funktion, Nomogramm - Kreis- bzw. Tortendiagramm - Flächendiagramm - Körperdiagramm - Mengendiagramm - Baumdiagramm - Balkenplan (Gantt-Diagramm) - Netzplan - Programmablaufplan (Flussdiagramm) - Struktogramm - Mind Map	- konkretes Piktogramm (zeigt Gegenstände oder Lebewesen) - abstraktes Piktogramm (zeigt abstrakte Begriffe, muss gelernt werden) - Symbol - Logo - Verkehrszeichen - Hinweiszeichen - usw.

Wenn so auf ein Bild verwiesen wird und es nicht auf der gleichen Seite steht, wird der Leser mit Sicherheit zur nächsten Seite umblättern, weil er das Bild dann dort erwartet. Mit diesem ganz einfachen Hinweis „..., Bild 12." ist der Text-Bild-Bezug sichergestellt und damit die Verständlichkeit des Technischen Berichts nennenswert verbessert.

► Sie sollten die Bilder möglichst früh zeichnen bzw. einscannen, parallel zum Erstellen des Textes. Wenn Sie das Erstellen der Bilder vor sich herschieben, sind Sie am Ende der Bearbeitungszeit gezwungen, sehr schnell und unsauber zu arbeiten, was man dem Endergebnis dann ansieht.

Wenn man sich genauer ansieht, wie in grafischen Darstellungen die Bildbotschaft vermittelt wird, dann führt das zu der Übersicht in Tab. 3.8.

Die weiteren Aussagen über Bilder beschäftigen sich im Rahmen der Planung zunächst mit Grundregeln der informationswirksamen Gestaltung von Bildern und mit der Vergabe von Bildnummern und Bildunterschriften.

Weitere Abschnitte des vorliegenden Kapitels beschäftigen sich mit dem dargestellten Inhalt und der daraus resultierenden Art der grafischen Darstellung. Dort finden Sie Hinweise zur Erstellung von (Digital-)Fotos, Fotokopien, Scans, Computergrafiken und CAD-

Zeichnungen, Schemata, Diagrammen, Skizzen, perspektivischen Darstellungen, Technischen Zeichnungen, Mind Maps und Textbildern.

3.4.1 Informationswirksame Gestaltung von Bildern

Wie in Tab. 3.8 dargestellt, haben grafische Darstellungen bzw. Bilder drei mögliche Funktionen. Sie sollen entweder die Realität vereinfachen (z. B. Prinzipskizze, Stadtplan) oder abstrakte Ideen durch räumliche Anordnungen konkretisieren (z. B. Säulendiagramm, Kreisdiagramm, Baumdiagramm) oder Assoziationen hervorrufen (z. B. Logo und Piktogramm).

Bilder sind für diese Informationszwecke oft zu wenig eindeutig, sie haben aber Instruktionsvorteile durch ihre Ähnlichkeit mit der optisch wahrgenommenen Welt. Es ist meist besonders wirksam, wenn die Überblicks-Informationen in Bildern und die Detail-Informationen in Form von Text angeboten werden. Um Missverständnisse und Fehlinterpretationen bei Ihren Lesern zu vermeiden, sollten Sie bei der Bildgestaltung die folgenden Grundregeln möglichst einhalten. Wenn diese 13 Grundregeln eingehalten werden, dann ist schon ein großer Schritt hin zu „guten" Bildern getan.

13 Grundregeln für die instruktionswirksame Gestaltung von Bildern

1. Wichtiges hervorheben!
2. Unwichtiges weglassen! (Maximal vier bis sieben grafische Elemente in einem Bild verwenden, sonst wird das Bild zu unübersichtlich.)
3. Strichdicke und Buchstabenhöhe genügend groß wählen! (Das Bild soll aus der normalen Leseentfernung von 30 bis 40 cm einwandfrei lesbar sein.)
4. Das Auge schaut entlang dominanter Linien. Deshalb sollen Zwischenelementbeziehungen grafisch hervorgehoben werden (Linien, Pfeile, Spalten, Zeilen, gemeinsame Farbe). Diese Zwischenelementbeziehungen sollen möglichst auch genau benannt werden (Welcher Art ist die Verbindung? Was bedeutet sie?) durch Beschriftungen im Bild oder Erläuterungen in der Legende.
5. Räumliche Nähe von Elementen wird als begriffliche Ähnlichkeit bzw. Zusammengehörigkeit aufgefasst.
6. Elemente, die räumlich über- bzw. untereinander angeordnet sind, gelten als hierarchisch über- bzw. untergeordnet. Dies betont Funktionsstrukturen.
7. Elemente, die nebeneinander angeordnet sind, werden als zeitliche oder logische Aufeinanderfolge empfunden.
8. Wenn die Elemente in einem Kreis angeordnet sind, dann wirkt dies wie ein Zyklus, eine sich zeitlich ständig wiederholende Abfolge.
9. Wenn ein Element ein anderes räumlich umschließt, dann wird dies so aufgefasst, dass der äußere Begriff den inneren semantisch einschließt.
10. Elemente wie Kästen, Balken, Linien, Spalten müssen eindeutig gekennzeichnet sein (durch sprachliche Erläuterung oder durch grafische Erläuterung/Piktogramme).

11. Ein Elementtyp darf in einem Bild bzw. einer Bildserie nur eine Funktion haben. Zum Beispiel können Pfeile folgende Bedeutung haben:
    - Kraftrichtung,
    - Drehmoment,
    - Bewegungsrichtung,
    - Informationsfluss,
    - Ursache-Wirkungs-Zusammenhang,
    - Hinweis usw.
    Diese unterschiedliche Bedeutung soll durch eine jeweils andere Gestaltung des Pfeils erkennbar sein.
    So wird üblicherweise der Doppelpfeil für die Kennzeichnung eines Ursache-Wirkungs-Zusammenhangs verwendet. Wenn in der gleichen zeichnerischen Darstellung auch ein Momentenpfeil auftreten soll, dann muss dieser deutlich anders aussehen, und der Unterschied muss dem Leser „mitgeteilt" werden.
12. Achsen haben große Zahlenwerte auf der (senkrechten) y-Achse oben und auf der (waagerechten) x-Achse rechts.
13. Für einige Diagrammtypen gibt es genormte Bildzeichen. Beispiel: DIN 66001 für Flussdiagramme legt u. a. fest, dass ein Rechteck für eine Operation bzw. Tätigkeit, eine Raute für eine Entscheidung und ein abgerundetes Rechteck für Anfang und Ende einer Prozedur zu verwenden sind. Weitere Normen: DIN 32520, DIN 66261. Derartige Normen sind natürlich einzuhalten.

Die gemeinsame Anwendung der Grundregeln 1 und 2 wird auch „didaktische Reduktion" genannt.

Durch das Weglassen und Vereinfachen wird beim Leser eine Konzentration auf das Wesentliche erreicht, frei nach dem Motto „Was nicht abgebildet wird, kann auch nicht falsch verstanden werden."

Bei der Gestaltung von Abbildungen stehen zusätzlich die folgenden Möglichkeiten zur Hervorhebung und Aufmerksamkeits-Steuerung zur Verfügung:

- **Farbe:** Farben prägen sich besser ein als Schraffuren, verschieden breite Linien oder verschiedene Linienarten. Am beliebtesten und auffälligsten ist die Farbe Rot. Verwenden Sie Farben sehr sparsam, sonst verliert sich der Steuerungseffekt. Und bitte beachten Sie, dass farbige Objekte und Linien ganz anders wirken, wenn Sie in schwarz-weiß ausgedruckt werden, denn der SW-Drucker setzt Farbe in Grauwerte um.
- **Pfeile:** Es sind sehr viele grafische Ausführungen für Pfeile möglich. Pfeile können auf wichtige Details zeigen. Pfeile können aber auch andere Funktionen haben, siehe Regel 11.
- **Überzeichnung:** Unauffällige, aber wichtige Bilddetails werden vergrößert abgebildet und unwesentliche Details werden weggelassen oder blass oder verschwommen dargestellt. Der Vergrößerungsfaktor eines Details innerhalb einer normal (100 %) großen Umgebung kann dabei bis 1,5 (150 %) betragen, ohne dass der Betrachter irritiert wird.
- **Strichstärke:** Wichtige Elemente werden mit 0,75 bis 1,50 mm breiten Linien gezeichnet. Weniger wichtige Bildelemente erscheinen in 0,25 bis 0,50 mm breiten Linien.

- **Umrahmung oder Einkreisung:** Um wichtige Bildelemente hervorzuheben, können Sie umrahmt oder eingekreist werden.
- **Ausschnittvergrößerung:** Ein umrahmter oder eingekreister Bildausschnitt wird auf demselben Bild oder (nicht so gut) auf einem Folgebild vergrößert gezeichnet (Lupe). Der Zusammenhang muss dabei erkennbar bleiben. Die Umrahmungen müssen gleichartig sein (z. B. Rechteck mit konstantem Seitenverhältnis oder Kreis), damit der Betrachter die Vergrößerung und den Original-Bildausschnitt einander zuordnen kann.
- **Unterlegung und Rasterung:** Ein wichtiger Bildausschnitt erhält einen farbigen oder grauen Hintergrund. Für die Wahrnehmung muss hier jedoch ein ausreichender Kontrast zwischen Bildobjekt und Hintergrund erhalten bleiben.

▶   Verwenden Sie möglichst nur wenige Möglichkeiten zur Aufmerksamkeits-Steuerung. Anderenfalls kann das Bild unübersichtlich werden. Heben Sie nicht zu viele Details hervor, sonst geht der Effekt der Aufmerksamkeits-Steuerung verloren.

Wenn Sie die zu verwendenden Bilder nach den oben vorgestellten 13 Grundregeln gestalten bzw. Vorlagen entsprechend modifizieren, berücksichtigen Sie auch die Möglichkeiten zur Aufmerksamkeitssteuerung. Dadurch wird die Erkennung und Interpretation der Bildbotschaft stark erleichtert. Ihre Bilder werden besser verständlich. Die im Bild gesendete Botschaft wird nun von Ihrer Zielgruppe leichter und exakt im von Ihnen beabsichtigten Sinne verstanden.

3.4.2   Bildnummerierung und Bildunterschriften

Nach ISO 7144 haben Bilder grundsätzlich eine Bild*unter*schrift. Dies wird auch im Technischen Bericht eingehalten, aber in der Präsentation wird der Bildtitel zu einer Bild*über*schrift, damit er auf der Projektionsfläche möglichst ungehindert lesbar ist. Bildunterschriften sind eigentlich unverzichtbar, fehlen aber oft!

Die Komponenten einer Bildunterschrift benennen wir in diesem Buch wie folgt:

Bild 16 Schematische Darstellung der Fertigungsvarianten	Bildunterschrift
16	Bildnummer
Bild 16	Bildbezeichnung
Ergebnisse der Verbrauchsmessungen	Bildtitel

Die Bildunterschrift im Technischen Bericht (bzw. Bildtitel in der Präsentation) sagt mit Worten, was das Bild zeigt, und ergänzt die Bezeichnung der Achsen, Sektoren, Balken, Säulen usw. Sie enthält bei zitierten Bildern eine Einordnungsformel. In der Bildunterschrift können Sie angeben, für welche Rahmenbedingungen das Bild gilt, welche Aussage es enthält usw. Die Bildunterschrift sollte zweckmäßigerweise die folgende Form haben.

Beispiel für eine Bildunterschrift

Bild 16 Schematische Darstellung der Fertigungsvarianten

Die Bildbezeichnung wird durch Fettdruck hervorgehoben, der Bildtitel wird normal gedruckt.

Falls einmal ein Bild über mehrere Seiten geht, können Sie die Möglichkeiten zur Kennzeichnung der Fortsetzung von Tabellen aus Abschn. 3.3.1 sinngemäß auch für Bilder verwenden.

Die Bildnummern können durch den ganzen Bericht hindurch fortlaufend hochgezählt werden (Beispiel: 1, 2, 3, . . . , 67, 68, 69). Die Bildnummern können jedoch auch zusammengesetzt werden aus der Kapitelnummer und der innerhalb eines Kapitels fortlaufend hochgezählten Bildnummer (Beispiel für Kapitel 3: 3-1, 3-2, 3-3, . . . , 3-12, 3-13). Statt Bindestrich kann auch ein Punkt zur Unterteilung der Bildnummer verwendet werden (Beispiel: 3.1, 3.2, 3.3, . . . , 3.12, 3.13). Bücher, die viele kleine Bilder auf jeweils einer Seite haben, verwenden auch die Kombination von Seitenzahl und Bildnummer innerhalb der Seite (Beispiel für Seite 324: 324.1, 324.2, 324.3).

Die fortlaufende Nummerierung der Bilder hat den Vorteil, dass die Gesamtanzahl der Bilder sehr leicht zu ermitteln ist.

Die Bildunterschrift gehört stets unter das zugehörige Bild. Außerdem gehört sie in die Nähe des zugehörigen Bildes.

►   Positionieren Sie die Bildunterschrift in etwa wie folgt:

- Zwischen Text und Bild erscheinen zwei Leerzeilen.
- Zwischen Bild und Bildunterschrift steht (eine halbe bis) eine Leerzeile.
- Nach der Bildunterschrift erscheinen wieder zwei Leerzeilen.

Durch den größeren vertikalen Abstand oberhalb des Bildes und unterhalb der Bildunterschrift (jeweils mindestens zwei Leerzeilen) wird für den Leser schon von der Anordnung her deutlich, dass Bild und Bildunterschrift eine Einheit bilden.

Bei zwei- oder mehrzeiligen Bildunterschriften beginnt die zweite und alle weiteren Zeilen an der Fluchtlinie des Bildtitels der ersten Zeile, Abb. 3.9. Auch Bildunterschriften, die sich gemeinsam auf mehrere Teilbilder beziehen, können so gestaltet werden. Die kleinen, zusammengehörigen Teilbilder werden nebeneinander angeordnet und mit Kleinbuchstaben und Klammer oder nur durch Kleinbuchstaben gekennzeichnet.

Planen Sie rechtzeitig, welche Bilder in Ihren Technischen Bericht aufgenommen werden sollen. Selbst wenn Sie ein Bild später zeichnen oder besorgen wollen, fügen Sie bereits frühzeitig eine Bildunterschrift ein, damit sich nicht alle nachfolgenden Bildbezeichnungen und die zugehörigen manuell erstellten Querverweise ändern.

Wenn Sie ein Bilderverzeichnis automatisch erzeugen wollen, dann sollten Sie alle Bildunterschriften mit derselben Formatvorlage formatieren und diese Formatvorlage nur für Bildunterschriften verwenden.

Bild 10 Gegenüberstellung verschiedener Möglichkeiten der nicht in den Schweißprozess integrierten Schweißrauchabsaugung: a) reine Hallenabsaugung, b) Hallenabsaugung kombiniert mit Hallenbelüftung, c) Untertischabsaugung, d) Übertischabsaugung

Abb. 3.9 Layout von mehrzeiligen Bildunterschriften sowie gemeinsame Bildunterschrift bei mehreren Teilbildern

Bei Bildtiteln sind genaue Lagebezeichnungen sehr wichtig. Sie erleichtern es dem Leser des Berichts, sich die Stelle der realen Anordnung vorzustellen, auf die sich das Bild bezieht. Ein Bildtitel mit zu ungenauen Ortsangaben ist z. B. „Bild 6.5 Druckmesspunkte D und Temperaturmesspunkte T". Hier fehlt ein Zusatz wie „. . . im Kaltkanal" oder sogar noch besser „. . . im Kaltkanal des Spritzgießwerkzeuges".

Für die Formulierung von Bildunterschriften gelten sinngemäß die gleichen Regeln wie für die Formulierung von Dokumentteil-Überschriften, siehe Abschn. 2.4.3.

Auf jedes im Bericht angeordnete Bild sollte im Text mindestens einmal hingewiesen werden. Dabei soll das Bild möglichst in der Nähe dieses Hinweises erscheinen. Falls von mehreren Stellen des Technischen Berichts auf ein Bild hingewiesen wird, dann soll das Bild in der Nähe des wichtigsten Hinweises angeordnet werden. Der Bezug vom Text auf das Bild kann durch folgende Formulierungen ausgedrückt werden:

- . . . , Bild xx.
- . . . , siehe Bild xx.
- . . . zeigt das folgende Bild.
- . . . zeigt Bild xx.

Wenn Sie ein Bild aus einer Literaturquelle oder dem Internet kopieren bzw. einscannen und in Ihren Bericht einfügen wollen, dann sollten Sie Bildbezeichnung und Bildtitel entweder nicht mit kopieren oder nach dem Kopieren wegschneiden bzw. nicht mit einscannen. Sie vergeben nun Ihre eigene Bildbezeichnung. Den Bildtitel können Sie entweder unverändert aus der Literaturquelle abtippen, oder Sie vergeben einen eigenen, neuen Bildtitel. Alle Bildunterschriften werden einheitlich mit dem Textverarbeitungs-Programm selbst erzeugt. Wenn sowohl kopierte als auch selbsterstellte Bilder gleich aussehende Bildunterschriften haben, dann ergibt sich ein einheitlicherer Gesamteindruck.

Bilder, die Sie aus einem anderen Werk (z. B. aus einem Buch, einer Zeitschrift, Zeitung oder CD) oder von einer Internetseite bzw. einer PDF-Datei im Internet einscannen, abzeichnen oder kopieren, müssen eine Einordnungsformel erhalten. Wie diese Einordnungsformel genau aussieht, ist in Abschn. 3.5.4 beschrieben.

Relativ oft ist das Umnummerieren von Bildern erforderlich, weil Bilder während der Erstellung des Technischen Berichts nachträglich verschoben werden, hinzukommen oder wegfallen. Dann müssen im gesamten Text jeweils die Stellen aufgefunden werden, wo

Bildunterschriften stehen und wo auf Bilder verwiesen wird. Dies lässt sich mit dem Textverarbeitungs-Programm mit der Funktion „Suchen" durchführen. Es muss nur als Suchtext eingegeben werden: „Bild_". Dabei steht das Symbol „_" für ein Leerzeichen oder einen Tabulator. Nun können die Bildbezeichnungen überprüft und gegebenenfalls geändert werden.

Für die Positionierung der Bilder bestehen mehrere Möglichkeiten: linksbündig, zentriert oder um einen gleich bleibenden Abstand eingerückt. Wenn dies von der Bildgröße her machbar ist und ausgewogen aussieht, hat die Variante „Bildtitel linksbündig, Bilder an der Fluchtlinie, die sich am Beginn des Bildtitels ergibt" den Vorteil, dass das Layout relativ ruhig ist und die Bildbezeichnung hervorgehoben wird.

Nachfolgend werden verschiedene Arten der grafischen Darstellung mit ihren Besonderheiten vorgestellt. Danach folgen Hinweise, wie Sie die Fotos und Bilddateien in Ihren Technischen Bericht einbinden und wie Sie Papierbilder einkleben.

3.4.3 Schema und Diagramm

Alle grafischen Darstellungen sollen möglichst einfach und übersichtlich aufgebaut sein. Dabei müssen die allgemein anerkannten Regeln der jeweiligen Fachdisziplin und die geltenden DIN-, EN- und ISO-Normen eingehalten werden.

Für Schemata (z. B. Ablauf- bzw. Flussdiagramme, Schalt-, Hydraulik-, Pneumatik- und Rohrleitungspläne) sind entsprechende Symbole genormt. Symbole für Datenfluss- und Programmablauf-Pläne sind in der DIN 66001 festgelegt; für Technische Zeichnungen sind die entsprechenden Zeichnungsnormen wie DIN ISO 128, DIN ISO 1101, DIN ISO 5456 usw. zu verwenden. Weitere Normen: DIN 32520, DIN 66261.

Bei Diagrammen (Säulen-, Balken-, Kreisdiagramm usw.) gilt als Grundprinzip, dass eindeutige Beschriftungen von Achsen, Säulen, Sektoren usw. erforderlich sind. Oft kann die Verständlichkeit eines Diagramms auch dadurch gesteigert werden, dass die Aussage, die das Diagramm zeigen soll, als Titel bzw. Beschriftung direkt über oder neben dem Diagramm erscheint.

Werden zeitliche Abhängigkeiten in Diagrammen dargestellt, dann ist die waagerechte Achse fast immer die Zeitachse.

Für die Darstellung von Kurvenverläufen in Koordinatensystemen gelten weitere Richtlinien. Zunächst einmal müssen die Achsen genau beschriftet werden mit

- Achsenbezeichnung (als Text oder Formelbuchstabe) und zugehöriger Maßeinheit,
- Maßzahlen (wenn es sich um eine quantitative Darstellung handelt) und
- Pfeilen an oder neben den Achsenenden (die Pfeile zeigen nach oben und rechts).

Ein Beispiel zeigt Abb. 3.10. Die Achsenbezeichnung kann als Formelbuchstabe (z. B. U in V) oder als Text angegeben (z. B. Spannung in V) angegeben werden. Wenn Sie Formelbuchstaben verwenden, kann das Diagramm ohne Änderung in einem fremdsprachigen (z. B. englischen) Text verwendet werden. Wenn Sie Text angeben, dann setzen

Abb. 3.10 Diagramm mit
Angabe der Maßzahlen, der
physikalischen Größen und der
Maßeinheiten

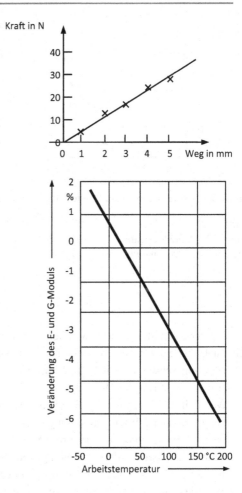

Abb. 3.11 Beispiel für ein
Diagramm mit Netzlinien zum
Ablesen genauer Zahlenwerte
(Quelle: Tabellenanhang des
ROLOFF/MATEK)

Sie diesen waagerecht, weil die Grafik nicht gedreht werden muss. Nötigenfalls kann der
Text mehrmals getrennt werden. Wenn sich eine vertikale Angabe der Achsenbezeichnung
entlang der senkrechten Achse nicht vermeiden lässt, dann sind nach DIN 461 „Grafische
Darstellungen in Koordinatensystemen" die Buchstaben gesperrt zu schreiben.

Bei Diagrammen mit Zeitabläufen muss die Zeit immer auf der waagerechten Achse
von links nach rechts fortschreitend angeordnet werden.

Die Maßzahlen an linear unterteilten Achsen (Teilung der Koordinatenachsen bzw.
Skalenbeschriftung) schließen immer auch den Wert Null mit ein. Negative Werte erhalten ein entsprechendes Vorzeichen, z. B. $-3, -2, -1, 0, 1, 2, 3$, Abb. 3.10. Logarithmische
Skalen haben hingegen keinen Nullwert.

Wenn ein Diagramm zum Ablesen von Zahlen dient, dann ist die Verwendung von
Netzlinien vorteilhaft, Abb. 3.11. Die Strichbreiten der Netzlinien, Achsen und Kurven
sollen sich dabei nach DIN 461 wie $1 : 2 : 4$ verhalten.

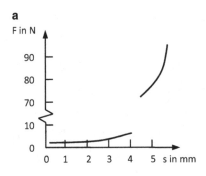
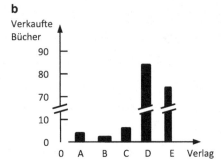

Abb. 3.12 Möglichkeiten der Darstellung einer unterbrochenen Koordinatenachse

Abb. 3.13 Verschiedene, gut
unterscheidbare Messpunktsymbole und Linienarten

Bei der Netzteilung muss zwischen zwei Einflüssen abgewogen werden: zu enge Netzlinienabstände verwirren, zu weite Netzlinienabstände machen das Ablesen von genauen Werten sehr schwierig. Die Netzteilung kann dabei auf beiden Achsen linear sowie auf einer oder beiden Achsen logarithmisch sein.

Wenn ein Diagramm mit gebrochener Teilung, also mit unterbrochener Koordinatenachse, gezeichnet werden soll, dann gibt es dafür zwei Möglichkeiten, Abb. 3.12.

Wenn in einem Diagramm mehrere Kurven eingezeichnet werden sollen, dann müssen die Kurven eindeutig unterschiedlich gekennzeichnet werden (Beschriftung durch kurze, treffende Begriffe, Kennbuchstaben oder Kennzahlen). Die Kurven sollten für die Betrachter außerdem gut zu unterscheiden sein. Dafür können verschiedene Farben, Linienarten und Messpunktsymbole verwendet werden, Abb. 3.13.

Die Messpunktsymbole werden im Diagramm so angeordnet, dass ihr Mittelpunkt auf den x-y-Koordinaten des Messwertes liegt. Bei Diagrammen mit Netzlinien können die Kurven und Netzlinien vor und hinter den Messpunktsymbolen unterbrochen werden, wenn dies der Übersichtlichkeit und Ablesegenauigkeit dient.

Wenn in einem Diagramm Toleranzen, Fehlerbereiche u. ä. eingezeichnet werden müssen, dann stehen mehrere Möglichkeiten zur Verfügung, Abb. 3.14.

Wenn das Diagramm nur den qualitativen und nicht den quantitativen Zusammenhang zwischen zwei Größen zeigen soll, dann wird keine Teilung der Koordinatenachsen verwendet. Es ist jedoch möglich, besonders markante Punkte durch Angabe ihrer Koordinaten oder mit anderen Angaben zu kennzeichnen, Abb. 3.15.

Bei Verwendung desselben Diagrammtyps und derselben Ausgangszahlen können Sie durch die Wahl der Achsenteilung einen ganz unterschiedlichen optischen Eindruck erzeugen. Sie sind auf diese Weise in der Lage, die Bildbotschaft kräftig zu manipulieren,

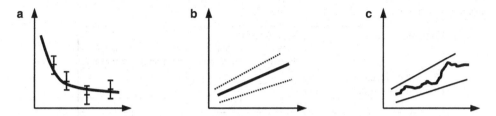

Abb. 3.14 Kennzeichnung der Bereichsgrenzen laut Fehlerrechnung, innerhalb derer sich der wahre Wert bewegt (die beiden linken Möglichkeiten ergeben die besten Kontraste)

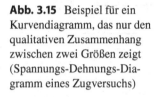

Abb. 3.15 Beispiel für ein Kurvendiagramm, das nur den qualitativen Zusammenhang zwischen zwei Größen zeigt (Spannungs-Dehnungs-Diagramm eines Zugversuchs)

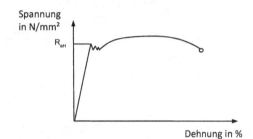

Abb. 3.16. Bitte achten Sie darauf, dass Sie nicht unbeabsichtigt einen optischen Eindruck erzeugen, der die Ausgangsdaten falsch repräsentiert bzw. der aus den Ausgangsdaten so nicht ableitbar ist.

Um Missverständnisse sicher auszuschließen, sollte – wie bereits gesagt – die Aussage, die ein Diagramm unterstützen soll, über oder neben das Diagramm geschrieben werden bzw. in der Bildunterschrift genannt werden. Weitere Einzelheiten zur Gestaltung von grafischen Darstellungen in Koordinatensystemen entnehmen Sie bitte direkt der DIN 461.

„Präsentationsgrafiken" bzw. „Diagramme" sind – wie bereits in Abschn. 3.3 „Erstellung guter Tabellen" ausgeführt – eine sehr gute Möglichkeit, Zahlen übersichtlich und

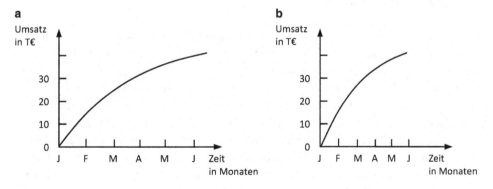

Abb. 3.16 Veränderung des optischen Eindrucks einer Kurve durch Variation der Achsenteilung

Tab. 3.9 Diagrammarten und ihre Einsatzmöglichkeiten

| Information | Diagramm-Art | | | |
	Torten-diagramm	Säulen-diagramm	Balken-diagramm	Linien-diagramm
Entwicklung (zeitlich)		(+)		+
Verteilung (%-Anteil)	+	+	(+)	
Vergleich	+	+	+	
Häufigkeit		+	+	+
funktionaler Zusammenhang				+
Vergleich und Entwicklung		+		+
Vergleich und Verteilung	+	+		
Entwicklung und Verteilung	getrennte Darstellung			

Legende:
+   gut geeignet
(+)   weniger gut geeignet

anschaulich darzustellen. Die Übersicht nach MARKS in Tab. 3.9 zeigt, welche Diagrammart für welchen Zweck verwendet werden kann.

Die DIN 32830 „Grafische Symbole" enthält Gestaltungsregeln für Piktogramme, Symbole und Logos. Dort wird gesagt, dass diese Darstellungen möglichst aus geometrischen Grundkörpern (Quadraten, Kreisen, Rechtecken, Achtecken usw.) bestehen sollen. Diese grafischen Symbole sollen groß genug reproduziert werden, d. h. Länge bzw. Breite sollen mindestens 1/100 des Betrachtungsabstandes betragen.

Wenn die ganze Arbeit später durch Kopieren vervielfältigt werden soll, kann das Zeichnen und Beschriften der grafischen Darstellungen auch ganz oder teilweise mit Bleistift erfolgen.

3.4.4 Skizze als vereinfachte technische Zeichnung und zur Illustration von Berechnungen

Im Rahmen der Konstruktionstätigkeit werden technische Erzeugnisse nicht nur gestaltet, sondern auch berechnet. Damit wird sichergestellt, dass die einzelnen Bauteile die auf sie einwirkenden Kräfte aufnehmen können, ohne vorzeitig zu versagen. In den Berechnungen werden Skizzen verwendet, um die geometrischen Verhältnisse abzubilden, um Formelbuchstaben zu verdeutlichen und um Rechenergebnisse zu illustrieren. Hier werden als Beispiele gezeigt: Kräfte- und Momentenverlauf am Abzieharm einer Abziehvorrichtung, Getriebeschema mit genauen Bezeichnungen der Lager, Wellen und Zahnräder, sowie vereinfachte Darstellungen von einem Motor, einer Schraube und einem Zylinder. Die Skizze zur Berechnung kann auch als perspektivische Darstellung auftreten. Zeichnen Sie hier möglichst alle Größen ein, die in den Gleichungen berechnet werden.

Abb. 3.17 Abzieharm einer Abziehvorrichtung mit Kräfte- und Momentenverlauf

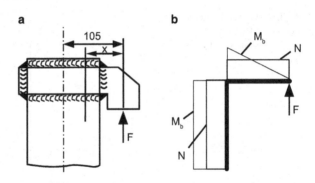

Berechnungs-Skizzen haben im Technischen Bericht meist keine Bildnummer und Bildunterschrift. Aber auch für Berechnungs-Skizzen gelten Regeln. Diese Regeln basieren auf der Grundregel:

▶   Berechnungs-Skizze = sinnvoll vereinfachte Technische Zeichnung

Bei dieser sinnvollen Vereinfachung können Sie Einzelheiten weglassen, aber z. B. keine wichtigen Mittellinien. Diese sind für das schnelle Erkennen von Bauteilsymmetrien unbedingt erforderlich. Vielfach ist es auch möglich, vereinfachte Darstellungen aus Herstellerunterlagen zu übernehmen.

Bei Skizzen von Anlagenteilen für die Produktion und das Handling von Werkstücken sollte in die Skizzen immer auch das jeweilige Bauteil mit eingezeichnet werden. Es ist z. B. schlecht vorstellbar, dass in einer Hebevorrichtung für die Serienfertigung eines Bauteils genau dieses Bauteil nicht mit eingezeichnet wird. Denken Sie sich als Beispiel eine Fassgreifer-Anlage. In der Berechnungs-Skizze wird das Fass rot und ggf. mit anderer Strichart eingezeichnet. Durch diese Kennzeichnung des zu transportierenden Bauteils können die Leser die Anlage, den Kraftfluss, die Beanspruchungen usw. deutlich leichter verstehen.

Skizzen werden auch z. B. in Montageanleitungen eingesetzt, um die räumliche Anordnung zu verdeutlichen. Hier ein Textbeispiel aus einer Anleitung für einen Vertikutierer von TOPCRAFT, das ohne Skizze (oder Fotos) nur schwer nachzuvollziehen ist:

„Abgewinkelte Befestigungsrohre in die Gehäuselöcher stecken. Antivibrationsgummi zwischen Gehäuse und Befestigungsrohr legen. Anschließend die Kabelzugentlastung auf das Befestigungsrohr stecken. Nun wird der untere Schubbügel auf das Befestigungsrohr gesteckt."

Skizzen für die Berechnung werden immer in der Nähe der Berechnung angeordnet. Sie sind stets auf das Wesentliche beschränkt, Abb. 3.17.

Ganz wichtig sind eindeutige Benennungen! Falls erforderlich, sollten Sie in den Berechnungs-Skizzen neben den Maßangaben auch Wortangaben verwenden, um die Stelle, auf die sich die Berechnungsskizze bezieht, eindeutig zu kennzeichnen, Abb. 3.18.

Abb. 3.18 Getriebeschema mit genauen Bezeichnungen der Lager, Wellen und Zahnräder

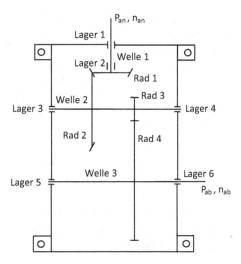

Übernehmen Sie gelungene Darstellungen, z. B. aus Herstellerunterlagen, wenn die Anschaulichkeit dadurch nicht gefährdet wird, und setzen Sie gern auch vereinfachte Darstellungen ein, Abb. 3.19.

Berechnungs-Skizzen werden manchmal auch perspektivisch ausgeführt. Dann gelten die Hinweise aus Abschn. 3.4.5 sinngemäß. Wenn später kopiert werden soll, dann ist es auch möglich, Berechnungs-Skizzen manuell mit Bleistift zu erstellen. So kann man die Skizzen leichter korrigieren.

Eventuell sind Bild-Titel unter den Skizzen zweckmäßig, um unnötiges Suchen zu vermeiden. Als ein Beispiel zeigt Abb. 3.20 vereinfachte Zeichnungen von verschiedenen Materialprofilen.

Insgesamt muss durch Verweise, Bildunterschriften und ähnliche Maßnahmen sichergestellt werden, dass der Leser ohne größeres Suchen und ohne Rückfragen den Überblick behält. Denken Sie sich als Zielgruppe auch hier den Ingenieur, der keine Detailkenntnisse des vorliegenden Projekts hat und den Bericht trotzdem ohne Rückfragen verstehen soll.

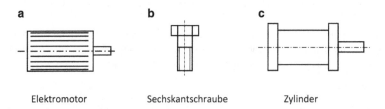

<table>
<tr><td>a</td><td>b</td><td>c</td></tr>
<tr><td>Elektromotor</td><td>Sechskantschraube</td><td>Zylinder</td></tr>
</table>

Abb. 3.19 Beispiele für vereinfachte Darstellungen aus Herstellerunterlagen

Abb. 3.20 Vereinfachte Darstellung des Querschnitts verschiedener Profile von Halbzeugen

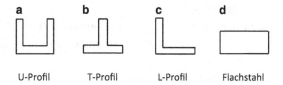

a   b   c   d

U-Profil   T-Profil   L-Profil   Flachstahl

3.4.5 Perspektivische Darstellung

Bei der Dreitafel-Projektion (orthogonalen Projektion) mit Vorderansicht, Seitenansicht und Draufsicht werden Gegenstände flächig dargestellt, bei der perspektivischen Darstellung erscheinen sie räumlich. Die perspektivische Darstellung ist besser verständlich, Abb. 3.21.

In der DIN ISO 5456 werden die folgenden perspektivischen Darstellungen beschrieben: isometrische Projektion, Dimetrische Projektion, Kavalier-Projektion, Kabinett-Projektion und Zentral-Perspektive mit ein, zwei oder drei Projektionszentren.

Im Maschinenbau und in der Elektrotechnik wird die Zentral-Perspektive kaum verwendet. Sie ist mehr in den Bereichen Architektur und Bauwesen sowie Design anzutreffen. Die folgende Liste zeigt die Merkmale der perspektivischen Darstellungen (außer Zentral-Perspektive) im Vergleich.

- **Isometrische Projektion**
  Maßstab: $B : H : T = 1 : 1 : 1$, Körperkanten: $-30°$, $30°$ und $90°$. Längenmaße parallel zu den Achsen können in allen drei Achsrichtungen direkt abgemessen werden.
- **Dimetrische Projektion**
  Maßstab: $B : H : T = 1 : 1 : 0,5$, Körperkanten: $-7°$, $42°$ und $90°$. Längenmaße parallel zu den Achsen können nur in zwei Achsrichtungen direkt abgemessen werden.

Abb. 3.21 Vorteil der perspektivischen Darstellung: die räumliche Gestalt von Objekten lässt sich leichter erfassen

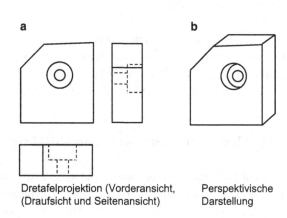

a   b

Dretafelprojektion (Vorderansicht,   Perspektivische
(Draufsicht und Seitenansicht)   Darstellung

- **Kavalierprojektion**
  Maßstab: B : H : T = 1 : 1 : 1, Körperkanten: 0°, 45° und 90°. Längenmaße können in drei Achsrichtungen direkt abgemessen werden, Radien und Durchmesser nur in der Frontansicht.

- **Kabinettprojektion**
  Maßstab: B : H : T = 1 : 1 : 0,5, Körperkanten: 0°, 45° und 90°. Längenmaße parallel zu den Achsen können nur in zwei Achsrichtungen direkt abgemessen werden. Die Proportionen sind gut abschätzbar.

Die Kavalier-Projektion wirkt auf das menschliche Auge stark verzerrt; sie erscheint deshalb für Technische Berichte weniger gut geeignet. Die Kabinett-Projektion und die Kavalier-Projektion sind am leichtesten herzustellen, da für die Projektionsachsen nur Winkel von 0°, 45° und 90° auftreten. Diese Winkel lassen sich mit einem 45°-Zeichendreieck leicht erzeugen; sie können außerdem gut von Hand auf normalem 5 mm-Rechenkaro gezeichnet werden.

Für die manuelle Erstellung von Zeichnungen gibt es im einschlägigen Fachhandel Zeichenkarton bzw. -papier, Millimeterpapier, logarithmisches Millimeterpapier, Isometriepapier und verschiedene Schrift- und Zeichenschablonen. Da bei der isometrischen Projektion Kreise nicht in allen Ansichten als Kreise abgebildet werden, gibt es verschiedene Ellipsen-Schablonen und Spezialgeräte, die das Zeichnen von Ellipsen erleichtern.

CAD-Programme bieten die Möglichkeit, die konstruierte Geometrie in perspektivischer Darstellung anzuzeigen. Aber auch mit ganz einfachen Grafik-Programmen ist die Erstellung perspektivischer Zeichnungen durch Anwendung der Kabinett-Projektion machbar, wenn Sie die Gitterpunkte darstellen und das Einrasten auf Gitterpunkte einschalten. Für das Anfertigen von Explosionszeichnungen gibt es Spezialprogramme wie z. B. Iso Draw.

Zusammenfassend lässt sich sagen, dass die perspektivische Darstellung folgende Vor- und Nachteile aufweist:

- bringt oft bessere Übersichtlichkeit,
- spart Platz verglichen mit Dreitafelprojektion (3 Ansichten),
- unterstützt das räumliche Vorstellungsvermögen,
- ist jedoch zeichnerisch aufwändiger als die Dreitafelprojektion.

3.4.6 Technische Zeichnung und Stückliste

Konstruktions- und Projektierungsberichte enthalten fast immer Technische Zeichnungen, meist in einer Zeichnungsrolle oder in einem Zeichnungsordner. Sie sind ein wichtiger Teil dieser Art von Technischen Berichten. Deshalb folgen nach den einführenden allgemeinen Bemerkungen nun einige Hinweise auf gängige Fehler in Technischen Zeichnungen, Abb. 3.22.

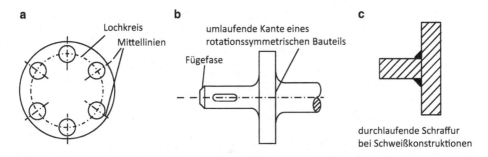

Abb. 3.22 Vermeiden häufiger Fehler in Technischen Zeichnungen

Mittellinien in Zeichnungen, auch in Skizzen, werden oft vergessen. Alle rotations-
und achsensymmetrischen Bauteile müssen i. d. R. Mittellinien erhalten. Auch Bohrungen, Teilkreise, Lochkreise u. ä. werden durch Mittellinien gekennzeichnet.

Wenn Bohrungen z. B. an einem Flansch regelmäßig angeordnet sind, dann erhalten
sie einen gemeinsamen **Lochkreis** und je eine den Lochkreis senkrecht schneidende, kurze Mittellinie. Die Mittellinien verlaufen senkrecht zu dem Lochkreis. Es ist also falsch
und nicht normgerecht, jede auf einem Lochkreis liegende Bohrung nur mit jeweils einer
horizontalen und einer vertikalen Mittellinie zu kennzeichnen.

Umlaufende Kanten an rotationssymmetrischen Teilen (Lager, Lagerdeckel usw.)
werden gern vergessen, besonders häufig in Schnitt- und Zusammenbauzeichnungen.
Deshalb prüfen Sie im Rahmen der Endkontrolle (anhand der Stückliste) noch einmal alle
rotationssymmetrischen Teile, ob die umlaufenden Körperkanten vollständig dargestellt
sind.

Fügefasen werden ebenfalls gern vergessen. Die Bemerkung „alle nicht besonders gekennzeichneten Kanten gebrochen" reicht nicht aus! Überlegen Sie, wie sich die Baugruppe oder Einrichtung zusammenbauen lässt! Ohne Fügefasen lassen sich Lager, Wellen-
dichtringe, Lagerdeckel u. ä. nur bei größerer Spielpassung montieren, und dann können
sie ihre Funktion in der Regel nicht mehr erfüllen. Der Kontrollschritt „fiktives Zusammenbauen der Einzelteile" hilft auch, den weiteren Fehler zu vermeiden, dass sich ein
Lager nicht montieren lässt, weil z. B. eine Wellenschulter im Weg ist.

Einzelteilzeichnungen müssen **alle Maße** enthalten, die für die Herstellung des Teils
erforderlich sind. In Zusammenbauzeichnungen werden oft einige Anschlussmaße vergessen. Hier die wichtigsten Anschlussmaße: größte Länge, Breite und Höhe (= Mindest-
Innenmaße des Transportbehälters beim Versand), Wellenhöhen, Durchmesser und Länge der Wellenabsätze zum Anschluss an andere Bauteile, Lochbild zur Befestigung der
Konstruktion oder Baugruppe einschließlich Flanschdicke (wegen der Länge der Befesti-
gungsschrauben), Hebellängen, Knaufdurchmesser (wo die Hand des Menschen zur Be-
dienung „angeschlossen" wird).

Bei Zusammenbauzeichnungen von Schweißkonstruktionen, an denen Schraffuren eingezeichnet werden müssen, gilt: **Geschweißte Baugruppen** werden einheitlich schraffiert

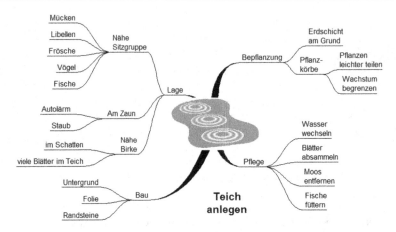

Abb. 3.23 Beispiel für eine Mind Map zur Planung des Baus eines Gartenteichs

(nicht jedes Blech mit anderer Schraffur), weil die geschweißte Baugruppe zum Zeitpunkt der Montage ein Bauteil ist.

Die getrennt von der Zeichnung erstellten **Stücklisten** werden in den Technischen Bericht eingeheftet und den Transparentoriginalen der Zeichnungen in einer Zeichnungs-rolle, einem Zeichnungsordner oder einer Zeichnungsmappe beigelegt.

3.4.7 Mind Map

Mind Maps werden gern zum Strukturieren von Themen, Problemen, Diskussionen usw. eingesetzt, Abb. 3.23. Sie können sich z. B. während eines Vortrags eine Mind Map statt einer üblichen Mitschrift in Fließtext erstellen. Mind Maps unterstützen auch Brainstorming-Prozesse. In einer Mind Map werden alle zu berücksichtigenden Aspekte eines Themas als Äste sichtbar, die sich verzweigen und am Ende Einzelthemen, -fragen oder -aspekte als Blätter haben.

Auf dem Markt sind viele Computerprogramme erhältlich, mit denen sich sehr schnell Mind Maps erstellen lassen. Für das folgende Beispiel, Abb. 3.23, wurde das kostengünsti-ge Programm CreativeMindMap von Data Becker verwendet. In der Mind Map lassen sich sehr schnell Zweige und Unterzweige erstellen und ein Zweig mit seinen Unterzweigen an eine andere Stelle des Themenbaums verschieben usw. Teurere und professionellere Software wie z. B. der MindManager haben umfangreichere Bildbibliotheken und mehr Funktionen.

Abb. 3.24 Beispiele für Textbilder

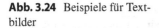

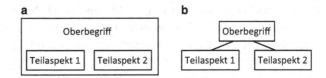

3.4.8 Umwandlung von Text in ein Textbild

Ein Textbild besteht aus Text, den Sie mit typografischen Mitteln wie Einrückungen,
Aufzählungen mit Leitzeichen, Fettdruck usw. gestalten und dann zusätzlich Linien „darüberlegen". Hierdurch ist ein fließender Übergang zu Diagrammen gegeben. Schon ganz
wenige grafische Elemente genügen, um aus wenig Text ein Textbild zu machen. Hier sind
zwei Beispiele als Anregung für Ihre eigenen Textbilder, Abb. 3.24. Auch Abb. 3.26 ist
ein Textbild.

3.4.9 Papierbilder und Grafikdateien erstellen und in den Technischen Bericht einbinden

Bisher wurden die Arten der grafischen Darstellungen besprochen, d. h. das „Was". Nun
wird dargestellt, wie Sie die grafischen Darstellungen herstellen und in Ihren Technischen
Bericht einbinden können, wir sprechen also über das „Wie". Aber bevor Sie anfangen,
müssen Sie einige Vorentscheidungen treffen.

Vorentscheidung 1: papiergebunden oder digital?
Papier-Fotos werden auch heute noch eingesetzt, z. B. für Gefügefotos metallischer Werk-
stoffe bei Schadensuntersuchungen, für Fotos von Anlagen, als Pressefotos usw. Deutlich
häufiger werden jedoch Digital-Fotos, gescannte Bilder und Bilder aus dem Internet verwendet.

Wenn Sie farbige Bilder aus Büchern und Prospekten in Ihrem Technischen Bericht
verwenden wollen, scannen Sie das Bild und drucken Sie die betroffene Seite farbig aus.
Später vervielfältigen Sie diese Seite Ihres Technischen Berichts durch Farbkopieren.
Farbfotos können Sie in jedes Exemplar des Technischen Berichts einkleben. Ähnliche
Möglichkeiten haben Sie auch bei schwarz-weißen Bildern mit Hell-Dunkel-Verläufen
und SW-Fotos.

Papierbilder können auch von Hand erstellte Zeichnungen aller Art einschl. Berech-
nungsskizzen, Mind Maps, Comics, Designentwürfe u. ä. sein. Sie werden eingesetzt,
wenn es auf Schnelligkeit und Kreativität ankommt. Inzwischen ist aber die Verwendung
von Grafik- und CAD-Programmen der Standard.

Vorentscheidung 2: Einsatz von Grafik- und CAD-Programmen?

Die Anwendung von CAD-Programmen bringt erhebliche Zeiteinsparungen bei Änderungen, bei Wiederholteilen sowie bei Teilefamilien. Die Effektivität beim Einsatz von CAD-Programmen ist stark von der bearbeiteten Aufgabenstellung abhängig. CAD-Programme sind für gelegentliche Nutzer oft zu kompliziert. Sie haben so viele Funktionen, dass man den Umgang mit Ihnen üben muss. Das gilt auch für Grafikprogramme. Nachfolgend werden Vor- und Nachteile von Grafikprogrammen gegenübergestellt.

Vor- und Nachteile von Grafik- und CAD-Programmen

Vorteile:
- Die Grafiken sehen sauber aus, es ergibt sich ein einheitliches Gesamtbild.
- Durch Verwendung von Füllfarben und Füllmustern sind Flächengrafiken möglich.
- Änderungen sind leicht und schnell durchführbar. (Sie sollten ein Grafik-Programm verwenden, mit dem Sie auf verschiedenen Ebenen – auch Folien, Level oder Layer genannt – zeichnen können.)
- Die Grafiken können auch in Textverarbeitungs- bzw. DTP-Programme eingebunden werden. Dadurch wird der Technische Bericht optisch aufgewertet.
- Bei CAD-Programmen können die perspektivische 3D-Darstellung und verschiedene Ansichten aus den einmal eingegebenen Daten leicht erzeugt werden.
- Arbeitgeber erwarten, dass Sie den Umgang mit Standard-Software (sowohl Grafik- als auch CAD-Programme) im Studium gelernt oder sich autodidaktisch angeeignet haben. Darum ist der hier investierte Einarbeitungsaufwand keine verlorene Zeit.

Nachteile:
- Der Aufwand für die Einarbeitung in komplexe Grafik-Programme und für das Erstellen von PC-Grafiken ist recht hoch (je nach Programm). Die Benutzerführung ist manchmal kompliziert und die Einarbeitungszeiten so lang, dass die Zeichnungserstellung mit einem einfacheren Grafik-Programm für den Moment die bessere Lösung ist. Auch Pixelgrafik-Programme haben je nach Verwendungszweck und Hersteller sehr unterschiedliche Bedienungs-Philosophien. Wenn Sie viel mit Pixelgrafik-Dateien arbeiten müssen (z. B. aus Digitalkameras oder gif- und jpg-Dateien für das Internet/Intranet), üben Sie deren Erstellung und Bearbeitung frühzeitig.
- Besonders bei gescannten Bildern treten manchmal unterschiedliche Skalierungen in x- und y-Richtung auf, ohne dass Sie es merken (Kreise sind dann nicht mehr rund!). Weisen Sie die Skalierungsfaktoren möglichst numerisch zu.
- Wenn beim Skalieren eines Bildes Moiré-Effekte (Karo- bzw. Streifenmuster) auftreten, dann nehmen Sie die Skalierung zurück und testen Sie Vergrößerungsfaktoren, die ein Vielfaches oder ein Bruchteil der Originalgröße um den Faktor 2 sind (Faktor 25 %, 50 %, 200 % usw.).

- Wenn beim Scannen eines Bildes mit dem Flachbett-Scanner Moiré-Effekte auftreten, verifizieren Sie das mit der Zoom-Funktion im Grafik-Programm. Dann hilft es manchmal, auf den Scanner eine dicke Glasplatte zu legen und erst darauf das zu scannende Bild.

Egal mit welcher Software Sie arbeiten – die Erstellung von PC-Grafiken dauert manchmal recht lange; Sie werden jedoch dadurch belohnt, dass die Ergebnisse sehr gut aussehen. Die folgende Übersicht liefert Ihnen wichtige Fakten und Tipps für den Umgang mit Grafik- und CAD-Programmen.

► Entscheiden Sie frühzeitig, welche Grafik Sie mit welchem Programm erstellen wollen. Sicher spielt neben den ggf. anfallenden Lizenzkosten auch eine Rolle, welche Programme in Ihrem Arbeitsumfeld genutzt werden. Dann sollten Sie ggf. den Umgang mit diesen Programmen rechtzeitig vor Projektende lernen.

Eine genaue Abschätzung der erforderlichen Zeit für das Erstellen von Zeichnungen in elektronischer Form ist in der Regel schwieriger, als dies früher beim Zeichnen von Hand der Fall war. Deshalb folgende Empfehlung:

► Erstellen Sie Grafik-Dateien so früh wie möglich. Rechnen Sie damit, dass die Zeichnungserstellung länger dauert, als Sie es bei großzügiger Schätzung kalkuliert haben! Besonders bei der Anwendung von sog. Bildeffekten in Pixelgrafik-Programmen können unerwartete Ergebnisse auftreten. Testen Sie die Funktionen Ihres Grafik-Programms ggf. an einer Kopie Ihrer Daten. Probieren Sie auch das Einbinden der Grafiken in das entsprechende Textverarbeitungs- bzw. DTP-Programm so früh wie möglich aus.

Nun folgt ein Beispiel für eine mit einem Grafik-Programm erstellte Vektor-Grafik, die mit Füllfarben bzw. Füllmustern ausgestattet sehr attraktiv wirkt, Abb. 3.25. In der Originalarbeit hat die Autorin diese Abbildung mit Tusche von Hand gezeichnet und die Füllmuster mit Rubbelfolien aufgebracht.

► Wenn die Zeichnungen auch im Detail gut aussehen sollen, zoomen Sie gelegentlich mit der Lupe in kniffelige Bereiche hinein und kontrollieren Sie, ob Ihre Grafik in der Vergrößerung immer noch ordentlich aussieht. Oft können Sie unsauber gezeichnete Bereiche in der 100 %-Ansicht am Bildschirm zwar nicht sehen, der Drucker zeigt jedoch alles viel genauer.

Fertigen Sie daher zwischendurch immer einmal Probedrucke Ihrer PC-Grafik aus dem Textverarbeitungs-Programm heraus an. Vermeiden Sie außerdem, dass in Ihrer Textverarbeitung oder in einem Grafik-Programm mehrere Objekte in einer Ebene übereinander

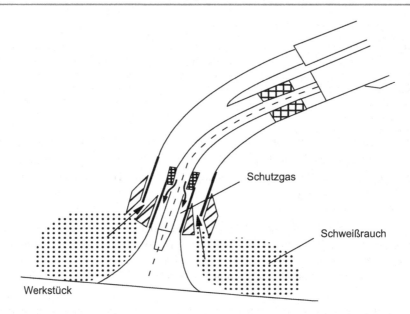

Abb. 3.25 Schnitt durch eine Schutzgas-Schweißpistole mit integrierter Schweißrauchabsaugung (*Füllmuster* und *Pfeile* zeigen die Strömungsrichtung von Schutzgas und Schweißrauch)

liegen, z. B. indem Sie ein anderes Grafik-Programm verwenden, mit dem man auf mehreren Ebenen (Leveln, Layern) arbeiten kann. Wenn mehrere Objekte in einer Grafik-Datei in einer Ebene übereinander liegen, müssen die oben liegenden Grafik-Elemente erst zur Seite geschoben werden, damit man die unteren selektieren und bearbeiten kann. Anschließend müssen die oben liegenden Grafik-Elemente wieder so positioniert werden, wie sie vorher lagen. Gruppierungen müssen evtl. aufgelöst und später neu definiert werden usw. All dies kostet viel Zeit, ist aber unvermeidlich ohne eine Level-Verwaltung.

Vorentscheidung 3: Vektor- oder Pixelformat? Wahl des Dateiformats?
CAD-Programme arbeiten intern grundsätzlich mit Objekten und erzeugen Vektorgrafik-Dateien. Grafik-Programme erzeugen entweder Pixelgrafik-Dateien (das Bild ist aus Bildpunkten zusammengesetzt) oder Vektorgrafik-Dateien (das Bild ist aus Objekten zusammengesetzt).

Wenn eine Strichzeichnung als Pixelgrafik-Datei gespeichert wird, ist sie sehr groß, da für jeden einzelnen Bildpunkt der Helligkeitswert und die Farbe abgespeichert werden muss. Für Halbtonbilder (mit stufenlosen Farb- bzw. Helligkeitsverläufen) und für gescannte Fotos sind Pixelgrafik-Dateien jedoch gut geeignet.

Demgegenüber wird bei Vektorgrafik-Dateien ein anderes Konzept verfolgt. Wenn auf einer großen Fläche ein Kreis abgebildet werden soll, dann werden bei der Vektorgrafik nur die Mittelpunktskoordinaten, der Radius sowie Linienbreite, -stil und -farbe gespeichert. Für eine Gerade werden nur die Anfangs- und Endpunktkoordinaten sowie Linienbreite, -stil und -farbe gespeichert. Diese Bilddateien sind deshalb sehr viel kleiner. Für Strichzeichnungen sind daher Vektorgrafik-Dateien daher besser geeignet als Pixelgrafik-Dateien.

Dateiformate für Pixelgrafikdateien (auch Rastergrafiken genannt) sind z. B. BMP, GIF, JPG, PNG und TIFF. Die drei Formate GIF, JPG und PNG lassen sich auch in Internet-browsern darstellen und von fast allen Textverarbeitungsprogrammen importieren. Bei Vektorgrafiken verwendet fast jedes Programm ein eigenes Format. Ein recht weit verbreitetes Format ist DXF. Versuche zur Standardisierung gibt es in der Konstruktion und Fertigung (CAD/CAM). Dort sind z. B. DXF, VDA-FS, IGES, SAT, IFC und STEP systemneutrale Dateiformate. In der Technischen Dokumentation wird häufig das Format SVG verwendet, da es sich auch in Internetbrowsern darstellen lässt.

Nachfolgend werden wichtige Unterschiede der Formate GIF, JPG, PNG und TIF dargestellt.

GIF-Dateien stellen nur eine begrenzte Zahl von Farben dar. Sie sind für Piktogramme und Bilder ohne Farbverläufe gut geeignet. Sie haben auch den Vorteil, dass man animierte GIF-Dateien aus mehreren Einzelbildern erzeugen kann, die wie ein kleiner Film ablaufen.

JPG-Dateien sind gut geeignet für Bilder mit Farbverläufen. Wenn Sie großflächige Bilder darstellen wollen, bietet das Format JPG die Möglichkeit, die Datei mit der Option interlaced abzuspeichern. Bei Online-Darstellung wird das Bild anders aufgebaut. Es erscheinen zunächst die 1., 3., 5. Bildzeile usw. so dass der Betrachter das Bild bereits früh grob erkennen kann, danach werden die 2., 4., 6. Bildzeile usw. aufgebaut und das Bild wird vollständig sichtbar. JPG-Dateien haben einen relativ kleinen Speicherplatzbedarf. Bei JPG-Dateien kommt es allerdings häufiger vor, dass das Bild unscharf ist, speziell bei Screenshots (Aufnahmen von Bildschirminhalten).

Weil beide Formate GIF und JPG Nachteile haben, wird auch das Format PNG eingesetzt. Eine detaillierte Beschreibung des Datenformats ist auf Wikipedia veröffentlicht. PNG ist eine Abkürzung für Portable Network Graphics (portable Netzwerkgrafiken). PNG hat eine verlustfreie Bildkompression und unterstützt neben unterschiedlichen Farbtiefen auch Transparenz. Die Kompressionsrate von PNG ist im Allgemeinen besser als bei GIF. PNG hat aber auch folgende Nachteile: komplexer als GIF; keine Animation; nicht so starke Kompression wie bei JPG, dafür aber verlustfrei; keine Unterstützung des CMYK-Farbmodells, das von Druckereien benötigt wird, dadurch kein Ersatz für TIF-Dateien.

Verzerrungen vermeiden
Egal mit welchem Format Sie arbeiten, achten Sie darauf, dass Ihr Bild nicht verzerrt wird. Mit Verzerrung ist eine unterschiedliche Größenänderung in x- und y-Richtung gemeint. Am sichersten vermeiden Sie diese Effekte, wenn Sie die Bildgröße nicht durch Ziehen mit der Maus ändern, sondern durch numerische Eingabe des Vergrößerungsfaktors. Dieser Faktor sollte möglichst durch zwei teilbar sein (25 %, 50 %, 200 % usw.). Achten Sie darauf, dass die Option „proportionale Größenänderung" eingeschaltet ist. (Die verschie-

denen Textverarbeitungs-, Folienpräsentations- und Grafikprogramme nennen dies jeweils anders, aber vom Sinn her ist das gleich.)

Bildauflösung sachgerecht wählen
Wenn Sie Bilder scannen oder Digitalfotos erstellen, dann überlegen Sie rechtzeitig, mit welcher Bildauflösung Sie arbeiten wollen. Für die reine Bildschirmdarstellung genügen gif- oder jpg-Dateien mit 72 bis 75 dpi, während für hochwertigen Zeitschriftendruck meist tif-Dateien mit mindestens 300 dpi verwendet werden.

►   Im Technischen Bericht sind 150 dpi Bildauflösung meist ein guter Kompromiss. Je höher die Bildauflösung, desto größer werden dann natürlich auch die Bilddateien. Dies setzt sich fort: Wenn Sie viele große Bilddateien ohne Verknüpfung in Ihre Textdateien oder Folienpräsentationen einbinden, werden die Dateien ebenfalls viel größer.

Wählen Sie die Auflösung von gescannten Bildern nicht zu groß. Die Auflösung für bildschirmgerechte Bilder ist 72 oder 75 dpi. Die Auflösung für auszudruckende Bilder im Technischen Bericht ist mit 150 dpi meistens ausreichend. Für den vierfarbigen Zeitschriftendruck und den Buchdruck muss sie mindestens 300 dpi betragen.

Bilddateien immer auch außerhalb von der Text- oder Präsentationsdatei speichern
Bilddateien, die Sie im Technischen Bericht oder in einer Folienpräsentation verwenden, sollten Sie immer auch separat auf Ihrer Festplatte speichern, damit Sie nachträglich noch Änderungen vornehmen und dabei alle Funktionen Ihres Grafik-Programms nutzen können.

►   Speichern Sie Grafikdateien am Besten im herstellerspezifischen Standardformat Ihres Grafikprogramms und in dem Format, das Sie für den Import in Ihre Text- oder Präsentationsdatei verwendet haben.

Bei dieser Vorgehensweise können Sie auch Zusatzinformationen wie Hinweise zum Urheberrecht, zur Bildquelle, zum thematischen Zusammenhang, Eintrag ins Literaturverzeichnis u. ä. zu den jeweiligen Bilddateien speichern. Wenn Sie die Bilder in einem anderen Technischen Bericht oder einer anderen Präsentation wiederverwenden, können Sie auf diese Informationen zurückgreifen.

Tipps zum Fotografieren
Im folgenden Überblick werden einige bewährte Regeln für die Erstellung von Fotos in Technischen Berichten vorgestellt.

Regeln für die Gestaltung wirkungsvoller Fotografien

Motivwahl
- „Ran" ans Motiv (Ablenkendes weglassen, Details herausstellen).
- Ggf. ungewöhnliche Perspektiven wählen (Froschperspektive, Vogelperspektive).
- Wenn die Größe des abgebildeten Gegenstands nicht für alle Leser ohne weiteres vorstellbar ist, dann sollten u. a. lt. DIN 19045 Gegenstände zum Größenvergleich mit abgebildet werden, die den Lesern des Berichts gut geläufig sind. Beispiele: Lineal, Mensch, Hand, Fingerkuppe, Streichholzschachtel, Geldmünze usw. Nur aufgrund einer Maßstabsangabe (z. B. 1 : 25) können die Größenverhältnisse im Allgemeinen nicht richtig abgeschätzt werden.
- Hochformat statt Querformat und umgekehrt ausprobieren.
- Vordergrundbetonung ergibt Bildtiefe. Sie wirkt am besten beidseitig und von oben (Blick durch einen „Torbogen" im Vordergrund ergibt plastische Tiefe).
- Farbige Akzente beleben das Bild, evtl. Komplementärfarben wie rot + grün, blau + orange, gelb + violett einsetzen, aber: je nach Zielgruppe nicht zu bunt.
- Schütteln der Hände, Übergabe von Urkunden, Schecks, Zertifikaten und ähnliche Situationen von Kopf bis Mitte Oberschenkel fotografieren.
- Sich Zeit lassen (bessere Lichtverhältnisse abwarten, andere Standpunkte suchen)

Belichtung
- Seitenlicht gibt Kontraste.
- Gegenlicht durch abgedeckte Sonne entschärfen.
- Gegenlicht plus automatische Belichtung ohne Gegenlichtkorrektur führt zu schwarzem Motiv vor farbigem Hintergrund, also zu „Scherenschnittoptik". Dies kann auch ein erwünschter Effekt sein.
- Gegenlicht mit angeblitztem Vordergrund ergibt ein gut durchgezeichnetes Motiv.
- Bei Aufnahmen in Innenräumen kann das Abschirmen von Lichtquellen durch hellen Stoff oder Transparentpapier sowie das Reflektieren von Licht durch hellweiße Flächen zu einer besseren Ausleuchtung des Motivs führen.
- Das Blitzlicht sollte nicht direkt vom zu fotografierenden Objekt zurück in die Kamera reflektiert werden. Derartige Reflexionen lenken sehr stark vom eigentlichen Motiv ab und überstrahlen teilweise wichtige Bilddetails.
- Digitalfotos sind oft viel zu dunkel. Benutzen Sie in Innenräumen künstliches Licht.

Selbst Herstellen von Papierbildern (Abzügen) durch Fotoprozess

Wenn Sie Schwarz-Weiß-Fotos selbst entwickeln, können Sie Rasterfolien für den Fotoprozess verwenden. Diese Rasterfolien werden gemeinsam mit dem Negativ durchleuchtet (etwas längere Belichtungszeit). Auf dem Fotopapier wird eine bereits gerasterte Vergrößerung abgebildet, die sich exzellent mit dem Schwarz-Weiß-Kopierer vervielfältigen lässt.

Herstellen von Papierbildern durch Malen, Zeichnen, Ausschneiden oder Kopieren

Das Malen und Zeichnen lernen wir von Kindesbeinen an. Hierbei ist vor allem auf die Auswahl der Stifte zu achten, siehe Abschn. 3.8.3. Die von Hand erstellten Bilder werden i. d. R. in Ihren Technischen Bericht eingeklebt und fotokopiert. Teilweise werden auch immer noch Bilder aus Büchern und Zeitschriften kopiert und in Ihren Technischen Bericht eingeklebt, z. B. wenn Sie in der Bibliothek nicht ausgeliehen werden können. Auch das Ausschneiden von Papierbildern aus Prospekten oder Zeitschriften kommt manchmal in Frage. Besorgen Sie sich in diesem Fall möglichst zwei Exemplare – eins für Ihr persönliches Archiv und eins für das Papieroriginal des Technischen Berichts.

Beim Einkleben von Bildern treten z. T. Probleme auf, die eine Nachbearbeitung erfordern, z. B. unerwünschte Ränder auf den Kopien. Zur Nachbearbeitung von Fotokopien sollten Sie eine Lupe und einen Druckbleistift mit weicher Mine verwenden, damit Sie noch leicht radieren können. Oft erscheinen i-Punkte, Pfeilspitzen und sehr dünne Linien (vor allem Schraffurlinien) in der Kopie zu blass oder zu klein. Bedenken Sie, dass diese Kopie ja wiederum Kopiervorlage ist. Ihre Leser werden es Ihnen danken, wenn Sie hier ein bisschen „nachhelfen".

Wenn ein kopiertes bzw. gescanntes Bild Bezugsstriche und Benennungen wichtiger Bildelemente enthält, kommt es oft zu Benennungs- bzw. Terminologie-Problemen. Beispiel: In Ihrem Technischen Bericht wird durchgängig für einen Gegenstand ein bestimmter Fachbegriff verwendet. Im gescannten oder kopierten Bild wird ein anderer Begriff verwendet. Entweder ist Ihre Bildquelle zu allgemeinsprachlich oder zu theoretisch und verwendet zu spezielle Fachbegriffe, die Sie als Autor nicht verwenden wollen. Auch bei der Verwendung von fremdsprachigen Bildquellen ist die Sachlage ähnlich.

Das Entfernen des Begriffs aus der Zeichnung ist hier ein möglicher Weg. Wenn der Begriff ganz wegfallen soll, dann ist das Entfernen des zugehörigen Bezugsstrichs jedoch oft nicht so einfach (z. B. wenn der Bezugsstrich viele eng beieinander liegende Linien oder Schraffuren kreuzt). In diesem Fall können Sie besser den unerwünschten Begriff abdecken und den gewünschten Begriff darüberlegen (manuell durch überkleben oder mit einem Grafikprogramm). Nicht so gut, aber machbar ist es, wenn Sie den unerwünschten Begriff in einer Legende mit dem gewünschten Begriff erklären.

▶ Auf jeden Fall muss vermieden werden, dass ein Bild bis dahin unbekannte Fachbegriffe enthält oder dass in Text und Bild unterschiedliche Benennungen für gleiche Gegenstände oder Sachverhalte auftreten.

Didaktische Reduktion bei Papierbildern, Fotos und Pixeldateien

Manchmal sind Bilder, die Sie kopieren oder scannen wollen, ein wenig überladen. Decken Sie Unwichtiges ab (abkleben, mit Tipp-Ex abdecken) und heben Sie Wichtiges hervor (z. B. durch Pfeile oder Einkreisen).

In Digitalfotos und anderen Pixelgrafiken können Sie unwichtige Teile abdecken mit einer weißen Linie oder Fläche oder abschwächen, indem Sie mit Ihrem Grafikprogramm für weniger wichtige Bereiche die Helligkeit erhöhen und den Kontrast verringern. Das nennt man „didaktische Reduktion".

Platz für Papierbilder freihalten

Wenn ein Bild eingeklebt werden soll, dann müssen im Technischen Bericht in senkrechter Richtung so viele Zeilen freigelassen werden, dass das Bild gut hineinpasst. Der für das Bild freigelassene Platz in cm lässt sich leicht mit der vertikalen Positionsangabe des Textverarbeitungs-Programms (Zeile, Spalte) oder mit dem vertikalen Lineal ermitteln.

Falls Sie lieber papierbasiert arbeiten, erstellen Sie sich eine Seite in Ihrer Textverarbeitung mit ihren üblichen Einstellungen für die Absatzformatierung. Schreiben Sie von 1 beginnend jeweils eine fortlaufende Zahl in eine Zeile. Dann erscheinen 1, 2, 3 usw. untereinander auf dem ausgedruckten „Zeilenlineal". Nun können Sie mit einem Lineal die Höhe Ihres einzuklebenden Papierbildes abmessen, auf dem Zeilenlineal ablesen, wie viele Leerzeilen das sind, zwei Zeilen hinzuzählen und diese Anzahl Leerzeilen in der Textdatei einfügen.

Weitere Einzelheiten zum Einkleben und Beschriften von Papierbildern finden Sie in Abschn. 3.8.3.

Grafikdateien einbinden

Beim Einbinden von Grafiken und gescannten Bildern in Ihr Textverarbeitungs-Programm muss manchmal die Bildgröße verändert werden. Hierbei sollten Sie immer proportional verkleinern oder vergrößern. In den Grafikprogrammen heißen dafür gedachte Optionen „Proportionen beibehalten" oder „Breite-Höhe-Verhältnis" oder „Seitenverhältnis". Fassen Sie die ausgewählte Grafik nach dem Einbinden in Ihr Textverarbeitungs- bzw. Folienpräsentationsprogramm nicht an einer Ecke oder Kante an und ziehen die Grafik auf die gewünschte Größe, sondern klicken Sie die Grafik an und verwenden den Befehl Format – Objekt, Registerkarte Größe bzw. einen ähnlichen Weg, bei dem Sie die Skalierung als Zahlenwert vorgeben. Anderenfalls können breit verzerrte Beschriftungen, Ellipsen statt Kreise und ähnliche unerwünschte Effekte entstehen.

Bilder mit Helligkeits- und Farbverläufen durch Fotokopieren vervielfältigen

Für größere Auflagen können die Bilder mit Farb- und Helligkeitsverläufen (Halbtonbilder) auf dem SW-Kopierer vervielfältigt werden. Sie sollten für diese Seiten mit der Fototaste kopieren, um Qualitätsprobleme zu vermeiden. Wenn diese Probleme trotz Kopieren mit der Fototaste bestehen bleiben, müssen Halbtonbilder gerastert werden.

Hierfür gibt es Rasterfolien. Sie werden beim Kopieren auf die Vorlage gelegt, möglichst nur auf das Bild, damit die Schrift nicht durch Rastern an Schärfe verliert. Durch die Rasterfolie wird die Halbtonvorlage in einzelne Bildpunkte zerlegt. Die so vorbereitete Kopie der Seite lässt sich nun als Kopiervorlage zur weiteren Vervielfältigung verwenden. Rasterfolien für Fotokopierer sind zwar sehr teuer, aber die Qualität der gerasterten Halbtonbilder ist sehr gut. Sie können problemlos kopiert werden.

▶   Probieren Sie alle erforderlichen Arbeitsgänge rechtzeitig aus (Probeausdrucke
    und Schwarz-Weiß-Kopien von Ihren Ausdrucken), damit Sie bei ungenügen-
    der Bildqualität der zuerst angewendeten Verfahren noch auf andere umsteigen
    können, ohne Ihren Endtermin zu gefährden.

3.5   Das Zitieren von Literatur

Beim Schreiben Technischer Berichte existieren die unterschiedlichsten Versionen von
Einordnungsformeln (den kurzen Quellenangaben, aus welcher Publikation zitiert wird)
und Literaturverzeichnissen. Deshalb wird hier das Zitieren von Literatur ausführlich beschrieben und mit einigen allgemeinen Bemerkungen eingeleitet.

3.5.1   Einleitende Bemerkungen zum Zitieren von Literatur

Beginnen wir hier erst einmal mit der Definition des Begriffs „Zitat". Ein Zitat liegt dann
vor, wenn von anderen Autoren formulierte Sachverhalte wörtlich oder sinngemäß in der
eigenen Arbeit verwendet werden, und die Literaturquelle, aus der die Gedanken entnommen sind, genau angegeben wird.

Das heißt, Zitieren ist eigentlich dasselbe wie Abschreiben. Im Zusammenhang mit
„zurückgegebenen" Doktorarbeiten wird hierfür auch häufig der Begriff Plagiat verwendet. Erst durch die Angabe, woher man die abgeschriebene Information hat, wird der
Vorgang des Abschreibens legitimiert und veredelt.

Der vorn im Text angegebene kurze Verweis, woher die Literatur stammt, wird Einordnungsformel genannt. Hinten im Literaturverzeichnis werden dann die zitierten Publikationen mit ihren bibliografischen Daten aufgeführt.

In wissenschaftlichen Arbeiten wird praktisch immer mit Literaturzitaten gearbeitet.
Auch in Technischen Berichten, die z. T. nicht so streng den Regeln der Wissenschaft
unterworfen sind, wird oft Literatur zitiert, die andere Personen geschrieben haben.

Literaturzitate haben die folgenden Aufgaben:

- Sie helfen, den gegenwärtigen Stand der Technik zu beschreiben.
- Sie unterstützen die eigene Meinung.
- Sie betonen den wissenschaftlichen Charakter des Technischen Berichts.
- Sie entlasten den Autor von der Verantwortung für den Zitatinhalt (aber nicht von der
  Verantwortung für die Zitatauswahl).
- Sie heben die Sorgfalt des Autors hervor.
- Sie unterstreichen die Autorität und Glaubwürdigkeit des Autors.
- Sie ermöglichen es den Lesern, die Fakten nachzuprüfen (Aussagen, Berechnungsgrö-
  ßen usw.) und sich durch Literaturstudium auch anderer Autoren tiefer in das jeweilige
  Sachgebiet einzuarbeiten.

Das Angeben der bibliografischen Daten von zitierter Literatur dient den Lesern dazu, dass sie sich die von Ihnen verwendete Literatur aus Bibliotheken ausleihen, im Internet finden oder im Buchhandel kaufen können. Deshalb müssen ausreichend viele Angaben zu den Literaturquellen gemacht werden.

Wenn nun jeder Autor eine eigene Systematik verwenden würde, um die erforderlichen bibliografischen Angaben zu machen, dann entstünde ein ziemliches Durcheinander. Deshalb gibt es eine Norm, in der das Zitieren von Literatur einheitlich geregelt ist. Dies ist die ISO 690 „Information und Dokumentation - Richtlinien für Titelangaben und Zitierung von Informationsressourcen". Die DIN 1505 wurde zurückgezogen.

► Die ISO 690 erlaubt große Freiheiten beim Zitieren, sie verlangt aber, dass man sich für eine Zitierweise entscheidet und diese dann konsistent verwendet.

Deshalb erfolgt nun eine ausführliche Beschreibung, wie traditionell im deutschen Sprachraum zitiert wird. In der englischen Ausgabe dieses Buches sind die Beschreibungen, wie zitiert wird, deutlich stärker an die angloamerikanischen Traditionen und die Beispiele in ISO 690 angelehnt.

3.5.2 Gründe für Literaturzitate

Das geschickte Kombinieren und Zusammentragen von Informationen aus verschiedenen Literaturquellen verbunden mit korrektem Zitieren ist ein Kernpunkt des wissenschaftlichen Arbeitens.

Korrektes Zitieren ist ein Beweis dafür, dass der Autor die Regeln des wissenschaftlichen Arbeitens kennt. Die Auswahl und Qualität der Zitate belegen, wie intensiv er sich auf seinem Gebiet mit dem „Stand der Technik" und den gängigen Theorien auseinander gesetzt hat. Das Zitieren von Literatur drückt also nicht aus, dass einem selber nichts eingefallen ist. Es ist im Gegenteil absolut notwendig, korrekte Literaturzitate anzugeben, damit Interessierte einen Zugang zu einem u. U. zunächst noch fremden Sachgebiet finden können.

Korrektes Zitieren betont die Aufrichtigkeit des Autors. Es gehört zu einer menschlich positiven und wissenschaftlich korrekten Verhaltensweise, dass Zitate entsprechend gekennzeichnet werden. Wenn Sie z. B. Texte oder Bilder von anderen Autoren in Ihren Bericht übernehmen, ohne die verwendeten Quellen zu nennen, dann geben Sie damit die Arbeitsergebnisse von anderen Autoren als Ihre eigenen aus. Dies verstößt gegen das Urheberrechtsgesetz und gegen die guten Sitten innerhalb der Wissenschaft.

Jemand, der sich im von Ihnen bearbeiteten Sachgebiet gut auskennt, erkennt schnell die Stellen, an denen Sie die Gedanken anderer Autoren zwar verwendet, aber nicht korrekt zitiert haben. Er kann Ihnen damit unfaires und unkorrektes Verhalten nachweisen.

Inzwischen gibt es auch Computerprogramme, in die der Betreuer Ihrer Arbeit oder Auftraggeber Ihres Projektes den Text des Technischen Berichts eingeben kann. Die Programme liefern eine mehr oder weniger präzise Auswertung, welche Textstellen mit anderen im Internet veröffentlichten Texten übereinstimmen und hilft so, Plagiate schneller zu erkennen. Diese Programme sind aber nicht perfekt. Es wird empfohlen, mehrere dieser Programme einzusetzen und die Auswertung von einem Fachmann überprüfen zu lassen.

In die Situation eines Plagiatsvorwurfs will sicher niemand hineingeraten. Deshalb folgt nun eine kurze Beschreibung, welche bibliografischen Angaben Sie beim Zitieren nach ISO 690 zusammentragen müssen. Danach folgen Abschnitte, die beschreiben, wie Literaturzitate vorn im Text und hinten im Literaturverzeichnis auszuführen sind.

3.5.3   Bibliografische Angaben nach ISO 690

Die ISO 690 enthält die Regeln für das Zusammenstellen von Literaturverzeichnissen. Sie gibt genau an, welche bibliografischen Angaben zu den zitierten Publikationen wie und in welcher Reihenfolge auftreten müssen. Die ISO 690 geht jedoch nur auf das Blockformat – eine platzsparende Form des Literaturverzeichnisses – ein, die in Büchern und Zeitschriften verwendet wird. Sie enthält keine Informationen dazu, wie die bibliografischen Angaben in der klassischen dreispaltigen Form des Literaturverzeichnisses auftreten sollen, die in Technischen Berichten üblich ist.

Der Begriff „Publikation" umfasst im engeren Sinne Bücher, Beiträge in Sammelbänden, Artikel in Zeitungen, Aufsätze in Zeitschriften, Firmenschriften usw. Im weiteren Sinne umfasst der Begriff „Publikation" aber auch die folgenden Sonderfälle: Schallplatte, Radiosendung, Video- oder TV-Film, Computerprogramm, auf CD-ROM gespeicherte Dokumente, persönliche Mitteilungen sowie Informationen, die über das Internet allgemein zugänglich sind bzw. über ein Intranet für die Kollegen. Stellvertretend für diese unterschiedlichen Arten von Publikationen werden im vorliegenden Buch ebenfalls die Begriffe „Literatur" und „Quelle" verwendet.

Die beiden folgenden Abschnitte zeigen, wie vorn zitiert und wie hinten das Literaturverzeichnis gestaltet wird.

3.5.4   Kennzeichnung von Zitaten vorn im Text

Wie ein von anderen formulierter Sachverhalt im Text zitiert wird, richtet sich danach, was zitiert wurde und ob wörtlich oder sinngemäß zitiert wurde. Hierbei werden unterschieden:

- wörtliches Zitat von Text
- sinngemäßes Zitat von Text
- exakte Übernahme eines Bildes oder einer Tabelle (gescannt, fotokopiert, abgezeichnet)
- sinngemäße Übernahme eines Bildes oder einer Tabelle (durch Modifikationen an das eigene Informationsziel angepasst)

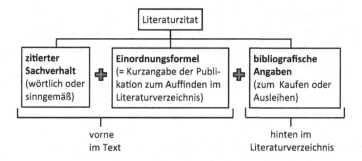

Abb. 3.26 Bestandteile eines Literaturzitats

Jede Publikation, aus der Sachverhalte zitiert werden, muss mit der Einordnungsformel vorn im Text und mit allen erforderlichen bibliografischen Angaben auch hinten im Literaturverzeichnis erscheinen. Es ist nicht zulässig, fünf kopierte Zeitschriftenartikel, die zwar thematisch eng zusammengehören, die jedoch aus verschiedenen Zeitschriften stammen und von verschiedenen Autoren verfasst wurden, in eine Dokumentenhülle zu verpacken und die Hülle mit „Prospekt 5" zu bezeichnen. Genauso wenig ist es zulässig, einen Literaturhinweis hinter eine Abschnittsüberschrift zu setzen und dann zu hoffen, dass die Leser das schon richtig verstehen werden!

Grundsätzlich sollte Literatur zuerst hinten in das Literaturverzeichnis eingetragen werden. Erst danach sollten Sie die zitierten Sachverhalte vorn in den Text übernehmen.

Bei großen Projekten mit intensiver Literaturarbeit hat sich die folgende Arbeitstechnik gut bewährt: Zu den zitierten Publikationen werden nicht nur die bibliografischen Daten aufgeschrieben, sondern zusätzlich auch Identifikationsnummern (ISBN von Büchern, ISSN von Zeitschriften, SICI von Artikeln in Zeitschriften bzw. Periodika, DOI von elektronischen Publikationen, LCCN von Publikationen, die die amerikanische Kongressbibliothek registriert hat, Bestellnummer eines Verlages usw.), Bibliothek, Standort innerhalb der Bibliothek und Signatur.

Die Literatur kann dann in der Bibliothek wieder abgegeben und ggf. zu einem späteren Zeitpunkt nochmal ausgeliehen werden, wenn etwas nachgebessert werden soll oder etwas vergessen wurde. Dadurch brauchen Sie nicht so viel Platz für die Lagerung der Bücher. Die Bücher müssen auch nicht alle vier Wochen verlängert werden, und beim erneuten Ausleihen haben Sie alle für das Ausleihen notwendigen Angaben ohne Suchen verfügbar. Das spart viel Arbeit und außerdem eventuell auch Mahngebühren.

Jedes Zitat besteht also aus dem zitierten Sachverhalt und der Einordnungsformel vorne sowie den bibliografischen Angaben hinten im Literaturverzeichnis, Abb. 3.26.

Beim Zitieren von Textstellen gelten einige Regeln, die hier zunächst aufgelistet und dann jeweils anhand von Beispielen erläutert werden. Dabei stellen wir Varianten vor. Entscheiden Sie sich jeweils für eine Variante und wenden Sie diese durchgängig an!

Schema der Literaturangaben

Die Quellenangabe, die vorn im Text in der Nähe des zitierten Sachverhalts steht, hieß nach DIN 1505 Einordnungsformel und wird in der ISO 690 citation genannt. Sie kann als kurze Einordnungsformel oder lange Einordnungsformel auftreten und verschieden aufgebaut sein. Mögliche Varianten sind nachfolgend aufgeführt.

Verweisschema:

hochgestellte Nummer oder Symbol, die/das auf Fußnoten oder Endnoten hinweisen (= note referencing)	[23]
Kurze Einordnungsformel: eigene Literaturnummer in runden oder eckigen Klammern (= parenthetical referencing)	[18] oder (18)
Lange Einordnungsformel: normalerweise mit Autor/en, Jahr und Seite/n (= author-date-system, Harvard referencing style)	[MILLER, 1993, S. 27-30]

Die Kennzeichnung mit eckigen Klammern „[ ]" wird in Büchern und ähnlichen Publikationen überwiegend verwendet. Bei Verwendung von runden Klammern „( )", die nach ISO 690 vorgesehen ist, könnten Verwechslungen mit Gleichungsnummern auftreten, wenn die Einordnungsformel nur aus der Literaturnummer besteht.

Erster Teil der langen Einordnungsformel (Autor/en):

Autorenname/n	Jäger
Autorenname/n und Vorname/n	Winter, Marianne
Autorenname/n und abgekürzte/r Vorname/n	HESSE, P. STIEG, MF. HALDANE, JBS.
zwei oder drei Autoren	MILLER, P. und SCHULTZ, D.
vier und mehr Autoren	MILLER, P. et al.
bei mehreren Autoren mit gleichen Vornamen ggf. mit römischen Zahlen	Kühne, Herrmann I und Kühne, Herrmann II
Bei Schriften ohne Verfasser werden ein oder mehrere Wörter des Titels als Verfasserangabe verwendet. Die Angabe N. N. ist nicht normgerecht.	DIERCKE-Weltatlas
Wenn weder der Autor noch der Verlag bekannt sind, ist eine Wortangabe möglich.	Unbekannter Autor Chinesisches Sprichwort
optional: Angabe der Funktion des Verfassers	Müller, Peter (Hrsg.) oder Warncke, Tilo (Interviewter)
optional: Autorenname/n in Großbuchstaben oder in Kapitälchen erhöht die Auffälligkeit gegenüber dem laufenden Text	

Zweiter Teil der langen Einordnungsforme (Jahr):

Jahreszahl	2003
bei mehreren zitierten Publikationen eines Autors im gleichen Jahr Jahreszahl und Kleinbuchstabe	2003a, 2003b, 2003c
geschätztes Erscheinungsjahr mit Zirka-Angabe	ca. 1920

Dritter Teil der langen Einordnungsformel (genauer Fundort)

optional: Seitenzahl/en der Quelle	S. 27-30
optional: Angabe eines Dokumentteils der Quelle	Abschnitt 9.3

Die Einordnungsformel wird nach ISO 690 in runde Klammern eingeschlossen. In Technischen Berichten werden aber häufig eckige Klammern verwendet, u. a. um eine Verwechselung mit Gleichungsnummern auszuschließen. Hier als Zusammenfassung noch einmal einige Beispiele:

Beispiele für kurze und lange Einordnungsformeln

[18]
[KÜHNE, 1986a] usw.
[18, S. 50]
[HAMSING, 1993, S. 27-30]
[HAMSING, 1993, Abschnitt 2.7.3]

In den Beispielen sind zwei Arten des Zitierens von Literatur deutlich geworden:

a) nur Angabe der Literaturquelle, d. h. nur der Literaturnummer, oder
b) Quellenangabe mit Fundstelle in der Quelle (Autor, Jahr, Seitenzahl/en oder Dokumentteil)

Vorgehensweise a) wird in Technischen Berichten häufig angewendet und ist nach ISO 690 auch zulässig. Vorgehensweise b) mit der Angabe von „Autor/Jahr/Seiten" ist in den Geisteswissenschaften fast immer vorgeschrieben. Wenn genaue Seitenangaben oder Dokumentteil-Nummern vorliegen, können alle Beteiligten, also der Autor selbst, sein Betreuer und die anderen Leser die zitierten Sachverhalte schneller finden.

Sortierung im Literaturverzeichnis
Für die Sortierung der Literaturquellen im Literaturverzeichnis stehen mehrere Möglichkeiten zur Verfügung:

- **Numerisch nach der Reihenfolge ihres Auftretens im Text**
  Die erste zitierte Quelle erhält also die Nummer [1], die zweite Quelle die Nummer [2] usw. Dann ist das Literaturverzeichnis nicht alphabetisch sortiert. Diese Art der Nummerierung eignet sich immer dann, wenn in einem Dokument nur wenige Literaturquellen zitiert werden, z. B. in kurzen Technischen Berichten oder in Zeitschriftenaufsätzen.

- **Numerisch nach der Reihenfolge ihres Auftretens im alphabetisch sortierten Literaturverzeichnis**
  In größeren Arbeiten wird das Literaturverzeichnis hinten (meistens) alphabetisch nach Autorennamen sortiert. Dadurch erscheinen die kurzen Einordnungsformeln vorn im Text nicht mehr in der Reihenfolge [1], [2], [3] usw., sondern z. B. in der Reihenfolge [34], [19], [83] usw.

- **Alphanumerisch nach Anfangsbuchstaben des Autors und laufender Nummer innerhalb dieses Buchstabens**
  Diese alphanumerische Identifikation in der Form [M1], [M2], [M3] usw. oder [HAM93] spart Arbeit in umfangreichen Technischen Berichten. Wenn nachträglich noch eine Literaturquelle hinzukommt oder entfällt, dann müssen nur die anderen Literaturquellen-Nummern mit den gleichen Anfangsbuchstaben und nicht alle späteren Literaturquellen-Nummern geändert werden. Zumindest während der Erstellung eines größeren Technischen Berichts ist diese Technik zu empfehlen. Am Ende kann diese alphanumerische Identifikation durch eine rein numerische Identifikation ersetzt werden.

- Nehmen Sie hier bitte Rücksprache mit Ihrem Betreuer oder Auftraggeber.

Alphabetische Reihenfolge der Autorennamen

In großen alphabetisch sortierten Literaturverzeichnissen tritt manchmal die Frage auf, wie denn die alphabetische Reihenfolge der Autoren richtig lautet. Hier gelten folgende Regeln:

- Mehrere Autoren mit gleichen Nachnamen werden nach ihren Vornamen sortiert.
- Mehrere Publikationen desselben Autors werden nach Jahren sortiert. Wenn die Einordnungsformeln vorn nicht nur Nummern, sondern autor Autor und Jahr oder Autor, Jahr, Seiten enthalten, werden doppelt auftretende Jahreszahlen der Publikationen zusätzlich mit kleinen Buchstaben gekennzeichnet (2006a, 2006b, 2006c, ...).
- Mehrere Publikationen desselben Autors mit verschiedenen Co-Autoren werden nach den Nachnamen der Co-Autoren sortiert.
- Bei gleichen Nachnamen der Co-Autoren, aber verschiedenen Vornamen wird nach den Vornamen sortiert.

Diese Einsortierungsgrundsätze werden bei noch häufigeren Gleichheiten in den Eingruppierungsmerkmalen sinngemäß solange fortgeführt, bis sich ein brauchbares Eingruppierungsmerkmal finden lässt. Wenn sich kein brauchbares Eingruppierungsmerkmal finden lässt, verwenden Sie römische Zahlen zur Unterscheidung.

Autorennamen mit „Mac…" werden bei der Einsortierung genauso behandelt wie Autorennamen mit „Mc…".

Im Übrigen gelten die ABC-Regeln aus der DIN 5007.

Sekundärzitate

Zitate aus einer primären Literaturquelle (Zitat aus Originalwerk) müssen wie oben beschrieben angegeben werden, also z. B. nach der Systematik „Autor, Jahr, Seiten". Ist eine Literaturquelle schwierig zu besorgen oder überhaupt nicht verfügbar, aber von einem anderen, verfügbaren Autor zitiert worden, dann kann man mit einer Methode arbeiten, die Sekundärzitat genannt wird. In diesem Fall lautet die Einordnungsformel vorn im Text folgendermaßen:

Struktur der langen Einordnungsformel eines Sekundärzitats

[Autor (nicht verfügbar), Jahr, Seiten zitiert nach: Autor (verfügbar), Jahr, Seiten]

Beide Publikationen werden im Literaturverzeichnis normal aufgeführt.

Wenn die sekundäre Literaturquelle nur Autor und Jahr der primären Literaturquelle aufführt, können Sie natürlich auch nur diese Angaben übernehmen.

Sekundärzitat

Vorn im Text erscheint z. B. folgende Einordnungsformel: [KLARE, 1963, 1974/75; TEIGELER, 1968 zitiert nach BALLSTAEDT et al., 1981, S. 212].
Hinten im Literaturverzeichnis müssen Sie nun die drei sekundären Quellen von KLARE und TEIGELER und die primäre Quelle von BALLSTAEDT aufführen.

Dokumentteil-Überschrift ohne Einordnungsformel

Hinter Dokumentteil-Überschriften erscheinen grundsätzlich keine Einordnungsformeln.

Lange Literaturzitate (über mehrere Absätze)

Wenn ein einzelnes Literaturzitat größere Länge aufweist, also mehrere aufeinander folgende Absätze oder sogar einen gesamten Dokumentteil umfasst und – außer durch die Anführungszeichen – nicht durch typografische Maßnahmen vom übrigen Text zu unterscheiden ist, dann kommt die zugehörige Einordnungsformel an das Ende jedes einzelnen Absatzes. Würde die Einordnungsformel nur einmal am Ende des Zitats – d. h. am Ende des letzten Absatzes – erscheinen, dann wäre eine unklare Situation geschaffen und die falsche Schlussfolgerung möglich, dass sich die Quellenangabe nur auf den letzten Absatz bezieht. Wenn Sie jedoch Literaturzitate durch Einrückungen oder Kursivdruck kennzeichnen, kann die Einordnungsformel auch nur einmal am Ende des Literaturzitats stehen.

Wörtliches Zitat

Jeder wörtlich zitierte Sachverhalt wird durch Anführungszeichen gekennzeichnet.

Vollständiges wörtliches Zitat

„Die technische Weiterentwicklung ist eine der Ursachen zunehmenden
Wohlstands in den Industrieländern." [HERING, 1993, S.1]

Ausgelassene Informationen

Wenn nur ein Teilsatz wörtlich zitiert wird oder wenn inmitten eines Satzes einige Wörter
nicht mit zitiert werden, dann ist das zu kennzeichnen.

Wörtliches Zitat mit einer Auslassung nach ISO 690

„Deshalb wurden schriftliche Anfragen an alle weltweit existierenden Berufsverbände
für Technische Redakteure (...) sowie an die INTECOM selbst ausgesendet."
[HERING, 1993, S. 338]

Nach DIN 5008 wird eine Auslassung durch drei Punkte ohne Klammern gekennzeichnet.
Zwischen den Punkten stehen keine Leerzeichen.

Nach ISO 690 wird eine Auslassung durch drei Punkte in runden Klammern gekennzeichnet. Zwischen den Punkten stehen keine Leerzeichen.

Wikipedia empfiehlt, die Auslassungspunkte in Literaturzitaten in eckige Klammern
zu setzen [. . .], wenn der Autor ein oder mehrere Wörter weggelassen hat.

Nach www.thepunctuationguide.com werden Auslassungen, auch Ellipse genannt,
durch drei Punkte ohne Klammern gekennzeichnet, wobei vor und nach jedem Punkt ein
Leerzeichen erscheinen soll. Nur wenn vor oder nach der Auslassung Anführungszeichen, ein Fragezeichen, ein Ausrufezeichen o. ä. stehen, fällt das Leerzeichen neben dem
betreffenden Ellipsenpunkt weg.

Typografische Hervorhebungen in der Quelle

Wenn im Quelltext typografische Hervorhebungen auftreten, dann sind diese im wörtli-
chen Zitat exakt zu übernehmen. Dies gilt für Fettdruck, Kursivdruck, Verwendung von
Großbuchstaben (Versalien), Einrückungen usw. Im Beispiel wird der Name eines Aufsat-
zes wörtlich zitiert und der Kursivdruck genauso wie im Abdruck des Original-Aufsatzes
verwendet. Wenn der Kursivdruck hier nicht übernommen worden wäre, dann wäre dies
ein den Sinn entstellender Fehler.

Typografische Hervorhebungen aus der Quelle erscheinen auch im Zitat

So schreibt DILLINGHAM in seinem Artikel „*Technical* Writing vs. Technical *Writing*",
dass die Technikkenntnisse der Technik-Autoren notwendig sind, damit Sie die
Produkte, die Sie beschreiben sollen, auch verstehen. Dieses Verstehen der
technischen Details ist die Voraussetzung für erfolgreiche Benutzerinformation
[DILLINGHAM, 1981].

Kommentar zum Zitat

Wenn Sie die Typographie der Quelle nicht übernehmen oder wenn Sie Kommentare zum Zitat machen wollen, dann ist darauf hinzuweisen, dass Sie die Typografie verändert haben oder Ihre eigene Meinung bekannt geben. Am besten verwenden Sie hierfür die Einleitung „Anm. d. Verf.:" und schließen die Anmerkung in spitze Klammern ein.

Anmerkung des Verfassers

..., was auch europäische Art genannt wird <Anm. d. Verf.: typografische Hervorhebungen des Quelltextes wurden nicht übernommen>.

Anführungszeichen im Originaltext

Wenn Anführungszeichen im Originaltext verwendet wurden, dann sind diese im wörtlich zitierten Text durch halbe Anführungszeichen, also durch ‚. . . ‘ zu kennzeichnen.

Anführungszeichen in der Quelle werden im Zitat zu halben Anführungszeichen

„In diesem Zusammenhang ist es besonders bemerkenswert, dass er <Anm. d. Verf.: gemeint ist Leonardo da Vinci> eine völlig neue Darstellungsart bereits um 1500 in die Technische Dokumentation einführte. Dies ist die ‚Explosionszeichnung‘, ..., die heute z. B. in fast allen Kraftfahrzeug-Ersatzteilkatalogen anzutreffen ist." [HERING, 1993, S. 18].

Sinngemäßes Zitat

Sinngemäß zitierte Sachverhalte werden nicht in Anführungszeichen eingeschlossen. Sie werden nur durch die Einordnungsformel z. B. am Ende eines Teilsatzes, eines Satzes oder Absatzes gekennzeichnet.

Sinngemäßes Zitat

WIERIGER geht davon aus, dass der Gasantrieb umweltfreundlicher ist [12].

Positionen der Einordnungsformel innerhalb eines Satzes

Es sind verschiedene Positionen der Einordnungsformel innerhalb des Satzes möglich. Vorzugsweise ist die Einordnungsformel so einzubauen, dass sie den Lesefluss möglichst wenig stört. Wenn es jedoch zu Missverständnissen kommen kann, worauf sich der zitierte Sachverhalt bezieht, dann sind die Einordnungsformeln so in den Satz einzubauen, dass die Bezüge klar werden.

Verschiedene Positionen der Einordnungsformel im Zitat

Die physikalischen Grundlagen wurden bereits im letzten Jahrhundert von SIMON untersucht [17]. Er kam zu dem Ergebnis, ...

Diese Schlussfolgerung konnte durch physikalische [12, 17] und chemische [9, 22] Experimente bestätigt werden.

Ähnliche Untersuchungen [2, 7-10, 15] zeigen, ...

Unter Berücksichtigung der Ergebnisse von SCHMIDT [16] und RIEMERS [9] ... .

Wenn die Einordnungsformel nur aus der Literaturnummer besteht, also z. B. „[23]", dann sollte diese Einordnungsformel möglichst nicht für sich allein auf einer neuen Zeile stehen. Versuchen Sie, durch Umformulieren des vorherigen Textes die Einordnungsformel eine Zeile höher zu holen oder die neue Zeile, in der nur die Literaturnummer steht, durch einige Wörter am Beginn der neuen Zeile aufzufüllen.

Zitierte Zahlenwerte
Auch Daten und Informationen, die Sie in Festigkeitsberechnungen, Fehlerrechnungen usw. verwenden, müssen zitiert werden. Beispiele: physikalische Konstanten, Materialkenngrößen, Rechenverfahren von Herstellern, standardisierte Messverfahren.

Ohne Änderungen zitierte Bilder und Tabellen
Wenn Sie ein Bild oder eine Tabelle übernehmen, ohne am Inhalt etwas zu verändern, dann haben Sie zwei Möglichkeiten, dies zu kennzeichnen. Wie schon beim Zitieren von Text können Sie hier entweder nur die Nummer der Literaturquelle angeben, aus der Sie zitieren, oder Sie nennen den Autor. Wahlweise können Sie wieder zusätzlich eine Jahres- und/oder eine Seitenzahl angeben. Auch hier gilt die Empfehlung zur Verwendung eckiger Klammern.

In jedem Fall erscheint die Fundstelle hinter der Bildunterschrift bzw. Tabellenüberschrift. Häufig wird auch der Vermerk „(Quelle: Autor, Jahr, Seite)" verwendet. Wenn Sie genug Platz haben, sieht es optisch ausgewogener aus, diesen Vermerk linksbündig mit der restlichen Bildunterschrift bzw. Tabellenüberschrift in einer neuen Zeile anzuordnen, siehe das Beispiel „Bild 23" unten. Bei Bildern aus Prospekten oder direkt von Firmen wird auch der Hinweis „Werkbild" plus Firmenname verwendet. Beispiele:

Bildunterschrift bei ohne Änderung zitierten Bildern

Bild 13   Schnitt durch einen Ottomotor [15, S. 50]

Bild 15   Verschiedene Brennraumgeometrien [18]

Bild 17   Kraftstoffverbrauch b_e bei verschiedenen Brennraumgeometrien und gleichem Hubraum [MÜLLER, 1990, S. 35]

Bild 19   Oktanzahl in Abhängigkeit vom Benzolgehalt [MEIER, 1992a]

Bild 23   Prozentualer Gehalt von Leichtbauwerkstoffen am Eigengewicht von Formel 1-Fahrzeugen von 1950 bis 1995 (Quelle: LEHMANN, 1995, S. 81)

Bild 28   Bauformen von Nadellagern (Werkbild FAG)

Mit Änderungen zitierte Bilder und Tabellen
Wenn Sie ein Bild oder eine Tabelle übernehmen und etwas daran verändern, dann sollten Sie den Hinweis „nach <Autor>" verwenden, um auszudrücken, dass es sich um ein sinngemäßes Zitat handelt. Ihre Änderungen können z. B. folgende sein:

- Weglassen oder Ändern von Benennungen, so dass die Benennungen zum übrigen Text passen
- Weglassen von Bilddetails
- Weglassen von unwichtigen Tabellenspalten oder -zeilen

Bildunterschrift bei mit Änderung zitierten Bildern

Bild 13   Viskosität verschiedener Motoröle in Abhängigkeit von der Temperatur nach SCHULZE [12]

Alternativ können Sie auch durch einen Hinweis wie zum Beispiel „gegenüber der Quelle vereinfacht" angeben, dass es sich nicht um eine genaue Kopie handelt, sondern dass Sie etwas verändert, weggelassen, verbessert oder weiterentwickelt haben.

Zitate aus dem Internet

Wenn Sie eine Information oder ein Bild aus dem Internet verwenden, müssen Sie es korrekt zitieren. Wir empfehlen Ihnen, in der letzten Zeile der Bildunterschrift die Internet-Adresse des Bildes (a) oder die Internet-Adresse der HTML-Seite, auf der das Bild verwendet wird, (b) zu zitieren. Die Beispiele zeigen ein Suchergebnis einer google-Bildersuche nach dem Begriff Plattenkondensator. Die Adresse muss mit einem Autor und dem Datum, wann Sie das Zitat entnommen bzw. das Bild gefunden haben, auch im Literaturverzeichnis angegeben werden.

Wenn die URL-Adresse zu lang ist, kürzen Sie sie so, dass der Leser auf der zitierten Internet-Seite wenigstens in der Nähe des relevanten Themas landet, und geben Sie an, wo er klicken muss, um von dort aus zu der gewünschten Seite zu gelangen.

Auch wenn die HTML-Seite Frames verwendet (erkennbar daran, dass die Internet-Adresse nach Klick auf einen Link gleich bleibt, obwohl sich die Seiteninhalte ändern), geben Sie bitte an, welche Links man klicken muss, um zum Ziel zu kommen.

Beispiele für Quellenangaben bei Bildern aus dem Internet

Bild 25   Aufbau eines Plattenkondensators   Variante (a)
(Quelle: www.vtf.de/p90_1_3.gif, gesehen am
12.08.2007)

Bild 25   Aufbau eines Plattenkondensators   Variante (b)
(Quelle: www.vtf.de/p90_1.shtml, gesehen am
12.08.2007)

Bitte wenden Sie dieselben Regeln zur Angabe der Internet-Adresse auch an, wenn Textinformationen oder andere Dateitypen wie PDF, Word, Excel, Powerpoint oder MP3 zitieren.

▶   Bitte bedenken Sie, dass sich Inhalte im Internet schnell ändern können. Wenn Sie eine wertvolle Quelle gefunden haben, sollten Sie sich die Texte, Bilder und Dateien, die Sie verwenden wollen, auf Ihre Festplatte kopieren und sich in einer

Datei notieren, wo und wann Sie die Informationen gefunden haben (d. h. URL und Funddatum).

Zu zitierten Bildern, Audio-Dateien, Präsentationen, Texten usw. hat es sich bewährt, die bibliografischen Daten für ein mögliches Literaturzitat in einer TXT-Datei zu speichern, die – bis auf die Dateiendung – denselben Namen hat wie die Datei mit dem kopierten Inhalt.

3.5.5 Das Literaturverzeichnis – Inhalt und Form

Im Literaturverzeichnis werden die bibliografischen Angaben zu den zitierten Publikationen gesammelt. Das Literaturverzeichnis wird immer direkt hinter dem Ende des letzten Textkapitels, also normalerweise nach „Zusammenfassung und Ausblick" angeordnet. Die Nummerierung des Kapitels „Literatur" erfolgt nach DIN 1421, siehe Abschn. 2.4.2, Abschn. 2.4.4 und Abschn. 3.1.2. Bei Zeitschriftenartikeln werden zum Teil nur Zwischenüberschriften verwendet, die durch Fettdruck und eine etwas größere Schrift hervorgehoben werden. Hier wird als Überschrift für die verwendete Literatur normalerweise ebenfalls „Literatur" oder „Schrifttum" verwendet.

Es kann – besonders bei größeren Werken – auch sinnvoll sein, im Gegensatz zum normalen, unstrukturierten Literaturverzeichnis ein strukturiertes Literaturverzeichnis zu erstellen. Im strukturierten Literaturverzeichnis werden verschiedene Literaturgruppen durch gliedernde Zwischenüberschriften voneinander getrennt, siehe das Literaturverzeichnis im vorliegenden Buch.

Im einfachsten Fall wird nach Literaturarten gegliedert in a) Bücher, Aufsätze usw., b) Gesetze, Normen, Richtlinien usw. sowie c) Internet-Links. Hier im Buch wurden auch die Normen von verschiedenen Herausgebern in unterschiedlichen Gruppen erfasst. Sie können das Literaturverzeichnis auch nach Themenschwerpunkten gliedern. Dann treten Zwischenüberschriften auf wie „Literatur zu Hochbau", „Literatur zu Tief- und Straßenbau" usw.

Am Ende eines strukturierten Literaturverzeichnisses befindet sich manchmal noch ein Bereich „Weiterführende Links im Internet", „Weiterführende Literatur", „Weiterführendes Schrifttum" oder „Bibliografie". Hier werden Literaturstellen aufgeführt, die nicht zitiert wurden, die jedoch für das behandelte Thema wichtig sind: Standardwerke, Literatur zur weiteren Vertiefung von Spezialthemen, Homepages von Firmen usw. Der Bereich mit der weiterführenden Literatur kann eine eigene Dokumentteil-Nummer bekommen oder – besser – nur eine durch Fettdruck und etwas größere Schrift hervorgehobene Zwischenüberschrift.

Bei sehr umfangreichen Technischen Berichten findet sich auch die Variante eines platzsparenden Kapitel-Literaturverzeichnisses. Das Kapitel-Literaturverzeichnis wird am Ende des jeweiligen Kapitels angeordnet. Die entsprechenden Unterkapitel-Überschriften lauten dann „1.7 Literatur zu Kapitel 1", „2.9 Literatur zu Kapitel 2" usw. Das Layout für Kapitel-Literaturverzeichnisse ähnelt dem Layout von Literaturverzeichnissen in Zeit-

Abb. 3.27 Layout des dreispaltigen und zweispaltigen Literaturverzeichnisses

a

klassische **dreispaltige Form** (in Technischen Berichten):

23. │ │Koller, R. │ Konstruktionslehre für den Maschinenbau – Grundlage des
    │ │   │ methodischen Konstruierens. 2. Auflage. Berlin, Heidelberg:
    │ │   │ Springer, 1985.

1. 2.   3. Fluchtlinie

b

platzsparende Form (in Fachzeitschriften und Büchern):

3. │ │ Koller, R.: Konstruktionslehre für den Maschinenbau – Grundlage des
   │ │ methodischen Konstruierens. 2. Auflage. Berlin, Heidelberg: Springer, 1985.

1. 2. Fluchtlinie

schriftenartikeln. Ein Beispiel finden Sie in Abb. 3.27b. In jedem Kapitel beginnt die Nummerierung der Literaturquellen jeweils wieder mit „[1]".

Bevor Sie Ihre erste Literaturquelle in Ihr Literaturverzeichnis eintragen, müssen Sie erst einmal das Layout Ihres Literaturverzeichnisses festlegen. Hier bestehen drei Möglichkeiten: erstens die klassische dreispaltige Form oder zweitens die zweispaltige platzsparende Form, die u. a. in Fachzeitschriften verwendet wird oder drittens das Blockformat nach ISO 690.

Abb. 3.27 zeigt die Eintragung in das drei- und zweispaltige Literaturverzeichnis. Dieses Layout eignet sich, wenn Sie kurze Einordnungsformeln verwenden.

Das folgende Beispiel zeigt die Eintragung von Literatur im Blockformat nach ISO 690. Dieses Layout eignet sich, wenn Sie mit langen Einordnungsformeln arbeiten.

Layout des Literaturverzeichnisses im Blockformat nach ISO 690

Koller 1985 KOLLER, Richard: *Konstruktionslehre für den Maschinenbau – Grundlagen des methodischen Konstruierens.* 2. Auflage. Berlin, Heidelberg: Springer, 1985

Riehle/Simmichen 1997 RIEHLE, Manfred ; SIMMICHEN, Elke: *Grundlagen der Werkstofftechnik.* Stuttgart: Deutscher Verlag für Grundstoffindustrie, 1997

Grundsätzlich sollen die bibliografischen Angaben es den Lesern Ihres Technischen Berichts ermöglichen, dass sie die von Ihnen zitierte Literatur in Bibliotheken auffinden, von Verlagen, Firmen und Institutionen anfordern oder im Buchhandel kaufen können. Es ist ein Gebot der Fairness, alle Angaben korrekt und vollständig zu machen. Adressen von Verlagen, Firmen und Institutionen brauchen dabei jedoch nicht explizit angegeben zu werden, weil sie in allgemein zugänglichen Nachschlagewerken (z. B. „Wer liefert Was?" und Gelbe Seiten) bzw. im Internet auffindbar sind. Verlagsadressen finden Sie im Impressum einer Zeitschrift des betreffenden Verlages oder ebenfalls im Internet.

Das Literaturverzeichnis enthält drei Informationsblöcke. Im dreispaltigen Literaturverzeichnis entsprechen diese Blöcke den Spalten. In der ersten Spalte steht die laufende

Tab. 3.10 Möglichkeiten der Autoren-Angabe in Literaturverzeichnissen

Anzahl bzw. Beschreibung der Autoren	Eintrag im Literaturverzeichnis (Beispiele)
- ein Autor - zwei oder drei Autoren - mehr als drei Autoren - kein Autor - Normen - Firmenschriften - körperschaftliche Urheber	Meier, K. Müller, J.; Krüger, S. u. Schulze, M. Meier, K. et al. (lat.: und andere) N. N. DIN 1508 N. N. oder FAG, SKF, Ortlinghaus usw. in Spalte zwei: N. N. oder BMVBS und in Spalte drei: Hrsg.: Der Kultusminister des Landes Niedersachsen, Kommission für Städtebau

Nummer oder die Einordnungsformel der jeweiligen Literaturquelle. Diese Spalte sollte rechtsbündig gesetzt sein. In die zweite Spalte gehören die Autorennachnamen und i. d. R. abgekürzte Autorenvornamen bzw. die lange Einordnungsformel. Akademische Titel der Autoren werden weggelassen. Die dritte Spalte beinhaltet die übrigen bibliografischen Angaben der jeweiligen Literaturquelle.

Die DIN 1422 T2 sagt, dass die Nummerierung hinten im Literaturverzeichnis genauso aussehen muss wie die Kennzeichnung der Literaturstellen vorn im Text (also z. B. [1], [2], [3] oder /1/, /2/, /3/ usw.). Die ISO 690 empfiehlt die Nummerierung mit 1., 2., 3, usw.

In der zweiten Spalte folgen der Autor bzw. die Autoren.Dabei kann auch der Fall auftreten, dass es sich nicht um Personen, sondern um Institutionen handelt, die eine Publikation herausgegeben haben. Dementsprechend ändern sich die Einträge im Literaturverzeichnis, Tab. 3.10.

Die dritte Spalte des Literaturverzeichnisses ist den bibliografischen Angaben gewidmet. Die Reihenfolge und Struktur dieser bibliografischen Angaben richten sich nach der Art der Literaturquelle.

Wenn ein Buch nicht von einem Autor oder einer Autorengruppe geschrieben wurde, sondern aus vielen einzelnen Beiträgen von verschiedenen Autoren besteht, nennt man das Sammelband. An Stelle des Autors erscheint der Name des Herausgebers mit dem Hinweis „(Hrsg.)" in der zweiten Spalte des Literaturverzeichnisses.

Falls keine Einzelperson Herausgeber des Sammelbandes oder Buches ist, sondern eine Institution (ein körperschaftlicher Urheber), dann erscheint die Publikation entweder mit dem Autor „N. N." (was nicht normgerecht, aber weit verbreitet ist) oder einer Kurzbezeichnung der Institution in Spalte zwei. In Spalte drei erscheint hinter dem Titel der Vermerk „hrsg. von <Institution>", also z. B. „hrsg. vom Verein Deutscher Ingenieure". Wenn bei der Angabe der Institution verschiedene Parteien beteiligt sind, dann werden sie durch Semikolon oder „und" voneinander abgeteilt: „hrsg. von Siemens AG, Hannover; Nixdorf AG, Paderborn" oder auch „hrsg. von NDR und Universität Hannover".

Tab. 3.11 Gängige Abkürzungen von bibliografischen Angaben in deutschen Publikationen

Bibliografische Angaben	Zugehörige Abkürzungen
Herausgeber	(Hrsg.)
Bearbeiter	(Bearb.)
Mitarbeiter	(Mitarb.)
Redaktion	(Red.)
Übersetzer	(Übers.)
Illustrator	(Ill.)
Fotograf	(Fot.)
Nachwort	(Nachw.)
Vorwort	(Vorw.)
Begründer	(Begr.)
Interviewer	(Interv.)
Interviewter	(Intervt.)
Veranstalter	(Veranst.)
Seite(n)	S.
Seite und eine folgende Seite	15f
Seite und mehrere folgende Seiten	15ff
Heftnummer	Nr.
Anmerkung des Verfassers	<Anm. d. Verf.: ...>

Tab. 3.12 Gängige Abkürzungen von bibliografischen Angaben in englischen Publikationen

Bibliografische Angaben	Zugehörige Abkürzungen nach ISO 832
book (Buch)	bk.
catalogue, catalog (Katalog)	cat.
collaboration (Zusammenarbeit)	collab.
collection (Sammlung)	coll.
document (Dokument)	doc.
editor, edition (Herausgeber, Ausgabe/Auflage)	ed.
manuscript (Manuskript)	ms.
page (Seite)	p.
pages (Seiten)	pp.
privately printed (im Selbstverlag erschienen)	priv. print.
supplement (Ergänzung/Anhang)	suppl.
volume (Band)	vol.

Bei der Angabe von Autoren, Herausgebern und Institutionen sowie sonstigen Hinweisen können auch Angaben in abgekürzter Form auftreten. Hier gab die inzwischen zurückgezogene DIN 1502 „Regeln für das Kürzen von Wörtern in Titeln und für das Kürzen der Titel von Veröffentlichungen" Auskunft. Für englischsprachige Dokumente gelten die ISO 4 „Documentation – Rules for the abbreviation of title words and titles of publications" and ISO 832 „Documentation Bibliographic references – Abbreviations of typical words". Eine Auswahl derartiger Abkürzungen zeigen Tab. 3.11 und 3.12.

Die Typografie der bibliografischen Angaben ist teils optional und teils vorgeschrieben. So ist es freiwillig, ob Sie Autoren immer in Kapitälchen und Titel immer kursiv setzen. Aber ein einmal begonnenes System soll konsistent durchgehalten werden. Bei der Zeichensetzung gibt es feste Vorgaben.

- Am Ende des Titels erscheint grundsätzlich ein Punkt.
- Die Angabe der ersten Auflage wird weggelassen.
- Nach der Angabe der zweiten oder einer höheren Auflage folgt ein Punkt.
- Nach dem Erscheinungsort kommt ein Doppelpunkt, dann der Verlag.
- Das Wort „Verlag" wird bei bekannten Verlagen auch weggelassen. Dann heißt es nur „Beuth", „Springer", „Franzis", „Hanser" oder „Vogel". Danach folgt ein Komma.
- Nach dem Komma folgen Auflage und Erscheinungsjahr. Es unüblich, die erste Auflage zu nennen. In diesem Fall steht nur das Erscheinungsjahr da.

Wenn die oben genannten Informationen nicht eindeutig sind, dann können Sie sie präzisieren. Beispiele: Cambridge/UK oder Cambridge/Mass., VDI Verlag (dadurch wird klar, dass nicht der Verein, sondern der Verlag der Herausgeber ist).

Tab. 3.13 zeigt die Struktur der bibliografischen Angaben für die gängigsten Publikationsarten. Die Angaben zu den Autoren erscheinen – wie bereits gesagt – beim dreispaltigen Literaturverzeichnis in Spalte zwei und alle weiteren Angaben in Spalte drei.

Nun noch einige Bemerkungen und Hinweise zu Sonderfällen. Diese Bemerkungen beziehen sich auf Zusatz-Angaben zur Beschaffung von Publikationen, auf Sonderfälle beim Zitieren aus Zeitschriften und auf das Zitieren von Informationen aus Datennetzen.

Wenn Sie aus einer Broschüre oder Herstellerunterlage zitieren und dieses Dokument in ihren Technischen Bericht einheften, ergänzen Sie den zugehörigen Eintrag im Literaturverzeichnis bitte mit einem Hinweis wie „. . . , siehe Anhang 9.3 Sonstige Quellen".

Wenn Informationsquellen nicht öffentlich zugänglich sind, dann ist dies deutlich zu kennzeichnen. Hierfür können Vermerke wie (im Druck) und Hinweise wie „mündliche Äußerung" oder Angaben wie „Zitat aus einer E-Mail vom 07.06.2005", „NDR-Radiosendung ‚Auf ein Wort' vom 12.03.2006" usw. angefügt werden. Bei mündlichen Äußerungen ist anzugeben, wann genau, bei welcher Gelegenheit und vor welchem Publikum die Äußerung erfolgt ist (anlässlich eines Vortrags, in einer bestimmten Fernsehsendung, usw.).

Zusätzliche Angaben, die für die Beschaffung der Literatur nützlich sind (z. B. ISBN-Nummer bei Büchern, ISSN-Nummer bei Zeitschriften, Library of Congress Catalog Card Number, Bestellnummer eines Buches usw.) können am Ende der oben genannten Angaben ebenfalls im Literaturverzeichnis aufgeführt werden. Bibliografische Angaben in der Originalsprache (z. B. den Titel in der Originalsprache) können Sie in Klammern hinter die jeweiligen deutschen Angaben setzen.

Wenn sich Literaturangaben zu Zeitschriftenartikeln nicht in der oben angegebenen Struktur ausdrücken lassen, dann sind sinngemäße Angaben zu machen. Manchmal sind auf den einzelnen Seiten der Zeitschriften alle Angaben abgedruckt, die man für das Zitieren braucht.

Tab. 3.13 Bibliografische Angaben für gängige Publikationsarten nach ISO 690

Publikationsart	Bibliografische Daten
Bücher:	Zu- und Vorname des Autors, ggf. Vermerk (Hrsg.), Titel. (Reihe), (Band), Auflage (wenn nicht erste Auflage). Erscheinungsort: Verlag, Erscheinungsjahr Wenn dem Buch eine Diskette, CD-ROM oder DVD beigelegt ist, dann muss darauf am Ende der bibliografischen Daten entsprechend hingewiesen werden, z. B. „inkl. 1 DVD".
Beiträge in Sammelbänden:	Zu- und Vorname des Autors, Titel. Auflage (wenn nicht erste Auflage). In: Zu- und Vorname des Autors, ggf. Vermerk (Hrsg.), Titel. (Reihe), (Band), Auflage (wenn nicht erste Auflage). Erscheinungsort: Verlag, Erscheinungsjahr, Seitenangabe (erste bis letzte Seite des Beitrags)
Aufsätze in Zeitschriften:	Zu- und Vorname des Autors, Titel. In: Titel der Zeitschrift oder Publikation. Unterreihe, Band, usw., Jahrgang, Erscheinungsjahr, Heftnummer, Seitenangabe (erste bis letzte Seite des gesamten Artikels) Beispiel: 112 (1977), Nr. 9, S. 12-20
Firmenschriften und andere Publikationen von Firmen und Institutionen:	N. N. oder Kurzbezeichnung der Firma, Titel. Name der herausgebenden Firma oder Institution, Vermerk (Hrsg.), Publikationsnummer o. ä. Angaben, Erscheinungsort: Erscheinungsjahr
Literatur aus dem Internet:	Zu- und Vorname des Autors, Titel. Informationen zum Stand der Bearbeitung und/oder Version, URL oder Start-URL und Beschreibung der Klicks, die man ausführen muss, um zur gewünschten Seite zu gelangen, gesehen am <Datum, ggf. auch Uhrzeit>
Normen:	Normenart und -nummer, Ausgabe der Norm (Monat/Jahr), Titel. Erscheinungsort: Verlag
Schutzrechte (z. B. Patente, Gebrauchsmuster usw.):	Autor, Titel. Vermerk „Schutzrecht", Ländercode, Dokumentnummer, Dokumentart, Veröffentlichungsdatum, ggf. Name des Schutzrechtinhabers Beispiel: <Erfinder, Titel.> Schutzrecht EP 2013-B1 (1980-08-06) <Patentinhaber>.
Fehlende bibliografische Angaben:	Wenn Ihnen bibliografische Angaben fehlen, können Sie sie unter http://dnb.d-nb.de in der Datenbank der Deutschen Nationalbibliothek suchen. Dort werden im gesetzlichen Auftrag alle in Deutschland erscheinenden Veröffentlichungen bibliografisch verzeichnet.

Häufig tritt aber auch der Fall auf, dass auf den einzelnen Seiten von Zeitschriften zwar der Titel der Zeitschrift (oft abgekürzt) und die Heftbezeichnung erscheinen, jedoch keine Jahrgangsnummern angegeben sind. Jahrgangsnummern sind aber sehr wichtig für das Auffinden von Zeitschriften in Bibliotheken, weil dort die Zeitschriften am Jahresende als Buch gebunden werden. Diese Bände werden – wenn pro Jahrgang nur ein Band existiert – nicht über die Jahreszahl, sondern über die Jahrgangsnummer identifiziert, z. B. „Jg. 54".

Wenn pro Jahrgang mehrere Bände existieren und die Seitenzählung vom ersten bis zum letzten Heft dieses Jahrgangs durchläuft, dann werden die Bände meist über Heftnummern, manchmal aber auch über die Seitenzahl identifiziert. Die bibliografischen Angaben zu einem einzelnen (fiktiven) Artikel aus dem betrachteten Jahrgang 37 dieser Zeitschrift könnten nun folgendermaßen aussehen:

Bibliografische Angaben zu einem Zeitschriftenartikel

33. Liehr, J., Holzvergasung als nützliche Entsorgung von Holzabfällen. In: Zeitschrift für Abfallbehandlung. 37 (1985), S. 824-836

Wer diesen Band sucht, kann aus der Seitenzahl mittels Mikrofilm-Katalog oder CD-ROM-Datenbank die für die Bestellung aus dem Magazin erforderliche Bandnummer ermitteln. Der Weg über Mikrofilme oder Datenbank ist deshalb unerlässlich, weil jede Bibliothek selbst entscheidet, in wie viele Bände sie den jeweiligen Jahrgang einer Zeitschrift beim Binden aufteilt.

Wenn die Angaben zu Heft, Erscheinungsjahr und Jahrgang der Zeitschrift nicht auf den einzelnen Heftseiten abgedruckt sind, dann findet man die fehlenden Angaben u. U. im Impressum. Das Impressum ist oft ganz vorn oder ganz hinten in einer Zeitschrift, im oder in der Nähe vom Inhaltsverzeichnis. Die Jahrgangsnummern von Zeitschriften können Sie genauso wie die Bandnummern in den Mikrofiche- oder CD-ROM-Katalogen der Bibliotheken finden.

Ein weiteres Problem ist, dass die Systematik von Zeitschriften oft keine Heftnummern, sondern andere Heftbezeichnungen vorsieht. Dann sollten im Literaturverzeichnis diese Heftbezeichnungen sinngemäß verwendet werden, zum Beispiel die Bezeichnung Aug./Sept.

Heftbezeichnung, wenn die Hefte nicht nummeriert sind

72 (1990), Aug./Sept., S. 115-117

Wenn eine Information in einem Datennetz veröffentlicht ist, dann kann sie bei entsprechend gesetzten Zugriffsrechten jeder andere Netzteilnehmer – technisch betrachtet – ganz oder in Teilen in elektronischer Form speichern und beliebig nutzen oder modifizieren.

Er könnte also gegen das Urheberrechtsgesetz verstoßen, indem er den Namen des Urhebers löscht, die Informationen für kommerzielle Zwecke verwendet, ohne dem Urheber Lizenzgebühr zu zahlen, die Information an andere Netzteilnehmer weitergibt, ohne vorher um Erlaubnis zu bitten usw. Die Versuchung, dies zu tun, ist auch ziemlich groß. Die Regeln in Tab. 3.14 helfen dabei, sich korrekt zu verhalten.

Tab. 3.14 Umgang mit Informationen aus Datennetzen

1. Wenn der Urheber einer Information irgendwelche einschränkenden Bedingungen formuliert, soll man sich aus Fairness-Gründen daran halten.

2. Zitate aus E-Mails (elektronischen Briefen) werden genauso wie Zitate aus physikalischen Briefen bzw. wie persönliche Mitteilungen behandelt (Quelle sowie Art und Zeitpunkt der Veröffentlichung angeben, keine sinnentstellenden Manipulationen vornehmen).

3. Dokumente aus dem Internet können, wie andere Literatur auch, entweder wörtlich oder sinngemäß zitiert werden. In beiden Fällen besteht die bibliografischen Angaben aus Zu- und Vorname des Autors, Titel. Stand der Bearbeitung und/oder Version, URL oder Start-URL und Beschreibung der Klicks, die man ausführen muss, um zur gewünschten Seite zu gelangen und dem Vermerk „gesehen am <Datum, ggf. auch Uhrzeit>".

   Übrigens: Um die Verbreitung illegaler Inhalte einzudämmen, ist im Internet jeder Informationsanbieter dafür haftbar, auf welche anderen Informationen er verweist.

4. Wenn Sie Informationen aus dem Internet verwenden wollen, sollten Sie sich überlegen, ob Sie die Informationen zitieren oder nur darauf verweisen wollen. Wenn Sie ein Zitat planen, laden Sie die Informationen komplett mit allen Grafiken auf Ihre Festplatte herunter mit Angabe der URL oder der Klickreihenfolge und dem Datum, wann Sie die Informationen heruntergeladen haben, weil die Betreiber der Homepage die Inhalte jederzeit ändern oder löschen können. Beim bloßen Verweis genügt die Angabe der URL.

5. Computerprogramme können über Datennetze ebenfalls beliebig kopiert werden. Sie sollten die Bedingungen für Freeware/Shareware einhalten (nur vollständige, nicht kommerzielle Weitergabe ist erlaubt, Lizenzgebühren sollten entrichtet werden).

Die Fragen des korrekten Zitierens von Informationen aus Datennetzen sind für jeden Autor Technischer Berichte, der über einen Netzzugang verfügt, relevant. Bei Problemen mit mathematischen Ableitungen oder dem Verständnis komplizierter Texte kann man im Netz um Hilfe bitten. Bei Problemen mit der Materialsuche können Kollegen aus dem Netz behilflich sein. Im Prinzip lässt sich jede Information über Datennetze transportieren. Sie als Autor eines Technischen Berichts sollten unter Beachtung der obigen Regeln immer „alle verwendeten Quellen und Hilfsmittel" wahrheitsgemäß angeben; dann liegen Sie auf der sicheren Seite.

Nachdem alle bibliografischen Angaben zusammengetragen sind, folgen jetzt einige Hinweise zur typografischen Gestaltung des Literaturverzeichnisses.

Literaturverzeichnisse werden zweckmäßigerweise einzeilig geschrieben. Falls jedoch Ihr Auftraggeber grundsätzlich z. B. 60 Seiten für eine Diplomarbeit fordert, und Sie bisher nur 55 Seiten haben, können Sie durch Variation des Zeilenabstands auf unverdächtige Weise die 60 Seiten doch noch etwa einhalten. Hier besteht also eine gewisse „Manövriermasse".

Da gerade beim Zitieren von Literatur das Anwenden der allgemeinen Regeln auf den Einzelfall vielen Schreibenden schwer fällt, soll nun ein Beispiel-Literaturverzeichnis gezeigt werden, Tab. 3.15.

Wenn Sie das Literaturverzeichnis für Ihren Technischen Bericht zusammenstellen und sich unsicher sind, wie die bibliografischen Angaben einzutragen sind, dann orientieren Sie sich an dem Beispiel-Literaturverzeichnis, Tab. 3.15.

Der Bereich „Literatur" oder „Schrifttum" am Ende eines Zeitschriftenartikels enthält im Prinzip dieselben Angaben. Allerdings ist das Layout normalerweise so gewählt, dass möglichst wenig Platz verbraucht wird, Tab. 3.16. Ob Sie die Systematik und das Layout der „platzsparenden Form" oder das Blockformat nach ISO 690 mit Autorennamen in Kapitälchen und kursiv gesetztem Titel oder eine andere Art der Kennzeichnung verwenden, bleibt Ihnen überlassen.

Grundsätzlich gilt aber, dass die Vorschriften von Instituten, Firmen und sonstigen Auftraggebern, also die „Hausregeln" eingehalten werden müssen. Bei Veröffentlichungen in Büchern oder Zeitschriften gelten die Verlags-Vorschriften, die vielfach sehr genaue Festlegungen treffen. Deshalb weicht das Literaturverzeichnis des vorliegenden Buches ein wenig von der ISO 690 ab!

Insgesamt lehrt die Erfahrung, dass das korrekte Aufstellen eines Literaturverzeichnisses eine Tätigkeit ist, deren Dauer regelmäßig beträchtlich unterschätzt wird. Oft müssen nachträglich noch fehlende bibliografische Angaben besorgt werden. Die strengen Layout- und Reihenfolge-Vorschriften setzen die Schreibgeschwindigkeit drastisch herab. Planen Sie also für die Fertigstellung des Literaturverzeichnisses besonders große Zeitreserven ein. Im Zweifelsfall ist das vollständige Zusammentragen der bibliografischen Angaben wichtiger als das akribische Einhalten der Layout- und Reihenfolge-Vorschriften.

Wenn Sie mit Publikationen arbeiten müssen, die in Fremdsprachen verfasst sind, die keine europäischen bzw. lateinischen Schriftzeichen verwenden, sollen die bibliografischen Angaben nach den Regeln der zutreffenden Norm transskribiert werden, z. B. „Medicinska akademija" or „Медицинска академия (Medicinska akademija)". Die folgenden ISO-Normen sind dabei anzuwenden:

- ISO 9, Documentation – Transliteration of Slavic Cyrillic characters into Latin characters
- ISO 233, Documentation – Transliteration of Arabic characters into Latin characters
- ISO 259, Documentation – Transliteration of Hebrew characters into Latin characters
- ISO 843, Documentation – Transliteration of Greek characters into Latin characters
- ISO 7098, Documentation – Romanization of Chinese
- DIN 1460:1982-04 Umschrift kyrillischer Alphabete slawischer Sprachen
- DIN 31634:2011-10 Information und Dokumentation – Umschrift des griechischen Alphabets

Tab. 3.15 Beispiel für ein dreispaltiges Literaturverzeichnis

1.	BOSCH	Weltweite Verantwortung – Umweltbericht 2003/2004. www.bosch.com/content/language1/downloads/UWB_de.pdf gesehen am 04.06.2006
2.	Braun, G.	Grundlagen der visuellen Kommunikation. München: Bruckmann, 1987
3.	Bürgi, F.	Möglichkeiten und Einsatz von Multimedia in der Aus- und Weiterbildung. In: Melezinek, A. (Hrsg.): Der Ingenieur im vereinten Europa – Reflexionen und Perspektiven. 20 Jahre IGIP, Referate des 21. Internationalen Symposiums „Ingenieurpädagogik '92". Leuchtturm-Schriftenreihe Bd. 30, Alsbach/Bergstraße: Leuchtturm-Verlag, S. 221-226
4.	DIN 66 261	Informationsverarbeitung. Sinnbilder für Struktogramme. 11/85 Berlin: Beuth
5.	Enius	Schadstoffinformationen Toluol. http://enius.de/schadstoffe/toluol.html, gesehen am 04.06.2006
6.	Hedinger	Sicherheitsdatenblatt TOLUOL. Version 003, überarbeitet am 19.02.01 www.hedinger.de/bilder/9/toluol_v003.pdf, gesehen am 04.06.2006
7.	Hering, H.	Pulvergranulaterzeugung in Wirbelschichten (Powder Granule Generation in a Fluidised Bed). Diplomarbeit, Heriot-Watt-University, Department for Chemical and Process Engineering, Edingburgh/GB, 1989
8.	Hering, H.	Berufsanforderungen und Berufsausbildung Technischer Redakteure – Verständlich Schreiben im Spannungsfeld von Technik und Kommunikation. Dissertation, Universität Klagenfurt, 1993
9.	Hering, L. und Hering, H.	Erstellung Technischer Berichte – Seminar zur sachgerechten und zielgruppenorientierten Abfassung von Technischen Berichten. Seminarunterlage, 1998
10.	Huke, M. und Zana, C. N.	Untersuchung zur Schadstoffentsorgung beim Schutzgasschweißen. Diplomarbeit am Heinz Piest-Institut für Handwerkstechnik an der Universität Hannover, 1986
11.	Jensen, A.R.	Individual differences in visual and auditory memory. In: Journal of Educational Psychology. 62 (1971), Nr. 2, S. 66-70
12.	McDonald-Ross, M.	Scientific diagrams and the generation of plausible hypotheses: An essay in the history of ideas. In: Instructional Science. 8 (1979), Nr. 3, S. 223-234
13.	SKF	SKF Hauptkatalog. Katalog 4000/IV T, Schweinfurt, 1994
14.	Wikipedia	Toluol. www.wikipedia.org/wiki/toluol, Stand 30.04.2006 gesehen am 04.06.2006
15.	Yoo, J.J., Hinds, O., Ofen, N. et al.	When the brain is prepared to learn: Enhancing human learning using real-time fMRI. Neuro Image. doi: 10.1016/j.neuroimage.2011.07.063

Tab. 3.16 Beispiel für ein platzsparendes Literaturverzeichnis

5 Schrifttum	
1.	Hoffmann, W. und Schlummer, W., Erfolgreich Beschreiben – Praxis des Technischen Redakteurs. Berlin, Offenbach: VDE-Verlag, 1990, S.29-36
2.	Koenck, R. J., Computers, Technical Writers and Education. In: Proceedings of the 27th International Technical Communication Conference (ITCC). May 1980, Vol.II, p. 137-139
3.	Gabriel, C. H., Gesetze, Verordnungen, Vorschriften, Richtlinien für "Technische Dokumentationen". Im Obligo sind Hersteller und Unternehmer. In: tekom Nachrichten. 16 (1991), Nr. 4, S. 36-37
4.	Reichert, G. W., Kompendium für technische Dokumentationen. Leinfelden-Echterdingen: Konradin-Verlag, 1991, S.187-193

- DIN 31635:2011-07 Information und Dokumentation – Umschrift des arabischen Alphabets für die Sprachen Arabisch, Osmanisch-Türkisch, Persisch, Kurdisch, Urdu und Paschtu
- DIN 31636:2011-01 Information und Dokumentation – Umschrift des hebräischen Alphabets (auch DIN 31636:2018-04 – Entwurf)

Wenn ein Titel in der Originalsprache von der Zielgruppe nicht zweifelsfrei verstanden werden kann, soll er übersetzt werden, und der Titel in der Originalsprache in Klammern hinter dem deutschen Titel erscheinen.

3.6 Der Text des Technischen Berichts

Im Technischen Bericht (schriftlich oder als Vortrag) wird unter Berücksichtigung der jeweiligen Zielgruppe die „Fachsprache der Technik" geschrieben oder gesprochen. Allerdings weicht diese Fachsprache nicht so stark von der üblichen Sprachverwendung ab, wie dies z. B. bei psychologischen und soziologischen, aber auch medizinischen und juristischen Texten oft der Fall ist. Die folgenden Abschnitte geben Ihnen Hinweise, wie Sie verständliche Texte formulieren – sowohl allgemein in Sachtexten als auch in Technischen Berichten, welche Besonderheiten im Zusammenhang mit Formeln und Berechnungen auftreten und welche häufigen Fehler Sie in Ihren Texten vermeiden können.

3.6.1 Allgemeine Stilhinweise

In den allgemein bildenden Schulen werden Berichte, Protokolle und Referate mit dem Computer geschrieben. Von daher sind grundlegende Kenntnisse zu Gliederung, Typografie, Schreibweisen, Stil usw. bereits in den allgemein bildenden Schulen vermittelt worden. In der Realität sind diese Kenntnisse allerdings meist noch ausbaufähig. Die folgende Übersicht zeigt allgemein gültige Regeln für bessere Textverständlichkeit, die auch für andere Sachtexte als Technische Berichte gültig sind.

Allgemein gültige Regeln für bessere Textverständlichkeit

- Kurze Sätze bilden.
- Möglichst nur einen Hauptsatz mit einem oder zwei Nebensätzen bzw. zwei mit Semikolon verknüpfte Hauptsätze verwenden.
- Nicht zu viele Fremdwörter einsetzen.
- „Welcher, welche, welches" als Relativpronomen sind veraltet und sollen ersetzt werden durch „der, die, das".
- Fremdwörter und Abkürzungen bereits beim ersten Auftreten erklären.
- Übermäßigen Gebrauch von Abkürzungen vermeiden.
- Ein- und überleitende Sätze verwenden, um Ihre Leser mit Worten zu führen. Damit können Sie:
    - die Gliederung bzw. das Inhaltsverzeichnis aufgreifen,
    - den bisher beschriebenen Sachverhalt zusammenfassen,
    - zum nächsten Dokumentteil überleiten oder
    - einen neuen Dokumentteil einleiten.
- Anschaulich formulieren, in Bildern sprechen!
- Analogien, Metaphern und Vergleiche erzeugen Assoziationen beim Leser. Dadurch kann der Leser Ähnlichkeiten und Abweichungen von dem ihm bereits bekannten Wissen leichter erkennen.

Zu diesen allgemeinen und die Textverständlichkeit verbessernden Regeln gehört auch die Arbeitstechnik „eS", die schon in Abschn. 3.1.3 vorgestellt wurde. „eS" steht für „einleitender Satz". Sie sollten vermeiden, dass nach einer Dokumentteil-Überschrift direkt Bilder, Tabellen oder Aufzählungen folgen, ohne dass eine überleitende oder einleitende Textaussage vorherging. Viel besser ist es, wenn Sie am Anfang und (sinngemäß) am Ende eines Abschnitts einen „eS" verwenden.

Solche ein- und überleitenden Sätze knüpfen an die Vorkenntnisse Ihrer Leser an und sie strukturieren so die niedergeschriebenen Informationen. Alles wird unter Berücksichtigung des „roten Fadens" eingeordnet. Der Leser wird nicht allein gelassen, sondern „mit Worten geführt". Die häufige Verwendung von ein- und überleitenden Sätzen ist eine Voraussetzung dafür, dass die Leser Ihren Technischen Bericht ohne Rückfragen in dem von Ihnen beabsichtigten Sinne verstehen.

Zu der Regel „Anschaulich formulieren" hier drei Beispiele:

- **Analogie:** Ähnlichkeit der Umlaufbahn eines Elektrons um den Atomkern mit der Umlaufbahn eines Planeten um sein Zentralgestirn
- **Metapher** (= bildhafter Ausdruck mit übertragener Bedeutung): Handschuh, Kaderschmiede
- **Vergleich:** Ein Elektron im angeregten Zustand ist wie eine gespannte Feder.

Sind Sie im Zweifel, ob eine Formulierung verständlich (und stilgerecht) ist, dann hilft Ihnen die Grammatikprüfung Ihres Textverarbeitungsprogramms. Aktivieren Sie eine Option bzw. Einstellung bzw. Grammatikregel, damit Sie auf (vermeintliche) Verstöße gegen diese Regel durch grüne Wellenlinien aufmerksam gemacht werden.

Nun wenden wir uns den speziell für Technische Berichte geltenden Stilmerkmalen zu.

3.6.2 Stilmerkmale des Technischen Berichts

Der Stil des Technischen Berichts soll die oben genannten allgemeinen Stilmerkmale berücksichtigen. Es müssen jedoch auch einige Regeln eingehalten werden, die nur für die Erstellung Technischer Berichte gelten. Vor allen anderen Regeln gilt dabei ein Grundprinzip:

▶   Klarheit und Eindeutigkeit hat immer Vorrang vor Stilfragen!

Der Technische Bericht soll von Lesern, die zwar technisch ausgebildet sind, aber keine Detailkenntnisse des jeweiligen Projekts besitzen, ohne Rückfrage verstanden werden können. Da der oder die Ersteller von Technischen Berichten oft wochen- oder monatelang an ihrem Projekt gearbeitet haben, können sie sich am Ende, wenn es an das Zusammenschreiben geht, nicht mehr vorstellen, wie viel (oder besser: wie wenig) ein normaler Leser des Berichts überhaupt von dem Projekt wissen kann. Deshalb werden in Technischen Berichten oft zu viele Detailkenntnisse vorausgesetzt, die die Adressaten nicht haben. Dadurch sind die Leser des Berichts oft überfordert. Dies beeinflusst die Lese-Motivation negativ.

Es kommt noch hinzu, dass man nach häufigem Lesen der eigenen Texte mit der Zeit „betriebsblind" gegenüber den eigenen Formulierungen wird. Im Rahmen der Endkontrolle sollten Sie als Autor daher versuchen, den Technischen Bericht einem Freund oder einer Freundin bzw. einem Kollegen oder einer Kollegin zu zeigen, damit er/sie überprüfen kann, ob der Bericht für Projektfremde verständlich ist.

Der Technische Bericht wird in der Regel unpersönlich geschrieben, d. h. es werden Passivkonstruktionen anstelle von Personalpronomen verwendet. „Ich, wir, mein, unser, man usw." werden also nicht verwendet. Nur in einer Zusammenfassung oder in einer kritischen Würdigung ist es zulässig, von „wir" bzw. „unser" zu sprechen, wenn man die eigene Arbeitsgruppe, Abteilung usw. meint.

Dies ist traditionell so. Die meisten Techniker haben sich an das unpersönliche Formulieren im Laufe von Ausbildung und Berufspraxis gewöhnt. Auch Ihr Auftraggeber wird im Zweifelsfall vermutlich Passiv bevorzugen, weil er es so gewohnt ist. Für Nicht-Techniker wirkt die Anwendung von Passivkonstruktionen jedoch schwerfällig, langweilig und monoton. Daher empfehlen viele Bücher zum Thema Schreiben die Verwendung von Aktivsätzen.

Passivsätze beinhalten auch die Gefahr, dass dem Leser nicht klar ist, wer etwas tut. Es kann beispielsweise in der Beschreibung einer Maschine oder Anlage unklar sein, ob der Bediener oder eine Automatik der Maschine oder Anlage eine Aktion ausführt. Wenn dies auftreten kann, verwenden Sie eine Satzergänzung wie „durch das Bedienungspersonal" (Mensch) bzw. „durch die Revolversteuerung" (Maschine).

Sie müssen für Ihren Technischen Bericht sachgerecht entscheiden, ob und wenn ja, in welchem Maße und an welchen Stellen Sie statt des gewohnten Passivs Aktivsätze verwenden wollen. Sie sind „auf der sicheren Seite", wenn Sie im Technischen Bericht Personalpronomen vermeiden und stattdessen Passivkonstruktionen verwenden. Hier ein Beispiel für die Formulierung des gleichen Sachverhalts einmal als Aktivsatz und einmal als Passivsatz:

- **Aktiv:** „. . . haben wir folgende Alternativen geprüft . . . "
- **Passiv:** „. . . sind folgende Alternativen geprüft worden . . . "

Die Verwendung des Personalpronomens „wir" ist aber ein Stilfehler im Technischen Bericht!

Die Erzählzeit (Tempus) ist das Präsens (Gegenwart). Das Imperfekt (Vergangenheit) wird nur eingesetzt, wenn ein früher verwendetes Bauteil, Messverfahren o. ä. beschrieben wird.

Die Namensvergabe für technische Gegenstände und Verfahren (in Stücklisten, aber auch z. B. in einer Konstruktionsbeschreibung) soll soweit wie möglich funktionsgerecht erfolgen, also nicht Hebel sondern Absperrhebel, nicht Zahnrad sondern Antriebsrad, nicht Platte sondern Halteplatte, nicht Variante 1 sondern elektrisch-mechanische Lösung usw. Ganz allgemein gilt für die Benennung von Teilen:

▶   Teile werden grundsätzlich nach ihrer Funktion benannt.

Dies gilt in allen Bereichen der Technik, z. B. auch im Bauwesen und in der Elektrotechnik. Nun noch weitere Beispiele zur Erläuterung.

Firmen- oder arbeitsgruppeninterne Bezeichnungen sind Ihren Lesern wahrscheinlich unbekannt. Darum wählen Sie möglichst neutrale Namen.

Ein weiterer Aspekt beim Benennen von Gegenständen und Verfahren ist, dass Sie gültige Normbegriffe verwenden sollten, soweit es sie gibt. Im Fall von ISO-Normen können Sie nach derartigen Normen suchen, indem Sie auf www.iso.org das Wort „vocabulary" und ein Wort aus Ihrem Sachgebiet als Suchworte eingeben. So führt die Suche nach „vocabulary engine" zur ISO 2710-1:2000 „Reciprocating internal combustion engines – Vocabulary – Part 1: Terms for engine design and operation.". Deutsche Normen suchen Sie ganz analog auf www.beuth.de mit den Suchwörtern „Begriffe Teil 1" und einem Wort aus Ihrem Sachgebiet. Beispiel: Mit den Suchwörtern „Begriffe Teil 1 Verbrennungsmotoren" finden Sie auch auf dem deutschen Normenportal u. a. die ISO 2710-1.

Wenn eine Konstruktionszeichnung und eine Stückliste oder eine Skizze des beschriebenen Geräts zum Bericht gehören, ist es sinnvoll, an die Benennung des Bauteils die

Positionsnummer in Klammern anzuhängen. Es heißt dann in der Konstruktionsbeschreibung z. B.: „Die Befestigung des Abdeckblechs (23) wurde zwecks Kosteneinsparung mit Kerbnägeln ausgeführt." Hier ist „23" die Positionsnummer und „Abdeckblech" die Benennung aus der Stückliste. Diese Übereinstimmung von Nummer und Name in Bericht und Zeichnung sowie Stückliste hilft dem Leser, sich in den verschiedenen Unterlagen zurechtzufinden.

Häufig kann man in Technischen Berichten folgende oder ähnliche Formulierungen lesen. „Die Konstruktion besitzt eine hohe mechanische Festigkeit sowie sehr gute Verschleißbeständigkeit." In diesem Fall ist es vom Stil her viel besser, wenn der allgemeine Begriff „Konstruktion" durch die tatsächliche Benennung der Baugruppe oder der Gesamtanlage ersetzt wird. Auf das obige Beispiel angewendet würde es also z. B. besser heißen: „Die Ölmühle besitzt. . . ."

Oft wird mit zwei physikalischen Größen ein Wertebereich angegeben. Dann ist es falsch, wenn Sie schreiben: Maßzahl und Maßeinheit, Erstreckungszeichen (– oder bis) sowie noch einmal Maßzahl und Maßeinheit. Richtig ist, wenn die Dimension nicht zweimal, sondern nur „hinten" aufgeführt wird. Ein Beispiel zur Verdeutlichung (Text aus der Beschreibung eines Spritzgießwerkzeuges, falsche Gradangabe ist fett markiert):

„Das Hauptproblem ist hierbei die wirksame Trennung der heißen Form (ca. 160 °C bis 200 °C) von dem mit ca. 80 °C bis 110 °C relativ kalten Verteilerkanalbereich."

▶   Zur Kontrolle lesen Sie das Geschriebene auch laut. Dabei fällt es sehr schnell
    auf, wenn sich entbehrliche Angaben in den Text eingeschlichen haben.

Abschließend ein weiteres Stilmerkmal des Technischen Berichtes. Da sich der Technische Bericht im weitesten Sinne an „Techniker" wendet, die Probleme üblicherweise rational angehen, sollten im Technischen Bericht keine emotionsbeladenen und umgangssprachlichen Formulierungen auftreten. Deshalb sind Sätze wie „Nach der ergonomischen Überprüfung seines Arbeitsplatzes kann der Mitarbeiter nun freudig sein Werk tun." oder „Die erstellte Software lief echt cool." besser zu vermeiden.

3.6.3   Formeln und Berechnungen

Formeln treten in Technischen Berichten vor allem dann auf, wenn es um die Darstellung von Berechnungen geht. Diese Berechnungen können u. a. in den Bereichen Mathematik, Physik und Chemie, aber auch in Kernbereichen der Technik wie z. B. der Bautechnik, im Maschinenbau, in der Elektrotechnik und in der Informatik auftreten.

Die Formeln sind oft sehr eng mit dem Text verwoben, weil sich der Text auf einzelne Formelgrößen bezieht, dazu eine Aussage macht usw. Text und Formeln bilden also oft eine untrennbare Einheit.

In der technischen Ausbildung werden Schüler und Studenten damit konfrontiert, dass Technik-Lehrer bzw. Professoren in den verschiedenen Fächern für dieselben Formelgrö-

Tab. 3.17 Beispiele für Bestandteile von Formeln

Formel		
Formelzeichen	physikalische Größen	mathematische und andere Operatoren
Vektoren: **a**, **b**, **c**, ..., **x**, **y**, **z** oder mager mit Pfeil nach rechts über dem Vektor Koordinaten von Vektoren: $a^1, a^2, a^3, ...$ Skalare: $a, b, c, ..., x, y, z$ Andere Formelzeichen: Matrizen, Spalten- vektoren, Determinanten u. ä. werden sinngemäß dargestellt.	Beispiele: Länge l in m Zeit t in s Geschwindigkeit v in m/s Masse m in kg Kraft F in N Druck p in Pa Leistung P in W Konzentration c in mmol/l Stoffmenge n in mol molare Masse M in kg/mol	$+, -, *$ oder $\cdot, :$ bzw. $/$ oder Bruchstrich $\pm = < \leq > \geq \sim \approx \ll \gg$ $\cong \perp \parallel \angle \nabla \cap \cup \supset \supseteq$ $\not\subset \subset \subseteq \in \notin$ usw. außerdem: Integralzeichen $\int$ Wurzelzeichen $\sqrt{x}$ Exponenten 23^6 Indizes L_{max} und diverse Klammern

ßen verschiedene Formelbuchstaben und Schreibweisen verwenden. Dies führt zu unnötigen Verwirrungen und Irritationen. Hier versuchen die DIN-Normen durch Standardisierung Abhilfe zu schaffen. Wer in die Gebiete Formelzeichen, Formelschreibweise und Formelsatz tiefer einsteigen möchte, kann u. a. die folgenden Normen konsultieren:

- DIN 1301, Einheiten
- DIN 1302, Allgemeine mathematische Zeichen und Begriffe
- DIN 1303, Vektoren, Matrizen, Tensoren – Zeichen und Begriffe
- DIN 1304, Formelzeichen
- DIN 1313, Größen
- DIN 1338, Formelschreibweise und Formelsatz
- DIN 5473, Logik und Mengenlehre – Zeichen und Begriffe
- DIN 5483, Zeitabhängige Größen
- für englischsprachige Dokumente ISO 80000 (mehrere Teile)

Zunächst soll einmal der Begriff Formel definiert werden. Eine Formel ist ein Konglomerat aus Formelzeichen, Zahlenwerten ohne Dimension (Konstanten), physikalischen Größen (Maßzahlen plus Maßeinheiten, dazwischen immer genau ein Leerzeichen) sowie mathematischen oder anderen Operatoren, Tab. 3.17.

Für diese Formelbestandteile werden nun die für Technische Berichte relevanten Informationen aus den Normen aufgeführt.

Wenn ein Text nur wenige Gleichungen enthält, werden die Gleichungen durch Leerzeilen davor und dahinter und ggf. durch eine Einrückung von etwa 2 cm bei DIN A4 hervorgehoben. Wenn ein Text viele Gleichungen enthält, ist es üblich, die Gleichungen zusätzlich mit Gleichungsnummern, z. B. „(16)" oder „(3-16)" am rechten Rand des Satzspiegels zu kennzeichnen, damit man sich im Text auf die jeweilige Gleichung beziehen kann. Geht eine Formel über mehrere Zeilen, steht die Gleichungsnummer in der letzten Zeile dieser Formel.

▶   Wenn Sie Formeln in HTML-Dokumenten schreiben wollen, hilft Ihnen die folgende URL, Tipparbeit zu sparen: www.mathe-online.at/formeln.

Komfortable Textverarbeitungs-Programme stellen Formeleditoren zur Verfügung. Wenn Sie nur wenige, einfache Formeln eingeben wollen, fügen Sie Felder ein oder schreiben Sie die Formeln wie früher als normalen Text.

Im Textmodus sollten Sie folgende Einstellungen einhalten: Formelgrößen kursiv, Indices und Exponenten gerade und hoch- bzw. tiefgestellt (= 2 pt kleiner als die Grundschrift); Minus als Rechenoperator: Gedankenstrich (Alt+0150), Minus als Vorzeichen: normales Minuszeichen, Malpunkt · (Alt+0183). Beispiel:

$$Q_{\mathrm{auf}} = c_{\mathrm{w}} \cdot m_{\mathrm{w}} \cdot \left(T_{\mathrm{M}} - T_{\mathrm{W}}^2 \right) + c_{\mathrm{wk}} \cdot \left(T_{\mathrm{M}} - T_{\mathrm{W}}^2 \right)$$

Kompliziertere Formeln lassen sich jedoch mit dem Formeleditor bequemer eingeben.

$$\Delta S = C_{\mathrm{n}} \cdot m_{\mathrm{n}} \cdot \ln \left(\frac{T_{\mathrm{E}}}{T_{\mathrm{h,A}}} \right) + c_{\mathrm{t}} \cdot m_{\mathrm{t}} \left(\frac{T_{\mathrm{E}}}{T_{\mathrm{h,A}}} \right)$$

▶   **Tricks zum Formeleditor:**

- Leerzeichen geben Sie im Formeleditor mit Strg + Leertaste ein.
- Falls Ober-/Unterlängen nicht vollständig ausgedruckt werden (z. B. der obere Strich des Wurzelzeichens), stellen Sie einen etwas größeren Zeilenabstand ein!
- Das Proportionalzeichen erzeugen Sie im Text und im Formeleditor mit AltGr-+.
- Die Formatvorlagen Matrix/Vektor bzw. Text ergeben nicht kursiven Text (z. B. für Maßeinheiten).

Wer sehr viel mit Formeln arbeiten muss, kann auch das Satzprogramm „TEX" (gesprochen: [tech]) bzw. das dazugehörige Makropaket „LATEX" (gesprochen: [latech]) verwenden. Damit gesetzte Formeln sehen sehr gut aus. Bildbeispiele finden Sie in dem Wikipedia-Artikel über Formelsatz. Viele Fachbuch- und Zeitschriftenverlage verlangen dieses Format. Das Programm ist als Public Domain-Software erhältlich und im Universitätsbereich weit verbreitet. Eine Möglichkeit, die Vorteile von LATEX zu nutzen, ohne es überhaupt auf Ihrem Rechner installieren zu müssen, stellt eine Knoppix- bzw. Kanopix-CD dar. Sie starten Ihren Rechner mit eingelegter CD und der fährt als Linux-PC hoch. Je nach Distribution können Sie LATEX dann direkt verwenden, ohne selbst etwas installieren zu müssen. Fragen Sie im nächstgelegenen Linux-Verein einmal danach.

Formeln treten selten als einzelne Formel, sondern meist im Rahmen umfangreicherer Berechnungen mit mehreren Formeln auf. Der Text sollte die Formelgrößen erklären, die

Formelumformung beschreiben, die Ergebnisse aufgreifen usw. Es ist günstig, die Einflussgrößen, die in einer Formel auftreten, kurz vor oder direkt nach der Formel im Text oder in einer Legende zu benennen und zu erläutern.

Hier ein Beispiel aus der Bruchmechanik mit Erklärung der Einflussgrößen im Text:

Text mit Formeln

IRWIN [28] entwickelte einen anderen Ansatz als GRIFFITH [23], um die Sprödbruchgefahr von zähen Materialien vorauszusagen. IRWIN betrachtet das elastische Spannungsfeld an der Rissspitze, das durch den Spannungsintensitäts-Faktor K charakterisiert wird. Mit der Spannung σ und der Risslänge a ergibt sich:

$$K = \sigma \cdot \sqrt{\pi a} \cdot f\left(\tfrac{a}{W}\right) \tag{3.1}$$

Der Faktor $f(a/W)$ ist dimensionslos. Er hängt ab von Proben- und Rissgeometrie. Werte für $f(a/W)$ sind in Normen verzeichnet, z. B. in BS 5447. Rissfortschritt tritt dann auf, wenn der Faktor $\sqrt{\pi a}$ einen kritischen Wert erreicht. Dann spricht man vom kritischen Spannungsintensitäts-Faktor

$$K_c = \sigma_f \cdot \sqrt{\pi a} \cdot f\left(\frac{a}{W}\right) = \sigma_f \cdot \sqrt{a} \cdot Y \tag{3.2}$$

wobei σ_f die Bruchspannung ist. Der Faktor Y wird aus Vereinfachungsgründen eingeführt. Er ergibt sich aus

$$Y = \sqrt{\pi} \cdot f\left(\frac{a}{W}\right) \tag{3.3}$$

Der kritische Spannungsintensitäts-Faktor K_c kann leicht aus den Versuchsdaten ermittelt werden, da K_c^2 gegeben ist durch die Steigung einer Geraden σ_f^2 über $1/a$, siehe Gleichung 3.4.

Der Spannungsintensitäts-Faktor bezieht sich jeweils auf einen bestimmten Belastungszustand. Dieser wird ausgedrückt durch Indizes. I steht für Normalspannung, II für Schubspannung, rechtwinklig zur Rissspitze und III für Schubspannung parallel zur Rissspitze. Der kritische Spannungsintensitäts-Faktor für Normalspannung K_{Ic} wird auch Bruchzähigkeit oder Risszähigkeit genannt. Wenn die plastisch verformte Zone an der Rissspitze klein ist gegenüber der Probengeometrie, dann ist dieser Wert unabhängig von der Probenform und -größe und damit ein Werkstoffkennwert.

In derartigen Berechnungen werden die Formeln, die errechneten Größen und der Text miteinander verbunden durch Signalwörter wie „Mit <Formelgröße> und <Formelgröße> ergibt sich <Formel>." und „Unter Berücksichtigung von <Sachverhalt> und <Formel> ergibt sich <Formelgröße> zu <Formel>.".

Nach ISO 7144 „Documentation – Presentation of theses and similar documents" sollen Formeln, die innerhalb von Fließtext erscheinen, auf einer Zeile geschrieben werden (verwenden Sie z. B. $1/\sqrt{2}$ oder $2^{-1/2}$ anstelle eines Bruches).

Bei wichtigen Formeln, die für Ihren Technischen Bericht zentrale Bedeutung haben, kann auch eine Legende stehen, in der die Einflussgrößen zusammenfassend erläutert werden. Hier ein Beispiel:

Formel mit Legende

$$m \cdot g = \sigma \cdot d_n \cdot \pi \cdot f\left(d_n / \sqrt[3]{V}\right)$$ (3.4)

m –	Masse des Tropfens und seiner Nebentröpfchen (Satelliten)
g –	Erdbeschleunigung
V –	Volumen des abgetrennten Tropfens
d_n –	Düsendurchmesser
σ –	Oberflächenspannung der Flüssigkeit
$f(d_\mathrm{n}/\sqrt[3]{V})$ –	empirisch ermittelte Korrekturfunktion, nimmt den Wert 1 an für einen idealen Tropfen ohne Satelliten und ohne an der Düse zurückbleibende Flüssigkeit

Formel und Legende bilden eine optische Einheit, die der Leser beim zweiten oder späteren Lesen gut wieder auffinden kann. Sämtliche erforderlichen Erklärungen zur Formel sind in der Legende aufgeführt. Der Leser kann zwar den verbindenden Text lesen, er muss es aber nicht. Typischerweise fehlt bei einer Legende zu einer Formel die Überschrift „Legende".

Vom restlichen Text kann man sich auf die Formeln beziehen, indem man ihre Nummer nennt. Die Klammern werden dabei weggelassen: „. . . , siehe Gleichung 4-5." Ein anderes Beispiel: „In Gleichung 3-16 wird deutlich, dass . . . ".

Festigkeitsberechnungen unterscheiden sich von den bisher beschriebenen Berechnungen, weil dort wenig Text auftritt. Festigkeitsberechnungen liefern Ergebnisse wie zum Beispiel „$C_\mathrm{erf} = 23{,}8\,\mathrm{kN}$" usw. Danach muss logischerweise eine Aussage folgen wie: „gewählt: Rillenkugellager 6305 mit $C_\mathrm{vorh} = 25\,\mathrm{kN} > C_\mathrm{erf} = 23{,}8\,\mathrm{kN}$". Hierzu noch ein Beispiel:

Festigkeitsnachweis für die Abziehklauen

Lastannahme: Es tragen alle vier Abziehklauen gleichzeitig

$$\tau_S = \frac{F}{A} = \frac{100\,000\,N}{50\,mm \cdot 40\,mm} = 50{,}00\,N/mm^2$$

$$\sigma_b = \frac{M}{W} = \frac{100\,000\,N \cdot 35\,mm}{\frac{50 \cdot 40^2}{6}\,mm^3} = 262{,}50\,N/mm^2$$

$$\sigma_V = \sqrt{\sigma_B^2 + 3\tau_S^2} = \sqrt{262{,}50^2 + 3 \cdot 50^2}$$

gewählt: Werkstoff S355JO

$$\Rightarrow \sigma_{b\,zul} = 355\,N/mm^2 > \sigma_{b\,vorh} = 276{,}42\,N/mm^2 \Rightarrow \text{i. O.}$$

In derartigen Berechnungen tritt der Text stark zurück. Es treten nur wenige verbindende Wörter auf. Die Informationen werden fast nur in Formeln und Gleichungen ausgedrückt. Dieser Stil darf ausschließlich in Berechnungen verwendet werden, deren Ziel es ist, numerische Aussagen zu ermitteln.

Es müssen alle benötigten Formeln zunächst explizit aufgeschrieben werden, dann sollten die Zahlenwerte – soweit dies sinnvoll ist, auch mit den Einheiten – eingesetzt werden,

und zum Schluss folgt das Ergebnis. Diese Vorgehensweise ist kompakt und nachvollziehbar. Zur besseren Übersichtlichkeit setzen Sie das erste Gleichheitszeichen jeder Zeile
untereinander.

Für allgemeine Diskussionen, Ableitungen usw. muss jedoch der oben im Bruchme-
chanik-Beispiel dargestellte Stil (wenig Formeln mit viel Text) angewendet werden.

3.6.4   Verständliche Formulierung von Technischen Berichten

Verständlichkeit ist im Bereich der Kommunikationswissenschaften ein komplexer Begriff. Ob ein Text von der Zielgruppe verstanden wird, hängt dabei in allgemeinster Form
von zwei Merkmalsgruppen ab. Dies sind die „Textmerkmale" und die „Lesermerkmale".

Lesermerkmale sind solche, die der Autor nicht beeinflussen kann, da sie nur von den
geplanten oder zufälligen Lesern des jeweiligen Textes abhängen. Dazu gehören:

- die allgemeinen Vorkenntnisse der Leser,
- ihre Konzentrationsfähigkeit und ihre Übung im Lesen,
- ihre Motivation für das Thema oder innere Abneigung gegen das Lesen des Textes,
- ihre Sprachkenntnisse,
- ihr Fachwortschatz und
- ihre Fachkunde des beschriebenen Wissensgebietes.

Die Textmerkmale werden bis auf wenige Ausnahmen – wie z. B. Layout-Vorgaben – vom
Textautor selbst festgelegt. Typische Prüffragen nach Textmerkmalen sind folgende:

- Ist der Titel aussagekräftig und Interesse weckend?
- Ist eine Gliederung vorhanden und sachlogisch aufgebaut („roter Faden")?
- Sind die Absätze zu lang?
- Sind die Sätze zu lang?
- Tritt Verschachtelung von Sätzen auf?
- Werden unbekannte Wörter beim ersten Auftreten definiert?
- Werden unbekannte Abkürzungen beim ersten Auftreten definiert?
- Werden zu viele Fremdwörter verwendet?
- Hat der Leser an jeder Stelle im Technischen Bericht alle Informationen verfügbar, die
  er für das Nachvollziehen der Inhalte benötigt?

Die Aufzählung zeigt, dass die Textverständlichkeit durch unzweckmäßige Gestaltung
obiger Textmerkmale negativ beeinflusst werden kann. Deshalb werden nachfolgend die
Möglichkeiten vorgestellt, mit denen Sachtexte verständlicher werden.

Verbesserungen der Verständlichkeit von Sachtexten können auf drei Ebenen durchgeführt werden. Es sind dies die Textebene, die Satzebene und die Wortebene, die nachfolgend jeweils für sich betrachtet werden.

Verbesserung der Verständlichkeit auf Textebene

Auf Textebene sind als verständlichkeitsfördernde Elemente zunächst einmal die Verzeichnisse zu nennen. Dies sind u. a. Inhaltsverzeichnis, Index, Glossar sowie andere Verzeichnisse (z. B. für Bilder, Tabellen, Abkürzungen, Einheiten und Symbole usw.).

Auch Kopf- und Fußzeilen, Randnotizen (Marginalien), sowie Seitenzahlen und Querverweise gehören zu den verständlichkeitsfördernden Maßnahmen auf Textebene.

Darüber hinaus sind hier einleitende Sätze am Anfang eines Dokumentteils und zusammenfassende/überleitende Sätze am Ende eines Dokumentteils zu nennen. Diese Sätze können auch zur Ein- und Überleitung bei Bildern und Tabellen sinnvoll eingesetzt werden. Sie helfen dem Leser, den „roten Faden" zu behalten, denn Sie stellen immer wieder eine Beziehung zur logischen Gliederung her. Sie beschreiben, welche Informationen und warum als nächstes folgen, wie die folgenden Informationen zu bewerten sind, welchen Stellenwert die zuvor beschriebenen Informationen haben usw.

Ein weiteres Mittel, das den Text verständlich hält, ist die Verwendung von Fußnoten. Fußnoten sind hochgestellte Zahlen, die im Text fortlaufend nummeriert werden. Die Zahl wird standardmäßig unten auf der Seite unterhalb einer linksbündigen, ca. 4 bis 5 cm langen, horizontalen Linie wiederholt. Dort können Informationen untergebracht werden, die den normalen Lesefluss stören würden. Beispiele für derartige Informationen sind

- umfangreiche Kommentare zu zitierten Texten,
- bibliografische Angaben zu zitierter Literatur (falls kein Literaturverzeichnis zusammengestellt werden soll),
- die genaue Fundstelle in der zitierten Literatur und
- Hinweise bzw. Bemerkungen zum Text.

Meistens (wie z. B. in ISO 7144 und einigen anderen ISO-Normen) erscheinen die Fußnoten in kleinerer Schrift. Nach DIN 5008 soll jedoch die Schriftgröße von Text und Fußnoten übereinstimmen. Fußnoten werden in den Geisteswissenschaften[1] häufig verwendet. In der Technik sind Fußnoten weniger gebräuchlich.

Beziehen sich eine oder mehrere Fußnoten auf den Inhalt einer Tabelle, so erscheinen sie direkt unterhalb der Tabelle ohne die horizontale 4 bis 5 cm-Linie. Der VDE empfiehlt zur besseren Unterscheidung, dass normale Fußnoten mit hochgestellten Zahlen und Tabellenfußnoten mit hochgestellten Kleinbuchstaben gekennzeichnet werden. Erzeugen Sie die hochgestellten Buchstaben manuell (Format – Zeichen, hochgestellt).

Bei kürzeren Texten werden manchmal Endnoten ganz am Ende des Textes eingesetzt. Endnoten lassen sich per Knopfdruck in Fußnoten konvertieren und umgekehrt.

Auch der Bereich der Typografie (Seitenränder, Schriftart, Schriftgröße usw.) gehört, wenn auch in eingeschränktem Maße, zu den Möglichkeiten zur Verbesserung der Verständlichkeit von Sachtexten auf Textebene. Eingeschränkt deshalb, weil die Typografie eher zur Erkennbarkeit bzw. Lesbarkeit gehört als zur Verständlichkeit.

---

[1] Hier ist eine Fußnote, wie es in den Geisteswissenschaften üblich ist.

Eine recht wichtige Regel ist in diesem Zusammenhang: Je breiter der Satzspiegel ist bzw. je länger die Zeilen sind, desto größer sollte der Zeilenabstand sein.

(Gute) Bilder und Tabellen lockern den Text auf, ergänzen ihn und sprechen andere Aufnahmekanäle an als reiner Text. So kann der Autor die Informationen vielschichtiger darstellen und der Leser kann den Informationswegen besser folgen. Verwenden Sie deshalb möglichst häufig Bilder, tabellarische Darstellungen und Aufzählungen mit Leitzeichen sowie Textbilder, siehe auch Abschn. 3.3.4 und Abschn. 3.4.8. Beispiele machen den Text ebenfalls anschaulich; zu viele Beispiele können sich aber schlecht auswirken in Bezug auf Kürze und Prägnanz Ihrer Texte.

Verbesserung der Verständlichkeit auf Satzebene
im folgenden Überblick sind einige Regeln aufgeführt, deren Einhaltung die Verständlichkeit von Sachtexten stark fördert. Auch die Übersetzbarkeit in andere Sprachen wird durch die Einhaltung dieser Regeln verbessert.

Regeln für bessere Textverständlichkeit auf Wort- und Satzebene

- Die Sätze sollen kurz und so einfach wie möglich formuliert werden.
- Jeder neue Sachverhalt soll möglichst auch in einem neuen Satz beschrieben werden.
- Das Weglassen von Verben zur Verkürzung der Sätze ist nicht erlaubt.
- Die Satzlänge soll 20 bis 25 Wörter möglichst nicht überschreiten.
- Absätze sollten maximal sechs Sätze enthalten. Absätze mit nur einem Satz dürfen nicht zu häufig vorkommen.
- Tabellarische Darstellungen und Aufzählungen mit Leitzeichen sollen möglichst häufig eingesetzt werden.
- Zusammengesetzte Zeiten sollten (je nach Zielgruppe) vermieden werden, die einfachen Zeiten Gegenwart (Präsens), Vergangenheit (Imperfekt) und Zukunft (Futur I) sind für die meisten Leser besser verständlich.
- Abstrakte Substantive (...ung, ...heit, ...keit usw.) wirken ermüdend und sollten deshalb vermieden werden.
- Nichts sagende Formulierungen und Füllwörter wirken ebenfalls ermüdend, wenn sie zu häufig verwendet werden, und sollten deshalb vermieden werden.
- Wenn ein Wort in ungewohnter Bedeutung verwendet wird, dann verwenden Sie Anführungszeichen „ ... " oder Kursivschrift.
- Das erste Verb im Satz soll nicht zu weit hinten auftreten.
- Die typisch deutsche „Satzklammer" ist zu vermeiden. Einschübe in solchen Sätzen sollten nur kurz sein. Ihr Inhalt kann ggf. in eigenen Sätzen formuliert werden.
- Doppelte Verneinungen sind meistens überflüssig. Eine einfache Verneinung soll nicht zu weit hinten im Satz stehen

---

Für die Textverständlichkeit ist die Satzstruktur sehr wichtig. Im Regelfall sollte ein Hauptsatz plus ein oder (seltener) auch zwei Nebensätze bzw. eine Kombination von zwei Hauptsätzen nicht überschritten werden.

Die Verständlichkeit auf Satzebene kann durch die Verwendung von Konjunktionen und Präpositionen ganz wesentlich gesteigert werden.

Mit Konjunktionen wird eine logische Struktur der einzelnen Satzbestandteile aufgebaut und folgerichtig an den vorhergehenden Satz angeknüpft. Ein Beispiel für die Wirkung der Wörter wenn und dann:

Langer Satz ohne Konjunktionen (mit Verbesserung)

schlecht verständlich:
Bei Kränen ist stets eine maximal zulässige Hublast festgelegt, die im Fall des Überschreitens zum Abknicken des Kranauslegers, zum Umkippen des Krans oder zum Reißen der Hubseile führen kann.

besser verständlich durch Auftrennen von Sätzen mit Konjunktionen:
Für Kräne wird stets eine maximal zulässige Hublast festgelegt. **Wenn** sie wesentlich überschritten wird, **dann** kann der Kranausleger abknicken, der Kran kann umkippen oder die Hubseile können reißen.

Eine Übersicht der Konjunktionen ist in der Wikipedia enthalten: http://de.wikipedia.org/wiki/Liste_von_Konjunktionen_im_Deutschen.

Schaffen Sie eindeutige Bezüge!

Schlechter Bezug zum vorhergehenden Satz (mit Verbesserung)

schlecht verständlich:
Der Strom I fließt durch den Widerstand R. Dieser ist relativ klein.

Wer ist hier gemeint? I oder R?

besser verständlich:
Der Strom I fließt durch den Widerstand R. R ist relativ klein.

Verwenden Sie klare und aussagekräftige Formulierungen. Legen Sie sich fest. Schreiben Sie „weiß" oder „schwarz", aber nicht „grau".

Unklare Formulierung (mit Verbesserung)

schlecht verständlich:
Der neue Sensor erwies sich als viel linearer als der alte.

besser verständlich:
Die Abweichung der Sensorkennlinie des neuen Sensors von einem linearen Zusammenhang zwischen Strom und Durchfluss beträgt max. 3 %. Mit dem alten Sensor betrug die Abweichung bis max. 7,6 %.

Formulierungen wie recht aufwändig, fast linear, sehr schnell, wenig Leistung, hochempfindlich und relativ gering sind viel zu vage und müssen, wenn Sie wichtig sind, mit Zahlen belegt werden. Wenn sie unwichtig sind, sollten derartige Aussagen lieber weggelassen werden.

► Probieren Sie doch einmal im Stillen aus, Ihren Text in eine andere Sprache, z. B. ins Englische zu übersetzen. Beim Übersetzen werden Ihnen Ihre eigenen komplizierten Satzstrukturen, missverständlichen Bezüge und schwammigen Aussagen deutlich vor Augen geführt. Sie werden sich wundern, wie Ihnen beim Übersetzen einfachere Alternative zu komplizierten Sätzen und Formulierungen einfallen.

Verbesserung der Verständlichkeit auf Wortebene

Auch auf der Wortebene sind Verbesserungen der Verständlichkeit möglich. Der Anteil von einfachen, geläufigen, treffenden Wörtern soll möglichst hoch sein. Fachbegriffe und Abkürzungen sollten bei ihrem ersten Auftreten erklärt werden. Fachbegriffe und Abkürzungen können zusätzlich in einem Glossar erläutert werden, Abkürzungen ggf. auch in einer separaten Liste der verwendeten Abkürzungen.

Ganz allgemein gilt, dass möglichst nicht zu viele Fremdwörter verwendet werden sollen. Fachbegriffe, die aus mehreren Substantiven bestehen, sollen möglichst aufgelöst und in einem zwar längeren, dafür aber verständlicheren Satz oder Nebensatz umschrieben werden. Wenn dies nicht möglich ist, dann sollen die sachlichen Zusammenhänge zwischen den Substantiven durch Bindestriche verdeutlicht werden, auch in der englischen Sprache.

Eine zentrale Bedeutung für die Verständlichkeit auf Wortebene hat die folgende Formulierungsregel:

► Innerhalb einer Arbeit wird der gleiche Gegenstand oder Sachverhalt immer einheitlich mit dem gleichen Wort bezeichnet, andernfalls wird der Leser unnötig irritiert!

Diese Regel gilt auch, wenn innerhalb eines Absatzes ständig von einem bestimmten Gegenstand die Rede ist. Im Deutschunterricht wird Wert darauf gelegt, dass Aufsätze flüssig geschrieben werden. Satzeinleitungen, Verben und Substantive lassen sich durch sinnverwandte Begriffe variieren, damit der Text nicht langweilig wirkt. In Ihrem Textverarbeitungsprogramm können Sie ein Wort markieren und mit dem Thesaurus sinnverwandte Begriffe (Synonyme) suchen.

Ein Technischer Bericht muss jedoch – anders als ein lyrischer Text – Informationen unmissverständlich transportieren. Technische Gegenstände, Sachverhalte und Verfahren dürfen deshalb nur mit ihren einmal festgelegten Namen bezeichnet werden. Sonst können Missverständnisse und Verwechselungen entstehen – mit zum Teil gravierenden Folgen.

Veraltete Begriffe sind zu vermeiden. Das Wort „Schieblehre" ist heute kaum noch gebräuchlich und fast alle sprechen vom „Messschieber". Hier soll entweder nur der neue Begriff verwendet werden oder der veraltete Begriff wird beim ersten Auftreten in Klammern mit genannt, „Messschieber (Schieblehre)".

Wichtig ist vor allem, dass Sie bei Ihren Lesern nicht zu viel voraussetzen. Autoren überschätzen die Kenntnisse ihrer Leser immer wieder. Verwenden Sie jedes geeignete

Mittel, um Ihre Texte übersichtlich, leicht verständlich und angenehm lesbar zu gestalten (Bilder, Tabellen, Aufzählungen mit Leitzeichen, Zwischenüberschriften usw.).

3.6.5 Häufige Fehler in Technischen Berichten

Bestimmte Fehler treten in Technischen Berichten immer wieder auf. Diese Fehler lassen sich unterteilen in:

- Rechtschreibfehler,
- falsche Silbentrennung sowie
- sonstige Fehler (Lesbarkeit, Absprachen mit der Schreibkraft).

Damit diese Fehler in Ihren Technischen Berichten möglichst nicht auftreten, folgen nun Beispiele mit typischen, immer wieder auftretenden Fehlern und Hinweise zu deren Vermeidung. Hier sind auch Hinweise aus Leserzuschriften eingearbeitet. Danke dafür!

Rechtschreibfehler
Bitte schalten Sie die Rechtschreibprüfung bei der Eingabe ein und achten Sie auf die roten Wellenlinien in Ihrem Textverarbeitungsprogramm. Wenn Sie sich unsicher sind, wie ein Wort richtig geschrieben wird, schauen Sie ggf. im DUDEN oder Wahrig nach. Bestimmte Rechtschreibfehler treten in Technischen Berichten besonders häufig auf. Hier sind einige dieser Fehler aufgeführt.

axial, Axialkraft	Diese Wörter kommen zwar von Achse, werden aber nicht mit ch geschrieben.
Datenbanken	Es gibt zwar Parkbänke, aber der Plural von Datenbank ist Datenbanken.
Exzenter	Hier wird häufig das z vergessen.
Lager/Läger	Der Plural von Lager im Sinne von Kugellager ist -Lager, aber der Plural von Lager im Sinne von Materiallager ist –Läger.
Pleuelstange	Hier wird manchmal das zweite e in Pleuel vergessen.
Reparatur	Hier wird oft das erste a durch ein e ersetzt.
separat	Hier darf das erste a nicht durch ein e ersetzt werden.
Standard	Dieses Wort wird am Ende oft mit t geschrieben. Dies hat aber nichts mit Standarte (= Fahne) zu tun, sondern mit Standardisierung.
Struktur	Dieses Wort schreibt sich nicht mit ck, sondern nur mit k.
Totpunkt	Dieses Wort hat nichts mit Todesfällen zu tun und schreibt sich deshalb auch mit t statt d

Falsche Silbentrennung

Die Textverarbeitungsprogramme haben den Autoren von Texten aller Art eine beträchtliche Arbeitserleichterung gebracht. Es treten aber auch einige Probleme mit diesen Programmen auf. Ein solcher Problembereich ist die automatische Silbentrennung. Sie muss überhaupt erst einmal aktiviert werden. Sonst können nicht ausgeführte Silbentrennungen auftreten, die die Absatzformatierung vom optischen Eindruck her empfindlich stören.

Eine Ursache für falsche Silbentrennungen sind englische Worte, denen die Eigenschaft Deutsch zugewiesen ist. In der englischen Sprache wird die Nachsilbe ohne Konsonant abgetrennt. Die Funktionen Silbentrennung, Rechtschreibung und Grammatik können nur richtig arbeiten, wenn allen Wörtern die richtige Sprache zugewiesen ist.

Bei deutscher Trennung muss vor die Nachsilbe i. d. R. noch mindestens ein Konsonant mit auf die neue Zeile hinüber genommen werden. Hier ein Beispiel:

Beispiel

englische Trennung: interest – ing

deutsche Trennung: Verständi – gung

Viele Trennalgorithmen haben auch Probleme mit zusammengesetzten Wörtern und mit Wörtern, die in Anführungszeichen stehen.

Regeln für die Silbentrennung nach neuer deutscher Rechtschreibung:

- Es wird streng nach Sprechsilben getrennt: El – lip – se.
- Einzelbuchstaben können abgetrennt werden: Spek – tral – a – na – ly – se.
- Einzelbuchstaben am Wortanfang oder -ende werden nicht getrennt, weil der Trennstrich den gleichen Platz benötigt wie der Buchstabe: Ana – ly – se.
- Die Buchstabenverbindung „st" kann getrennt werden: ros – ten.
- Die Buchstabenverbindung „ck" wird nicht getrennt: Zu – cker.
- Bei den Wörtern „hinauf", „herauf", „warum" usw. ist eine Trennung nach Sprechsilben möglich: war-um oder wa-rum.
- Fremdwörter können auch nach Sprechsilben getrennt werden: Hekt – ar oder Hek – tar.

Weitere Regeln sind vorne im Rechtschreib-DUDEN vermerkt, außerdem ist die richtige Silbentrennung bei den einzelnen Wörtern im DUDEN (und im Wahrig) vermerkt.

Korrekturmaßnahmen bei falscher Silbentrennung:

- Wurde allen fremdsprachigen Textpassagen die richtige Sprache zugewiesen und ist für alle deutschen Textpassagen auch als Sprache Deutsch eingestellt? (Ist die Option Sprache automatisch erkennen aktiv?)
- Ist die automatische Trennung eingeschaltet?

- Notfalls markieren Sie einen Absatz und trennen Sie manuell.
- Hat das Programm falsch oder gar nicht getrennt, dann müssen ein oder mehrere Trenn-vorschläge von Hand gesetzt werden (Strg + „-" in der normalen Tastatur).
- Aktivieren Sie ggf. die Neuberechnung des Seitenumbruchs Ihres aktuellen Textes durch Aufrufen der Funktion Wörter zählen oder durch Wechsel zwischen der Normal-und der Seiten-Layout-Ansicht oder umgekehrt.
- Manchmal sind in einem Wort, das mitten auf einer Zeile steht, Trennstriche vorhanden, die dort nicht hingehören. Das passiert, wenn Sie Trennstriche direkt eingeben, anstatt bedingte Trennstriche zu verwenden (Strg + „-" in der normalen Tastatur). Dies pas-siert auch, wenn Sie Texte aus dem Internet oder aus E-Mails übernehmen. Wenn der Zeilenumbruch sich durch Hinzufügen oder Löschen von Text ändert, dann rutschen die Trennstriche vom Zeilenende in die Mitte der Zeilen. In diesem Fall brauchen Sie dann nur die nicht benötigten Trennstriche suchen (mit Bearbeiten – Suchen) und die Striche löschen.

Sonstige Fehler (Lesbarkeit, Absprachen mit der Schreibkraft)
Ein Problem ist, dass Bilder, Schrift und/oder Indizes zu klein sind. Am Bildschirm kann der Autor bei entsprechendem Zoomfaktor alles gut erkennen, aber im Ausdruck nicht mehr. Um das zu vermeiden, sollten Sie Kontrollausdrucke anfertigen und dann eventuell die Schrift bzw. die Grafik vergrößern.

Ein besonderes Problem besteht dann, wenn ein handgeschriebenes Manuskript durch technische Laien abgetippt wird. In diesem Fall können ganz leicht aus „Knotenverschie-bungen" „Kontenverschiebungen" werden. Aus „Koordinaten..." entsteht schnell „Koor-dinations...". Hier muss der Ersteller beim Korrekturlesen die besondere Situation dessen berücksichtigen, der das Manuskript abgeschrieben hat und entsprechend sorgfältiger Kor-rektur lesen.

3.7 Der Einsatz von Textverarbeitungs-Systemen

Der Einsatz von Textverarbeitungssystemen ist heute Stand der Technik. Da sich die Texte ja später noch leicht ändern lassen, schreiben manche Autoren „erst mal irgendwas". Wenn am Ende der Arbeit der Zeitdruck wächst, dann unterbleiben oft die noch erforderlichen Änderungen. Technischen Berichten ist anzusehen, ab wann die Zeitnot gravierend wurde. Probleme mit der inneren Logik, Rechtschreibung und Zeichensetzung sowie mit dem Erstellen oder Übernehmen von Bildern häufen sich ab diesem Zeitpunkt deutlich. Der Bericht erweckt von diesem Punkt an den Eindruck, als sei er „mit heißer Nadel genäht" worden. Um dies zu vermeiden, sollte genügend Zeit für die Korrekturphase und den „Endcheck" eingeplant werden.

Beachten Sie bei der Festlegung des Seitenlayouts und der Formatvorlagen die „Haus-regeln" bzgl. Corporate Design Ihrer Hochschule bzw. Ihres Arbeitgebers. Wenn dort Regelungen fehlen, verwenden Sie die hier vorgeschlagenen Regeln sinngemäß.

Die Wahl der Seitenränder und die Anordnung der Seitenzahlen ist nicht besonders reglementiert. Hier haben sich jedoch folgende Regeln bestens bewährt: Legen Sie Seitenränder schon von Beginn an fest, damit der Satzspiegel „steht" und der Zeilen- und Seitenumbruch sich nicht noch kurz vor der Abgabe des Technischen Berichts wesentlich verändert.

Dazu gehört auch, dass in einer Gruppe alle „schreibenden" Gruppenmitglieder von Anfang an dieselben Einstellungen und Formatvorlagen, z. B. für Seitenränder, Kopfzeile, Überschriften usw. benutzen und dieselben Schriftarten installiert haben.

Idealerweise sollten Sie bereits am Anfang Ihres Projektes mit Ihrem Copy-Shop oder der Druckerei abstimmen, ob Sie die Daten für den Druck digital bereitstellen oder ob die Papieroriginale kopiert werden sollen. Beim Digitaldruck ist es oft nötig, dass Sie einen speziellen Druckertreiber verwenden. Den sollten Sie schon zu Beginn installieren, damit sich nicht kurz vor dem Abgabetermin noch der Zeilen- und Seitenumbruch kräftig ändert.

Wenn Vorder- und Rückseite des vervielfältigten Technischen Berichts bedruckt sein sollen, dann verwenden Sie im Textverarbeitungs-Programm alternierende Seitenränder, siehe Datei- oder Formatmenü oder Registerkarte Seitenlayout – Seite einrichten bzw. Seitenränder.

Der obere und der untere Rand sollten bei DIN A4-Papier mindestens 20 mm betragen, wenn keine Kopf- bzw. Fußzeile oder Seitenzahl auftritt. Zwischen Kopf- bzw. Fußzeile oder Seitenzahl und dem oberen bzw. unteren Rand des Papiers sollten mindestens 15 mm Rand frei bleiben. Der rechte/äußere Rand darf nicht unter 15 mm sein. Besser sind 20 mm. Der linke/innere Rand soll auf jeden Fall mindestens 25 mm groß sein. Besser sind 30 mm, damit der Text auch am Zeilenanfang gut sichtbar ist, Abb. 3.28.

Bei der Festlegung der Seitenränder ist die spätere Bindung bzw. Heftung zu berücksichtigen. Bei Verwendung von Klammerbindung, Schnellheftern, Ordnern, Plastikeffekt-Bindung (mit Plastik-Spiralen) und Wire-O-Bindung (mit Draht-Spiralen) benötigen Sie einen breiteren Innenrand als bei der Leimbindung.

Wenn der Bericht später mit dem Kopierer verkleinert werden soll (z. B. auf DIN A5), dann sind auf der DIN A4-Vorlage breitere Ränder erforderlich.

Bei der Eintragung der Seitenzahlen muss zuerst einmal nach Buch- und Berichts-Seitenzahl unterschieden werden. Bei Büchern wird die Vorder- und Rückseite der Seiten bedruckt, während bei Technischen Berichten in aller Regel nur die Vorderseite bedruckt ist. Die Seitenzahlen können bei Berichts-Seitenzählung oben mittig zum Satzspiegel, oben außen oder unten außen angeordnet werden.

Wenn die rechten und linken Seiten bedruckt sein sollen, dann ist die Seitenzahl immer außen anzubringen und es sind gerade und ungerade Kopfzeilen erforderlich. Auf der rechten Seite sind immer die ungeraden Seitenzahlen (1, 3, 5, 7 usw.).

Die Gestaltung von Kopf- und Fußzeilen soll unauffällig bleiben. Mehrzeilige Kopfzeilen – u. U. sogar mit Logo – wirken meist überladen. In der Kopfzeile können die Kapitel-Überschrift und die Seitenzahl angeordnet werden. Ein dünner Strich (Unterstreichung), ein entsprechender Abstand zum normalen Text oder eine andere Schriftart (z. B. kursiv) sowie kleinere Schrift können die Kopf- oder Fußzeile vom sonstigen Text ab-

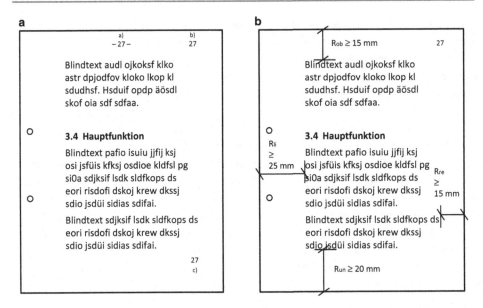

Abb. 3.28 Seitenlayout mit üblichen Stellen für die Seitenzahl (Positionen a) und b) werden empfohlen) und Mindestgröße der Seitenränder

grenzen. Wenn Sie einen dünnen Strich verwenden, dann sollte dieser am linken Textrand beginnen und am rechten Textrand enden, d. h. der dünne Strich ist genau so lang wie der Satzspiegel breit ist.

Wenn Vorder- und Rückseiten bedruckt werden und in der Kopfzeile jeweils links die Kapitel-Überschrift und rechts die Unterkapitel-Überschrift erscheinen, nennt man das lebende Kolumnentitel. Fügen Sie hierfür am Ende der Unterkapitel jeweils Abschnittswechsel ein.

In der Fußzeile können – ebenfalls durch eine dünne Linie abgetrennt – Hinweise zur Version des Dokuments und/oder Hinweise zum Copyright erscheinen.

Die obigen Musterseiten zeigen übersichtlich, wie und wo die Seitenzahlen angeordnet werden und wie die Seitenränder gewählt werden können.

Bis hierher wurden Festlegungen für Seitenränder und Kopf- bzw. Fußzeilen getroffen. Doch nun geht es daran, den Text auf der Seite durch typografische Maßnahmen zu strukturieren und zu gestalten. Solche Einstellungen beziehen sich auf jeweils einen Absatz. Deshalb spricht man auch von Absatzlayout. Das Absatzlayout kann durch die Absatzformatfunktionen bzw. durch die Verwendung der Absatz-Formatvorlagen gesteuert werden.

Zwischen zwei Absätzen steht nach DIN 5008 grundsätzlich eine Leerzeile. Wir empfehlen, den Abstand auf einen Wert von $\geq 6\,\mathrm{pt}$ einzustellen.

Für die Anordnung der Dokumentteil-Überschriften auf dem Papier gilt als Richtlinie, dass oberhalb der Überschrift zwei Leerzeilen und unterhalb davon nur eine Leerzeile verwendet werden. Auf jeden Fall soll der Abstand zum Text oberhalb der Dokumentteil-

Überschrift deutlich größer sein als der Abstand darunter, damit der Leser leichter erkennen kann, dass hier ein neuer Dokumentteil beginnt und zu welchem Dokumentteil die Überschrift gehört (siehe obige Musterseiten). Für Bildunterschriften und Tabellenüberschriften gilt dies entsprechend, siehe Abschn. 3.3.1 und 3.4.2.

Dokumentteil-Überschriften werden meist fett gesetzt. Eine größere Schriftgröße als für den Fließtext ist zu empfehlen. Je nach der Hierarchiestufe der Dokumentteil-Überschrift ergeben sich dann verschiedene Schriftgrößen.

Zwischen der Dokumentteil-Nummer und dem Dokumentteil-Titel muss nach DIN 1421 und DIN 5008 eine mindestens zwei Leerzeichen große Lücke auftreten. Bei Verwendung von automatisch erzeugten Verzeichnissen wird diese Lücke zweckmäßigerweise durch einen Tabulator erzeugt. Dann wird der Tabulator von der Dokumentteil-Überschrift im laufenden Text in das automatisch erzeugte Inhaltsverzeichnis übertragen und man kann das fertige Inhaltsverzeichnis bequemer layouten.

Bildunter- und Tabellenüberschriften werden so gestaltet, dass die Bild- oder Tabellenbezeichnung gut zu lesen ist und auffällt, weil in Querverweisen auf Bilder oder Tabellen im normalen Text diese Bezeichnungen als Suchkriterium angegeben werden. Sucht man nun das Bild/die Tabelle, auf das/die verwiesen wurde, dann springt die Information: „hier ist ein Bild/eine Tabelle" sofort ins Auge. Um die Identifizierung der Bild- bzw. Tabellennummer zu erleichtern, hat sich der Fettdruck der Bezeichnung innerhalb der Bildunter- bzw. Tabellenüberschrift (z. B. „Bild 12" bzw. „Tabelle 17") gut bewährt. Dabei wird die Bezeichnung vom Titel der Bildunter- bzw. Tabellenüberschrift durch zwei Leerzeichen oder – besser – durch einen Tabulator getrennt. Ein Doppelpunkt hinter der jeweiligen Nummer ist nicht mehr üblich. Hier je ein Beispiel für das Layout von Bildunterschriften und Tabellenüberschriften.

Bild 12 Prinzip des Unterpulverschweißens

Tabelle 17 Filterbelegung in Abhängigkeit von der Schweißposition

Mehrzeilige Bildunter- bzw. Tabellenüberschriften werden so gesetzt, dass alle Zeilen des Bild- oder Tabellentitels an einer gemeinsamen Fluchtlinie beginnen (Tabulator bzw. hängenden Einzug verwenden!).

Als Zeilenabstand ist „1 1/2-zeilig" ein guter Wert. Heute werden auch andere (kleinere) Zeilenabstände angewendet. Das Auge kann die Zeile aber bei 1 1/2-zeilig besser halten. Bei sehr umfangreichen Arbeiten kann durch diesen großen Zeilenabstand das gebundene Werk zu dick und damit zu unhandlich werden. Zur Behebung dieses Problems können die Seiten beidseitig bedruckt oder mit kleinerem Zeilenabstand gesetzt werden.

Nun einige Anmerkungen zur Textausrichtung. Normaler Text wird im Technischen Bericht entweder linksbündig oder – meistens – im Blocksatz geschrieben. Durch Blocksatz werden vertikale Linien betont. Das vergrößert die optische Wirkung von Einrückungen und Fluchtlinien. Außerdem sieht Blocksatz gefälliger aus. Bildunterschriften und Tabellenüberschriften dürfen zentriert angeordnet werden, wenn die Bilder und Tabellen ebenfalls horizontal zentriert sind. Der Titel eines kurzen Artikels (wenn kein Deckblatt vorhanden ist) darf ebenfalls zentriert angeordnet werden.

Einrückungen lassen sich auf verschiedene Weise erzeugen. Zum Beispiel bewirken nachfolgende Operationen jeweils eine Einrückung:

- Leerzeichen einfügen (ergibt jedoch bei Blocksatz keine definierte Einrückung!),
- linksbündige Tabulatoren definieren,
- linke Einzugsmarke im jeweiligen Absatz verschieben,
- Einzug definieren,
- Tabelle ohne Rahmen verwenden und die erste Spalte leer lassen.

In der Praxis gibt es oft Texte, die mit vielen verschiedenen Möglichkeiten zur Erzeugung einer Einrückung innerhalb eines Dokumentes arbeiten und sehr verschieden tiefe Einrückungen haben. Dadurch wirkt das Layout unruhig und bei Textkorrekturen muss erst ermittelt werden, mit welcher Methode die Einrückungen erzeugt worden sind. Sie sollten sich deshalb auf einige wenige Einrückungen beschränken (z. B. Tabulatoren nach 5, 10, 15, 20 und 25 mm) und diese Einrückungen dann immer auf die gleiche Weise erzeugen.

Listenstrukturen erzeugen Sie automatisch mit den beiden Schaltflächen Nummerierung und Aufzählungszeichen. Geschachtelte Listen erzeugen Sie durch zusätzliche Einrückung.

Die Auswahl der Schriftart ist ebenfalls eine sehr wichtige Entscheidung. Schriften, die der Schriftart Times ähneln, haben sich für größere Mengen Text gut bewährt. Durch die Serifen (die kleinen Striche an den Buchstabenenden) kann der Leser beim Lesen die Zeile gut halten. Seine Augen geraten beim Zeilenwechsel nicht versehentlich in die übernächste Zeile. Der Leser ist diese Schriften auch gut gewöhnt durch das Lesen von Zeitungen oder Büchern. Schriften ohne Serifen (z. B. Arial, Helvetica) können gut für Titelblätter und Overhead-Folien verwendet werden.

Die normalen Schriften sind sogenannte Proportionalschriften, sie haben einen konstanten Abstand vom Ende eines Buchstabens bis zum Beginn des nächsten. Diese Schriften sind nicht so gut geeignet für das Gestalten von Zahlen-Tabellen, bei denen es darauf ankommt, dass die Zahlen in Einer-, Zehner- Hunderter- und Tausenderspalten untereinander richtig angeordnet sind. Die Ziffer „1" ist beispielsweise schmaler als die anderen Ziffern. Hier hilft es, wenn Sie eine Schriftart mit festem Schreibschritt (z. B. Courier, Lucida Console, Monospaced) auswählen. Wenn Sie Tabellen mit solchen Schriften gestalten, dann brauchen Sie auch nicht so viel mit Tabulatoren zu arbeiten. Einfaches Einfügen von Leerzeichen genügt völlig, um Fluchtlinien für Tabellen, Aufzählungen, Gleichungen usw. zu erzeugen. Die Tabellen und Aufzählungen sind dadurch schneller und besser überschaubar. Dies gilt insbesondere für lange Tabellen und Computer-Listen.

Zur Wahl der Schriftgröße ist zu sagen, dass für die gängigen Schriften der Times-Familie als untere Grenze der Lesbarkeit etwa 9 Punkt gilt. 10, 11 oder 12 Punkt große Schrift ist gut lesbar, größer sollte die Standard-Schrift nicht sein.

Wenn der Bericht durch Verkleinern auf DIN A5 weiterbearbeitet werden soll, dann sind als Schriftgröße für den normalen Text 13 oder 14 Punkt zu empfehlen.

Texthervorhebungen können auf verschiedene Weise erzeugt werden: fett, kursiv, unterstrichen, fett und kursiv, Kapitälchen, Großbuchstaben (Versalien), jedoch auch durch Umrahmen oder Rastern (= schattieren, hinterlegen) unterschiedlich langer Textpassagen.

Diese Texthervorhebungen haben verschiedene Funktionen. Sie können Literaturstellen kennzeichnen [KLEIN, 1989, S. 151], **wichtige** Textpassagen hervorheben oder einen **un**gewöhnlichen Sinn betonen. Auch das besondere Kennzeichnen von „Fachbegriffen", das Einklammern von (Anmerkungen) oder das Einfügen – Einschub – von Gedanken dient der Hervorhebung von Wörtern oder Textpassagen. Durch die Texthervorhebung wird jedoch auch der Lesefluss gestört. Je nach der Textsorte, die Sie gerade erstellen, sollten Sie ein unterschiedliches Maß an Texthervorhebungen verwenden:

- Das klassische Buchlayout erlaubt es nur in geringem Maße, Textpassagen hervorzuheben. Wenn es sich nicht vermeiden lässt, dann darf in seltenen Fällen Kursivschrift verwendet werden.
- Werbetexte sind das andere Extrem. Sie sind darauf abgestimmt, die Aufmerksamkeit des Betrachters für sich zu gewinnen und die zu vermittelnde Botschaft „Kauf mich" möglichst tief in Herz und Hirn einzuprägen. Dabei wird geschickt die menschliche Psyche angesprochen und es werden ungewöhnliche Effekte der Text- und Bildgestaltung, neue Wortschöpfungen sowie ungewöhnliche Satzstrukturen eingesetzt, um Umsatzsteigerungen für das beworbene Produkt zu erzielen. Hier gilt: Erlaubt ist, was erfolgreich und von den Worten und Bildern her nicht anstößig ist.
- Anleitungstexte (Bedienungs-, Wartungs-, Montage- und Instandhaltungs-Anleitungen, Handbücher, Schulungs- und Seminarunterlagen usw.) arbeiten gezielt mit Texthervorhebungen zur Aufmerksamkeitssteuerung (wie das vorliegende Buch, das deshalb etwas vom klassischen Buchlayout abweicht). Texthervorhebungen nutzen die Sehgewohnheiten der Menschen aus, um wichtige Informationen so darzustellen, dass sie nicht übersehen werden. Hier gilt jedoch, dass ein Zuviel des Guten eher schädlich ist. Wenn durch das Layout zu viele Informationen als wichtig gekennzeichnet werden, dann kann der Leser nicht mehr entscheiden, welche Information denn nun wirklich die wichtigste ist. Er ist eher irritiert und frustriert.

Für Sie als Autor eines Technischen Berichts gilt es nun, ein gutes Mittelmaß zu finden. Sie müssen dabei vor allem den Auftraggeber und die Zielgruppe im Auge behalten. Die Leitfrage ist: Wie viel Kreativität und unkonventionelle Gestaltung ist angemessen?

- Sind Auftraggeber und Zielgruppe eher konservativ? Dann lieber ein schlichtes und unauffälliges Layout wählen! Fachinformation wird als viel wichtiger empfunden als funktionelle und übersichtliche Gestaltung.
- Sind Auftraggeber und Zielgruppe eher locker und unkonventionell? Dann darf der Text etwas lockerer formuliert sein, und es sind mehr Texthervorhebungen erlaubt!
- Sind Auftraggeber und Zielgruppe hochrangige Manager? Dann setzen Sie alles daran, den Text zu kürzen und wichtige Informationen in Grafiken zu präsentieren.

Außerdem ist auch wichtig, wie der Text voraussichtlich gelesen wird. Wird er wie ein Fachbuch eher sequenziell oder aber wie eine Bedienungsanleitung oder ein Lexikon eher punktuell gelesen? Bei der punktuellen Art der Informationsaufnahme durch die Leser ist es besonders wichtig, mit vielen Texthervorhebungen zu arbeiten. Außer den bereits genannten Hervorhebungen durch andere Auszeichnungen (fett, kursiv usw.) stehen folgende Möglichkeiten zur Verfügung:

- **Randnotizen (Marginalien)**
  Am Außenrand des Dokumentes erscheinen in einer eigenen Spalte Stichworte zum Textinhalt des zugehörigen Absatzes. Gut für einführende Lehrtexte.
- **Register**
  Ganz außen am Blattrand erscheinen Randmarkierungen. Dadurch können verschiedene Kapitel voneinander unterschieden werden. Gut für Nachschlagewerke und Produktkataloge: Beispiel: KLEIN, Einführung in die DIN-Normen.
- **Spaltenüberschriften**
  Wird verwendet bei alphabetisch sortierten Informationen. Am oberen Rand des Dokumentes erscheint links der erste und ggf. rechts der letzte alphabetische Eintrag der aktuellen Seite, Beispiel: Telefonbuch oder Lexikon.

Maßgebend für den Einsatz aller Maßnahmen zur Texthervorhebung sind die folgenden Fragen: Wie schnell und sicher müssen welche Informationen aufgefunden werden? Welche Suchstrategie haben die Leser? Welche Lesekonventionen kann ich bei den Lesern voraussetzen? Außerdem darf selbst ein ausgeklügeltes System der Informationslenkung niemals die folgende Grundbedingung vergessen:

▶   Damit die Leser mit den gängigen Verzeichnissen (Inhaltsverzeichnis, Stichwortverzeichnis, Bilderverzeichnis, Tabellenverzeichnis usw.) und mit den Randnotizen (Marginalien) überhaupt arbeiten können, müssen sie die dort verwendeten Wörter kennen und selbst danach suchen! Das bedeutet, dass diese Einträge Antworten sein müssen auf Fragen, die sich die Leser stellen (nicht der Autor).

Nun einige Hinweise zum Seitenumbruch. Es gibt einige Informationseinheiten, die grundsätzlich nicht durch einen Seitenumbruch (Seitenwechsel) getrennt werden dürfen:

- Eine Dokumentteil-Überschrift darf nie allein oder mit nur einer Zeile Text auf der alten Seite stehen bleiben.
- Eine einzelne Zeile eines Absatzes darf weder auf der alten noch auf der neuen Seite allein auftreten, es sei denn, der Absatz besteht nur aus einer Zeile.
- Eine Tabellenüberschrift und die zugehörige Tabelle dürfen nicht durch einen Seitenumbruch voneinander getrennt werden. Auch die einzelnen Zeilen einer Tabelle dürfen nicht einfach durchgeschnitten werden. In diesem Fall ist die Tabelle auf der nächsten Seite mit der gleichen Tabellenüberschrift und einem Fortsetzungsvermerk

zu versehen. Alternativ kann ein Textabsatz, der nach der Tabelle stand, nach vorn verschoben werden und umgekehrt.

- Dies gilt auch für Bilder und Bildunterschriften.

Bilder sollen möglichst auf der gleichen Seite wie der zugehörige Text oder allenfalls auf der folgenden Seite stehen, damit die Bildinformation textnah dargeboten wird. Dies verbessert den Text-Bild-Bezug und erhöht die Verständlichkeit des Technischen Berichts.

Wenn Sie ein Bild jedoch unter keinen Umständen auf der nächsten Seite haben wollen, dann bleibt Ihnen nur das Kürzen von Text, das Verschieben eines Textabsatzes hinter das Bild, das Verwenden kleinerer Leerzeilen (z. B. 10 Punkt statt 12 Punkt) oder die Verwendung der Funktion Format – Absatz – Abstand nach (einem Absatz).

Am Ende eines Kapitels ist die letzte Seite vor der nächsten Kapitel-Überschrift oft nicht ganz gefüllt. Wenn in diesem Fall auf der letzten Seite des vorhergehenden Dokumentteils die Seite mindestens zu 1/3 mit Informationen gefüllt ist, dann kann das so bleiben. Andernfalls können auch einige Absätze von einer Datei in die andere verschoben werden, damit der Seitenumbruch besser passt.

Grundsätzlich steigt die Übersichtlichkeit, wenn ein Kapitel jeweils auf einer neuen Seite beginnt. Bei doppelseitig bedruckten Dokumenten wird es teilweise so gehandhabt, dass ein neues Kapitel jeweils nur auf einer rechten Seite mit einer ungeraden Seitenzahl beginnen darf. Dadurch kann die letzte Seite des vorherigen Kapitels – eine linke Seite – leer bleiben. Im Technischen Bericht wird jedoch überwiegend mit der Berichtsseitenzählung gearbeitet, bei der die Blattrückseiten nicht bedruckt werden. In diesem Fall ist es am besten, wenn jedes Kapitel auf einer neuen Seite beginnt.

Auch der Zeilenumbruch kann gezielt beeinflusst werden. Der Begriff Zeilenumbruch umfasst sämtliche Eingriffe eines Autors, die einen neuen Zeilenbeginn hervorrufen. Bei Dokumentteil-Überschriften, Bildunterschriften und Tabellenüberschriften kann es z. B. unerwünscht sein, dass ein Wort automatisch getrennt wird. Dann kann durch die Tastenkombination Umschalt- + Eingabetaste eine neue Zeile erzwungen werden. Auch bei Aufzählungen mit Leitzeichen kann es sinnvoll sein, auf diese Weise eine neue Zeile zu erzwingen, damit der Leser die Informationen in ganz bestimmten Informationsblöcken aufnimmt.

Falls Blocksatz eingestellt ist, setzen Sie vor den erzwungenen Zeilenumbruch ein Tabulatorzeichen, damit die letzte Zeile vor dem Zeilenumbruch linksbündig ist und unschöne Lücken zwischen den Worten vermieden werden. Bei Darstellung nicht druckbarer Zeichen (¶) sieht das so aus: → ↵.

Im Fließtext ist unter Zeilenumbruch vor allen Dingen das Einfügen von Trennvorschlägen zu verstehen, wenn die automatische Silbentrennung unerwünschte oder falsche Trennfugen gesetzt hat oder wenn durch fehlende automatische Trennung sehr große Lücken zwischen den Wörtern (im Extremfall sogar zwischen den einzelnen Buchstaben) entstanden sind. Um die Silbentrennung zu beeinflussen, gibt es spezielle Sonderzeichen. Zu diesen Sonderzeichen gehören das geschützte Leerzeichen, der geschützte Bindestrich und der bedingte Trennstrich.

Das geschützte Leerzeichen wird beispielsweise zwischen den Komponenten einer mehrteiligen Abkürzung oder zwischen abgekürzten akademischen Titeln und Nachnamen verwendet. Es erzeugt einen festen Wortabstand, der bei Blocksatz ggf. kleiner als zwischen normalen Wörtern ist. Außerdem behindert das geschützte Leerzeichen den automatischen Zeilenumbruch, so dass Abkürzungen wie i. Allg., i. w. S., z. T., Namen wie Dr. Meier, Bild- oder Tabellenbezeichnungen wie Bild 26 sowie Maßzahl und Maßeinheit wie 30 °C, 475 MPa usw. nicht getrennt werden, sondern ggf. zusammen auf der neuen Zeile stehen.

Der geschützte Bindestrich soll – ähnlich wie das geschützte Leerzeichen – eine Trennung verhindern. Er wird verwendet bei Zusammensetzungen von einem Buchstaben und einem Wort, z. B. U-Bahn, E-Lok, I-Profil usw.

Falls Sie Trennstriche eingeben wollen, dann verwenden Sie besser bedingte Trennstriche. Wenn Sie stattdessen normale Trennstriche (Minus in der normalen Tastatur) anwenden und später Texteinfügungen oder Textlöschungen durchführen, dann erscheinen die Trennstriche irgendwo in der Zeile, was dann wieder korrigiert werden müsste, aber oft vergessen bzw. übersehen wird. Sehen Sie sich in diesem Zusammenhang einmal Zeitungen und Zeitschriften aufmerksam an. Dort tritt dieser Fehler ebenfalls häufig auf.

Manchmal treten zusammengesetzte Wörter auf, die sich durch Einfügen eines Bindestrichs an logisch passender Stelle gliedern lassen, wodurch die Lesbarkeit und Verständlichkeit Ihres Textes steigt. Das Gliedern durch Bindestrich sollte bei zusammengesetzten Wörtern aus drei und mehr Einzelworten geprüft werden. Verwenden Sie derartige Schreibweisen aber durchgängig im gesamten Technischen Bericht (Berichts-Leitfaden!). Beispiel: „Gummiblockzahnriemen" wird zu „Gummiblock-Zahnriemen".

Beim Editieren wundert man sich gelegentlich über Automatismen. Sie sollen helfen, gängige Fehler zu vermeiden, aber manchmal sind sie sehr lästig. Wenn Ihnen so etwas geschieht, schauen Sie in den AutoKorrektur-Optionen Ihrer Textverarbeitung nach. In der AutoKorrektur-Tabelle können Sie übrigens unerwünschte Einträge löschen und Ihre eigenen, typischen Tippfehler nachtragen, wenn sie automatisch korrigiert werden sollen. Interessant sind auch die Einstellungen bzgl. „Kompatibilität" und „Rechtschreibung und Grammatik". Lesen Sie dort genau nach. Meist gibt es für die unerwünschten Effekte eine Option, die man umschalten kann, um auch einmal anders als mit den Standardeinstellungen zu schreiben.

Es ist generell zu empfehlen, größere Dokumente mit Formatvorlagen zu formatieren an Stelle von individuellen Zuweisungen für jeden Absatz. Dies betrifft alle wiederkehrenden Layout-Muster wie Dokumentteil- und Tabellenüberschriften, Bildunterschriften, aber auch Aufzählungen, Kennzeichnung von Zitaten usw. Einrückungen sollten nicht mit Leerzeichen, sondern mit Tabulatoren oder Einzügen gestaltet werden. Eine solche Vorgehensweise spart Arbeit und sichert ein einheitliches Layout. Auch automatische Querverweise sparen Arbeit.

3.8   Die Fertigstellung des Technischen Berichts

Die Phase „Fertigstellung des Technischen Berichts" besteht aus den Tätigkeiten Korrekturlesen, Korrekturen eingeben, Kopieroriginale erstellen, Endcheck sowie Bericht kopieren, binden und verteilen bzw. PDF-Datei erzeugen und in einem Datennetz veröffentlichen. Spätestens vor dem letzten Korrekturlesen sollten Sie mit Ihrem Copy-Shop oder der Druckerei abstimmen, ob Sie die Daten digital bereitstellen oder ob die Papieroriginale kopiert werden sollen. Beim Digitaldruck ist es evtl. nötig, dass Sie einen speziellen Druckertreiber verwenden. Dadurch verschiebt sich oft der Zeilenumbruch.

3.8.1   Die Berichts-Checkliste sichert Qualität und Vollständigkeit

Diese Phase ist meist durch großen Zeitdruck geprägt. Um trotz des Zeitdrucks in dieser Phase möglichst viele Fehler, die sich eingeschlichen haben, noch zu finden, haben wir aus unserer Erfahrung die folgende Berichts-Checkliste entwickelt, die Sie bei allen Tätigkeiten der Phase „Fertigstellung des Technischen Berichts" begleiten soll. Wenn Sie alle darin enthaltenen Punkte in Ihrem Technischen Bericht überprüfen und ggf. korrigieren, dann ist eine hohe Sicherheit gegeben, dass die häufigen Fehler nicht mehr enthalten sind. Es wird deshalb nachdrücklich empfohlen, den eigenen Technischen Bericht mit der Berichts-Checkliste zu überprüfen. Die so sicher gestellte Qualität lässt sich ohne Anwendung der Berichts-Checkliste kaum erreichen.

Berichts-Checkliste

Inhaltsverzeichnis:

- Überschrift „Inhalt" (entsprechend DIN 1421)?
- Seitenzahlen vorhanden? Nur Beginnseite des jeweiligen Dokumentteils?
- Seitenzahlen im Inhaltsverzeichnis rechtsbündig?
- Dokumentteil-Nummer, Dokumentteil-Überschrift und Seitenzahl eines Dokumentteils müssen vorn und hinten übereinstimmen!
- Ist das automatisch erzeugte Inhaltsverzeichnis auf den letzten Stand gebracht worden?

Inhalt:

- Die Namen der Teilfunktionen müssen bei der verbalen Bewertung und im Morphologischen Kasten und an allen anderen Stellen im Technischen Bericht in Anzahl, Benennung und Reihenfolge übereinstimmen.
- Sätze vom Inhalt her fiktiv reduzieren zwecks Kontrolle auf Logik, d. h. Nebensätze und Einschübe fiktiv weglassen. Ergibt sich noch ein vollständiger Satz?

Besondere Schreibweisen:

- Ist Blocksatz eingeschaltet worden?
- Ist automatische Trennung eingeschaltet worden?
- Erstreckungszeichen zwischen zwei Zahlen ist „bis" oder „–" (nach DIN 5008).
- Kein Leerzeichen vor Punkt, Doppelpunkt, Komma, Semikolon, Ausrufe-/ Fragezeichen.
- Stets linksbündigen Tabulator zwischen Leitzeichen und Sachaussage anordnen.
- Leitzeichen auf den verschiedenen Hierarchiestufen überall einheitlich verwendet?
- Zwischen Maßzahl und Maßeinheit steht immer ein Leerzeichen.
- Vor und hinter Rechen- und Vergleichsoperatoren $(+, –, x, :, <, >, =$ usw.) steht immer jeweils ein Leerzeichen. Die Vorzeichen $+$ und $–$ werden ohne Leerzeichen an den zugehörigen Zahlenwert angeschlossen.
- Für alle Arten von Klammern, d. h. für (...), [...], /.../, {...} sowie für <...> gilt: Der Text wird von den Klammern direkt ohne Leerzeichen umschlossen. Dasselbe gilt für ganze und halbe Anführungszeichen.

Bilder und Tabellen:

- Bilder haben eine Bildunterschrift, Tabellen haben eine Tabellenüberschrift.
- Zu dünne Linien (Strichstärke ¼ Punkt) wegen Problemen beim Kopieren eher vermeiden.
- Bildunterschriften und Tabellenüberschriften beginnen stets mit einem Großbuchstaben (auch bei Adjektiven usw.).
- Adjektive in Tabellen und Anforderungslisten einheitlich klein schreiben (mögliche Ausnahmen: Kopfzeile und Führungsspalte).

Technische Zeichnungen:

- Ist das Schriftfeld vollständig ausgefüllt?
- Einzelteil-Zeichnungen: Lässt sich das Teil herstellen? Sind alle für die Herstellung erforderlichen Maße vorhanden?
- Zusammenbau-Zeichnungen: Lässt sich alles montieren? Sind alle erforderlichen Anschlussmaße eingetragen?

Literaturarbeit:

- Bibliografische Angaben zu zitierter Literatur und Angaben zum Fundort in der Bibliothek am besten gleich nach dem Kopieren zweckmäßigerweise auf die jeweils erste Seite zusammenhängender Seiten schreiben. Diese Angaben vor Rückgabe der Literatur in der Bibliothek noch einmal überprüfen.
- Bibliografische Angaben im Literaturverzeichnis auf Vollständigkeit überprüfen.

Zeilenformatierung:

- Automatische Silbentrennung auf Richtigkeit überprüfen.
- Bei zu großen Lücken zwischen den Wörtern (Blocksatz) [oder zu stark flatterndem Rand (Flattersatz)] ggf. Trennvorschläge von Hand einfügen.
- Nach Trennung möglichst nicht eine Silbe allein auf einer Zeile stehen lassen.

Seitenformatierung:

- Dokumentteil-Überschrift unten auf der Seite und nachfolgender Text auf der nächsten Seite geht nicht.
- Eine Zeile allein am Seitenende oder Seitenbeginn soll nicht sein.
- Das Querformat muss vom Hochformat aus durch eine 90°-Drehung im Uhrzeigersinn erreicht werden (dann ist der Heftrand oben).

Sonstiges:

- Im Text vorhandene Hinweise auf Dokumentteil-Nummern, Bildnummern, Tabellennummern, Seitenzahlen, Überschriften usw. auf Richtigkeit überprüfen und mit dem Inhalts-, Abbildungs-, Tabellenverzeichnis usw. vergleichen
- Ausklapptafeln so falten, dass sie beim Beschneiden nicht auseinander fallen.

Fertigstellung des Technischen Berichts:

- Ausreichend Zeit für Korrekturlesen und Endcheck einplanen, Endcheck durchführen!
- In jeder Datei Felder und automatisch erzeugte Verzeichnisse aktualisieren.
- Sind automatisch erzeugte Verzeichnisse und Querverweise auf dem letzten Stand?
- Beim Korrekturlesen Verweise auf Bilder und Tabellen kontrollieren.
- Kopien, die Fototaste erfordern, nicht im Stapel verarbeiten.
- Aufzuklebende Bilder gerade und rechtwinklig beschneiden und mit Zeichenplatte und Lineal aufkleben.
- Neuen Hefter bzw. Ordner verwenden.

3.8.2 Korrekturlesen und Korrekturzeichen nach DIN 16 511

Beim abschließenden Korrekturlesen, siehe Abb. 3.29, sollen alle noch im Bericht vorhandenen Fehler gefunden werden. Folgende Fehlerarten treten selbst in diesem späten Stadium der Ausarbeitung des Technischen Berichts fast immer noch auf: falsche Wortwahl bzw. falsche Vokabeln (bei fremdsprachigen Texten), Rechtschreibfehler, Zeichensetzungsfehler, Grammatikfehler, Stilfehler, inhaltliche Wiederholungen, Fehler im logischen Gedankenfluss, Layout-Fehler sowie sonstige Fehler (Lesbarkeit, mangelhafte Absprachen mit der Schreibkraft).

Wenn Sie sich gut konzentrieren können, dann erledigen Sie die Fehlersuche in einem einzigen Durchgang. Ansonsten fassen Sie mehrere Fehlerarten, auf die Sie sich konzentrieren wollen, in Gruppen zusammen und lesen Sie in mehreren Durchgängen Korrektur. Für alle Fehlerarten gilt, dass Sie sie auf Papier deutlich besser finden als auf dem Bildschirm. Auf Papier ist die Schrift schärfer und die Augen können die Schrift aufgrund der angenehmeren Kontraste entspannter betrachten. Außerdem können Sie auf einer Sei-

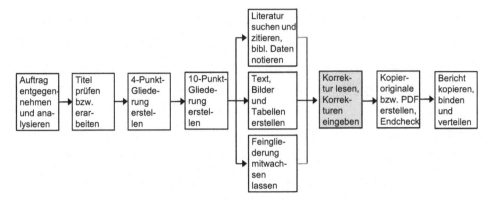

Abb. 3.29 Netzplan für das Erstellen Technischer Berichte: Korrekturlesen

te Papier viel mehr Informationen zusammenhängend lesen als auf einer Bildschirmseite und Sie können viel besser vorwärts und rückwärts blättern. Dadurch wird die Suche nach inhaltlichen Wiederholungen und logischen Fehlern stark erleichtert. Übertragen Sie Korrekturen vom Papier möglichst bald in Ihre entsprechenden Textdateien!

Während des Eingebens von Korrekturen bzw. beim Lesen am Bildschirm finden Sie oft noch offene Probleme. Gewöhnen Sie sich deshalb spezielle Vermerke an für Dinge, die Sie später noch kontrollieren wollen, bevor der Endausdruck erstellt wird; die im Moment aber den Arbeitsfluss zu sehr unterbrechen würden. Verwenden Sie z. B. die Suchmarkierung „###", die an der entsprechenden Stelle in die Datei eingetragen wird. Sie können diese Suchmarkierung auch mit Abkürzungen ergänzen. Beispiele: „###Rs" = Rechtschreibung/Wörterbuch/DUDEN, „###Lit" = Literaturzitat oder bibliografische Angaben noch einmal prüfen, „###Lex" = Bedeutung unklar (in Fachlexikon oder Fachbuch nachschlagen), „###eS" = einleitender oder überleitender Satz u. ä.

▶   Notieren Sie alle verbliebenen notwendigen Arbeiten am besten sofort in Ihrer
     To-do-Liste, damit Sie diese Ideen nicht vergessen.

Beim Korrekturlesen wird auch das Layout überprüft. Bilder und Tabellen dürfen nicht getrennt bzw. zerschnitten werden, soweit sie nicht ohnehin über mehrere Seiten gehen. Die Bildunterschriften und Tabellenüberschriften müssen auf den gleichen Seiten stehen, wo sich auch die Bilder bzw. Tabellen befinden. Wenn Absätze getrennt werden müssen, dann darf nicht eine Zeile allein oben oder unten auf der Seite stehen bleiben. Auch darf eine Dokumentteil-Überschrift nicht vom ersten Absatz des zugehörigen Abschnitts getrennt werden.

Da sich die Seitenzahlen durch Umformatierungen bis zuletzt ändern können, werden die Seitenzahlen im von Hand erzeugten Inhaltsverzeichnis als letzte eingetragen bzw. das automatisch erzeugte Inhaltsverzeichnis zum Schluss noch einmal aktualisiert. Das gilt auch für das Abbildungs-, das Tabellenverzeichnis usw. Die Kopieroriginale des Inhaltsverzeichnisses und der anderen Verzeichnisse werden deshalb als letzte Kopieroriginale ausgedruckt. Vor dem Beginn des Kopierens werden dann noch einmal alle Verweise auf andere Dokumentteile und alle Seitenzahlen der Dokumentteil-Überschriften in allen vorher ausgedruckten Kopieroriginalseiten mit dem Inhaltsverzeichnis verglichen und überprüft.

Korrekturen sollten Sie immer in Rot eintragen, z. B. mit einem dünnen Faserschreiber oder Kugelschreiber. Dies deshalb, weil Sie dann Ihre eigenen Korrekturen beim Eingeben in den Computer viel deutlicher erkennen können, als wenn Sie z. B. Korrekturen mit Bleistift oder blauem bzw. schwarzem Kugelschreiber vornehmen. Wenn Sie eine Korrektur eingearbeitet haben, dann sollten Sie ein Lineal auf der Seite nach unten schieben bis zu der Stelle, an der Sie die nächste Korrektur einarbeiten wollen. Sie können die Korrekturen auch mit einem andersfarbigen Stift abhaken oder durchstreichen.

Korrekturzeichen sind besonders wichtig, wenn der Ersteller des Technischen Berichts die Korrekturen auf dem Papier einträgt und jemand anderes die Korrekturen in die jeweiligen Dateien einarbeitet. Die genormten Korrekturzeichen finden Sie in DIN 16 511 „Korrekturzeichen", im Rechtschreib-DUDEN und im Internet. Wir empfehlen hier eine sinnvolle Auswahl an Korrekturzeichen mit gleichzeitiger Vereinfachung, Abb. 3.30.

▶   Das Zeichen für Leerzeile einfügen „>" kann noch ergänzt werden mit „eS>" für einen einleitenden/überleitenden Satz, mit „SW>" für einen Seitenwechsel, mit „+>" für mehr senkrechten Abstand und mit „–>" für weniger senkrechten Abstand.

Das hier vorgestellte vereinfachte System von Korrekturzeichen können Sie durch einfaches Durchlesen lernen und sofort anwenden, da alle Zeichen in sich logisch und deshalb gedanklich leicht ableitbar sind. Diese Korrekturzeichen haben sich in der Praxis sehr gut bewährt.

Außer diesen Korrekturzeichen können Sie auch Bearbeitungsvermerke verwenden, die später noch abgearbeitet werden sollen. Während der Phase „Korrekturlesen" werden Sie sicher die noch vorhandenen „###"-Markierungen im laufenden Text durch entsprechende Korrekturen abarbeiten und dann die Markierungen löschen sowie die Texte vom Stil her überarbeiten. Dennoch kommt es vor, dass einige Dinge sich immer noch nicht klären lassen, z. B. weil spezielle Fachbücher oder Lexika erst beim nächsten Bibliotheksbesuch eingesehen werden können.

Strukturieren Sie die Phase Einarbeiten der Korrekturen wie folgt:

• Kennzeichnen Sie im Korrekturausdruck am linken Rand – möglichst mit einem auffallenden Schreiber oder Textmarker die Zeilen, in denen die bereits genannten Vermerke „###Rs", „###Lit", „###Lex" und „###eS" vorkommen, tragen Sie zusätzlich am Rand entsprechende Hinweise ein, z. B. in welchem Buch Sie die betreffende Stelle noch einmal nachlesen wollen. Durch diese Hervorhebungen können Sie die Bearbeitungsvermerke in der durch Zeitdruck gekennzeichneten Endphase schnell wiederfinden.

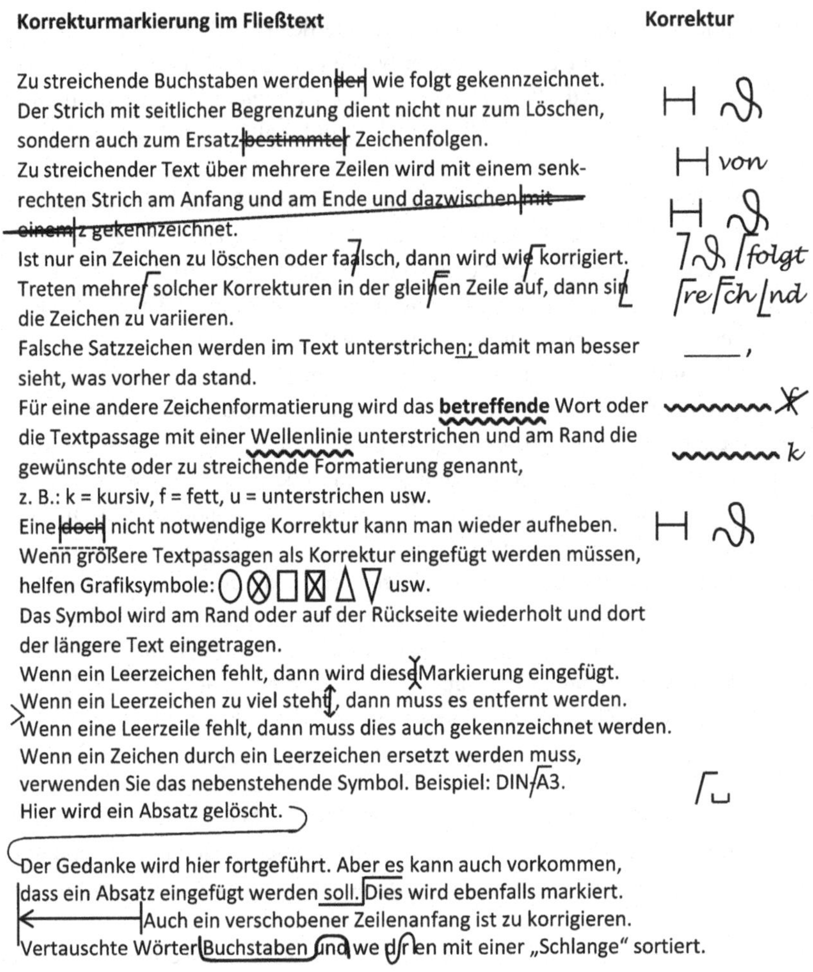

Korrekturmarkierung im Fließtext   **Korrektur**

Zu streichende Buchstaben werden~~der~~ wie folgt gekennzeichnet.
Der Strich mit seitlicher Begrenzung dient nicht nur zum Löschen,
sondern auch zum Ersatz ~~bestimmter~~ Zeichenfolgen.
Zu streichender Text über mehrere Zeilen wird mit einem senkrechten Strich am Anfang und am Ende und dazwischen ~~mit~~
~~einem~~ z gekennzeichnet.
Ist nur ein Zeichen zu löschen oder faalsch, dann wird wie korrigiert.
Treten mehre solcher Korrekturen in der gleihen Zeile auf, dann sin
die Zeichen zu variieren.
Falsche Satzzeichen werden im Text unterstrichen; damit man besser
sieht, was vorher da stand.
Für eine andere Zeichenformatierung wird das **betreffende** Wort oder
die Textpassage mit einer Wellenlinie unterstrichen und am Rand die
gewünschte oder zu streichende Formatierung genannt,
z. B.: k = kursiv, f = fett, u = unterstrichen usw.
Eine ~~doch~~ nicht notwendige Korrektur kann man wieder aufheben.
Wenn größere Textpassagen als Korrektur eingefügt werden müssen,
helfen Grafiksymbole: ◯ ⊗ ▢ ⊠ △ ▽ usw.
Das Symbol wird am Rand oder auf der Rückseite wiederholt und dort
der längere Text eingetragen.
Wenn ein Leerzeichen fehlt, dann wird diese Markierung eingefügt.
Wenn ein Leerzeichen zu viel steht, dann muss es entfernt werden.
Wenn eine Leerzeile fehlt, dann muss dies auch gekennzeichnet werden.
Wenn ein Zeichen durch ein Leerzeichen ersetzt werden muss,
verwenden Sie das nebenstehende Symbol. Beispiel: DIN A3.
Hier wird ein Absatz gelöscht.

Der Gedanke wird hier fortgeführt. Aber es kann auch vorkommen,
dass ein Absatz eingefügt werden soll. Dies wird ebenfalls markiert.
Auch ein verschobener Zeilenanfang ist zu korrigieren.
Vertauschte Wörter Buchstaben und we d r en mit einer „Schlange" sortiert.

Abb. 3.30 Vereinfachtes System von Korrekturzeichen nach DIN 16 511

- Streichen Sie die senkrechten Striche am linken Rand durch, wenn die Korrektur in die zugehörige Datei eingetragen ist, möglichst mit andersfarbigem Stift, z. B. in grün.
- Notwendige Arbeiten sollten Sie nach Kategorien geordnet in eine Datei als To-do-Liste übertragen und ausdrucken, abgearbeitete Punkte in der Liste streichen, dies in Ihrer Datei nachtragen usw.
- Bearbeiten Sie die letzten Punkte Ihrer To-do-Liste oder klären Sie mit Ihrem Auftraggeber oder Betreuer ab, dass die letzten Änderungen nun doch nicht mehr nötig sind.

Lassen Sie den Technischen Bericht möglichst auch von anderen Personen lesen. Man selbst wird nach einigen Wochen bzw. nach häufigem Lesen der eigenen Texte „betriebsblind" gegenüber den eigenen Formulierungen. Hier kommen folgende Personen in Be-

tracht: Vater/Mutter, Partner, Freund/Freundin, Kommilitonen, Betreuer, Professor, Auftraggeber usw. Sie sollten mindestens eine der beiden folgenden Qualifikationen mitbrin-
gen:

- Fachmann für das Projekt/Spezialist und
- Fachmann für Rechtschreibung bzw. Fremdsprachen/Generalist.

Für den anderen Bereich sollte dann ggf. eine andere Person Korrekturlesen.

▶ Wenn Sie die Korrekturen eingearbeitet haben, räumen Sie die alten Blätter auf.
Zu viele Textversionen geraten oft durcheinander. Sie sollten nur die letzte Kor-
rekturversion behalten und nach dem Erstellen des Endausdrucks gleich weg-
werfen.

Wenn Sie die letzte Korrektur eingearbeitet haben, wenn keine unerledigten Bearbeitungsvermerke mehr offen sind und wenn Sie kurz vor der Erstellung des Endausdrucks sind,
dann kontrollieren Sie den Zeilenumbruch noch einmal am Bildschirm! Es passiert oft,
dass durch Textänderungen Trennstriche mitten im Text erscheinen, oder dass das Setzen
der Trennfugen vergessen wird und der Blocksatz unschöne Lücken zwischen einzelnen
Worten hervorruft. Legen Sie fest, ob Ihre Textverarbeitung automatisch oder halbau-
tomatisch (Trennvorschläge) trennen soll. Automatisches Trennen führt gelegentlich zu
Fehlern.

Außerdem sollten Sie die Funktion Seitenvorschau mit einem Zoomfaktor verwenden,
bei dem Sie jeweils die ganze Seite sehen können, um den Seitenumbruch und das Layout
noch einmal zu überprüfen. Bilder und Tabellen dürfen nicht an den falschen Stellen vom
Seitenwechsel durchschnitten werden. Die Abstände vor und nach Formeln, Beispielen,
Bildunterschriften, Tabellenüberschriften usw. sollen möglichst einheitlich sein. Der jeweilige Titel soll nahe bei dem Objekt (z. B. Tabelle, Bild) angeordnet sein, auf das er
sich bezieht. Der restliche Text hat deutlich größeren Abstand. Wenn Sie nun auch Zeilen-
und Seitenumbruch optimiert haben, dann ist der Text fertig für den Endausdruck.

3.8.3 Endausdruck, Erstellung der Kopieroriginale und Endcheck

Der Text, die Tabellen und Bilder sind nun fertig gestellt. Sie haben die Entwürfe korrek-
turgelesen und sie ggf. auch anderen zum Korrekturlesen gegeben. Die Korrekturen sind
eingearbeitet und der Endausdruck könnte nun eigentlich beginnen.

Doch bevor Sie damit beginnen, sollten Sie bei Ihrem Copy-Shop anrufen und Ihren
Kopierauftrag avisieren. Kündigen Sie an, wie viele Kopien der Auftrag etwa umfassen
wird und wann Sie mit den Originalen vorbeikommen können. Außerdem sollten Sie
fragen, wie lange es dauert, die Bindung herzustellen (Kalt-Leimbindungen brauchen
$\geq$ 1 Tag Zeit zum Trocknen). Wenn Sie für größere Arbeiten bzw. hohe Auflagen das

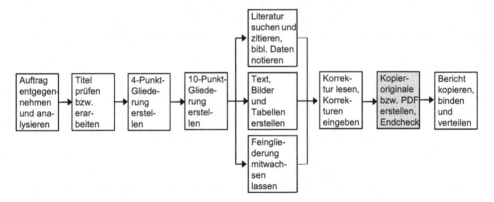

Abb. 3.31 Netzplan für das Erstellen Technischer Berichte: Kopieroriginale bzw. PDF erstellen und Endcheck

Kopieren mit dem Copy-Shop geklärt haben, dann können Sie mit dem Erstellen der Kopieroriginale beginnen. Im Netzplan ist dies die vorletzte Phase der Erstellung des Technischen Berichts, Abb. 3.31.

Während für Entwürfe nahezu jedes beliebige Papier verwendet werden kann, kommt es beim Endausdruck darauf an, möglichst hochwertige Kopieroriginale zu erhalten. Hochwertig bedeutet hier, dass die Kopieroriginale möglichst kontrastreich erstellt werden. Das heißt zunächst, dass das Druckerpapier möglichst rein weiß sein soll. Das gilt auch für Bilder, die aus einer anderen Quelle herauskopiert und in den eigenen Bericht übernommen werden sollen. Das Papier darf auch nicht durchscheinen. Daher verwenden Sie am besten Papier mit einem Flächengewicht von 80 g/m^2.

Für Tintenstrahldrucker sollten Sie möglichst glattes Papier verwenden, eventuell auch Spezialpapier. Wenn Sie einige kopierte Seiten mit in den Bericht integrieren wollen oder kopierte Bilder aufkleben wollen, dann sollten Sie auch dafür dasselbe Papier verwenden. Füllen Sie den Kopierer also ggf. mit Ihrem eigenen Papier. Verwenden Sie auf keinen Fall in Ihrem Drucker rein weißes Papier und im Kopierer Umweltschutz- oder Recyclingpapier. Sonst entsteht ein vermeidbarer uneinheitlicher Eindruck. Farbkopien dürfen auf anderem Papier vorliegen, da Sie hier die Papierqualität normalerweise nicht beeinflussen können.

Selbstgezeichnete Bilder (Freihandzeichnungen oder mit Linealen und Schablonen gezeichnet) wirken besonders schön und kontrastreich, wenn sie größer gezeichnet und anschließend mit dem Kopierer verkleinert werden. Kleine Unregelmäßigkeiten und Patzer verschwinden dabei. Die Linien werden viel schärfer.

Das manuelle Zeichnen nimmt in seiner Bedeutung zwar ab, aber es hat gegenüber dem Einsatz von Grafik- und CAD-Programmen noch immer einen gewissen Stellenwert. Die Phasen „kreatives Skizzieren" und „ins Reine Zeichnen" schließen sich beim Zeichnen von Hand mit Druckbleistift nahtlos aneinander an und man kann leicht und schnell radieren. Der Kopierer holt bei richtig weißem Papier und bei entsprechender Einstellung zusätzliche Schwärze heraus. Speziell wenn Sie gegen Ende Ihres Projektes in Zeitnot kommen, sollten Sie diese Alternative ernsthaft in Erwägung ziehen.

Wenn kopierte oder ausgeschnittene Bilder bzw. Tabellen aufgeklebt werden sollen, verwenden Sie bitte immer Zeichenplatte und Lineal. Spannen Sie das Blatt ein, und richten Sie den Blattrand aus. Dann legen Sie das Bild lose auf. Entscheiden Sie sich, ob die Bilder linksbündig oder zentriert oder regelmäßig um einige Zentimeter eingerückt werden sollen. Prägen Sie sich die ungefähre Bildposition ein. Bestreichen Sie dann das Bild sparsam mit Klebstoff, und kleben Sie es auf. Mit dem Lineal können Sie nun kontrollieren, ob das Bild gerade ist. Wenn nicht, dann verschieben Sie es vorsichtig. Bewährt hat sich (Pritt-)Klebestift. Er hat gegenüber Alleskleber den Vorteil, dass man die Bilder notfalls mit einem Messer wieder abheben kann, um Sie neu auszurichten oder in anderem Zusammenhang nochmals zu verwenden.

Der Montagekleber „Fixogum" hat den Vorteil, dass man die Bilder sehr gut wieder abheben kann. Sogar Zeitungspapier lässt sich wieder ablösen. Dieser Kleber hat aber den Nachteil, dass sich nach vier bis fünf Jahren alle aufgeklebten Bilder von ihrer Unterlage lösen, und das Papier an den Klebstoffflecken dunkelgelb wird!

Transparentpapier hat den Nachteil, dass der Kleber durchscheint (evtl. Bild oder Zeichnung von Transparentpapier auf reinweißes Papier kopieren und dies dann einkleben).

Beim Kopieren sind die Kanten der aufgeklebten Bilder eventuell sichtbar, dann haben Sie zwei Möglichkeiten: Ändern Sie den Kontrast am Kopierer oder – wenn die Kopien nicht mehr heller werden dürfen – decken Sie die Kanten auf dem Kopieroriginal mit Korrekturflüssigkeit ab. Sie können aber auch eine gute, kräftig geschwärzte Kopie erstellen und dort die unerwünschten Kanten mit Korrekturflüssigkeit abdecken. Die so bearbeitete Kopie wird nun zum neuen Kopieroriginal.

Für das Zeichnen von Bildern, für sämtliche Beschriftungen, die Sie von Hand vornehmen wollen, und für die farbige Hervorhebung von Informationen (z. B. Kennzeichnung der Varianten im Morphologischen Kasten, farbige Unterstreichungen usw.) gelten einige Regeln bei der Auswahl der Zeichenstifte, soweit nicht der Farbtintenstrahl-Drucker verwendet wird.

Filz- und Faserschreiber färben das Papier im Allgemeinen durch. Besser sind Textmarker, Bleistift, Buntstift, Kugelschreiber und farbige Tusche. Kugelschreiber „spucken" aber oft (besonders vor dem Leerwerden der Mine) und erzeugen am Anfang und Ende der Linie teilweise dicke Kleckse, die nur sehr langsam trocknen und daher leicht verwischt werden.

Auch nachgefüllte Textmarker spucken oft! Tuscheschreiber erzeugen zwar die akkuratesten Ergebnisse; da man aber zwischendurch immer warten muss, bis die Tusche getrocknet ist, erfordern Sie viel Geduld.

Tintenkugelschreiber und Fineliner sind angenehm in der Handhabung und liefern ein sauberes Ergebnis. Probieren Sie die Stifte aber auf Schmierpapier aus, bevor Sie damit ins Reine zeichnen oder schreiben!

Die Farben Gelb, Hellbraun, Hellgrün, Hellblau usw. sind mit Schwarz-Weiß-Kopierern schlecht kopierbar. Sie werden in der Kopie entweder ignoriert oder hellgrau abgebildet. Die Farben Dunkelblau, Dunkelgrün, Rot usw. lassen sich gut kopieren. Sie werden dunkelgrau bis schwarz abgebildet.

Wenn nur das Original des Technischen Berichts farbige Hervorhebungen erhalten soll, dann arbeiten Sie mit kräftigen Farben und unterschiedlichen Linienarten. Auf den kopierten Exemplaren sind dann die unterschiedlichen schwarzen Linienarten gut unterscheidbar.

Wenn Sie Beschriftungstexte in Bilder einkleben wollen, lassen Sie mindestens zwei Leerzeilen auf Ihrem Papierausdruck Platz. Dann schneiden Sie die Beschriftungen aus und kleben Sie sie auf. Gehen Sie dabei genauso vor, wie es weiter vorn für das Aufkleben von Bildern beschrieben ist. Verwenden Sie beim Aufkleben von Beschriftungen auf jeden Fall Klebestifte. Flüssigklebstoffe fließen seitlich an den schmalen Papierstreifen heraus. Überschüssiger, nicht rechtzeitig entfernter Klebstoff klebt dann die Kopieroriginale zusammen oder er ist auf den Kopien zu sehen.

Bilder und Tabellen können auch größer als DIN A4 sein. Dies nennt man „Ausklapptafel". Bereiten Sie für ein derartiges Bild eine leere Seite als Kopieroriginal vor („Trägerseite"). Auf dieser Trägerseite erscheint eine ganz normale Kopfzeile mit einer fortlaufenden Seitennummer und die Bildunterschrift oder Tabellenüberschrift. Das Bild oder die Tabelle werden in einer eigenen Datei erzeugt und so oft ausgedruckt oder auf dem Farbkopierer kopiert oder geplottet wie es Exemplare des Technischen Berichts geben soll.

Nach dem Kopieren des Technischen Berichts einschließlich der Trägerseite wird die Ausklapptafel auf die Trägerseite aufgeklebt. Alle linken Knickkanten müssen deutlich außerhalb des Bindungsbereichs liegen. Die rechten bzw. unteren Knickkanten müssen etwa fünf (bis zehn) Millimeter vom Rand des Blätterstapels entfernt sein, da bei manchen Bindungsarten nach dem Binden oben, rechts und unten noch mit der Hydraulikschere beschnitten wird, siehe die Bilder in Abschn. 3.8.5.

Wenn Sie in Ihrer Konstruktion ein technisches Bauteil oder eine Baugruppe aus einem Herstellerprospekt verwenden, dann ist es für das Verständnis der Leser sinnvoll, dass Sie den Prospekt, den sie verwendet haben, in den Anhang Ihres Technischen Berichtes aufnehmen. Wenn Sie dies tun, dann ist ein weiterer Schritt sehr empfehlenswert. Erleichtern Sie Ihren Lesern das schnelle Auffinden der von Ihnen verwendeten Formel, gewählten Abmessung usw., indem Sie diese im Prospekt im Anhang mit einem Textmarker hervorheben.

Wenn nun alle Bilder und Tabellen aufgeklebt sind, alle Beschriftungen von Hand erledigt sind, und alle Korrekturarbeiten abgeschlossen sind, dann erfolgt die Endkontrolle:

Liegen die Seiten in der richtigen Reihenfolge? Liegen die Seiten richtig herum? Blätter im Querformat liegen dann richtig, wenn der für den Heftrand vorgesehene obere Seitenrand sich im Blattstapel auf der linken Seite befindet und die Blätter von rechts gelesen werden können. Haben sich veraltete Ausdrucke eingeschlichen? Gehen Sie hierzu auch die Berichts-Checkliste durch, Abschn. 3.8.1.

Wenn alles kontrolliert ist – und auch die Seitenangaben im Inhaltsverzeichnis noch einmal anhand der Kopieroriginale überprüft sind –, dann können Sie zum Copy-Shop fahren.

3.8.4 Exportieren des Technischen Berichts nach HTML oder PDF für die Veröffentlichung in einem Datennetz oder für den Druck

Wenn Sie Ihren Technischen Bericht in einem Datennetz, also in einem Intranet oder im Internet publizieren wollen, stehen Ihnen zwei gängige Formate zur Verfügung: HTML und PDF. Das Format PDF (Portable Document Format) wurde von der Firma Adobe definiert.

Bei PDF handelt es sich um eine Seitenbeschreibungssprache. Jeder Betrachter sieht Ihren Technischen Bericht genauso, wie Sie ihn am Computer gestaltet haben. Der Zeilen- und Seitenumbruch bleibt erhalten. Das ist der wesentliche Vorteil von PDF.

HTML (Hypertext Markup Language) ist die im Internet und in einem Intranet verwendete Seitenbeschreibungssprache. Jeder Betrachter sieht Ihren Technischen Bericht so, wie der von ihm verwendete Browser die Befehle interpretiert. Der Zeilen- und Seitenumbruch bleibt dabei nicht erhalten. Das ist der wichtigste Nachteil von HTML. Der wichtigste Vorteil ist, dass HTML-Dateien kleiner als PDF-Dateien sind und deshalb viel schneller dargestellt werden können. Wir wollen hier keinen HTML-Grundkurs ersetzen und verweisen auf folgende Quellen im Internet:

- HTML Referenz SelfHTML von Stefan Münz: https://wiki.selfhtml.org/wiki/Startseite
- HTML Referenz von w3schools.com http://www.w3schools.com/tags/
- Online HTML-Bearbeitung: http://htmledit.squarefree.com/
- HTML-Editor Phase 5 (kostenlos): http://www.phase5.info.
- HTML editor HTML-kit 292 (kostenlos): http://www.htmlkit.com/
- Coffeecup.com (kostenlos): http://www.coffeecup.com/free-editor/

Auch wenn Sie nur mit einem Office-Programmpaket arbeiten, sollten Sie das Prinzip des Verlinkens von Seiten aus HTML und PDF kennen, denn auch die Office-Programme bieten seit einiger Zeit Funktionen, um Dokumente untereinander und mit externen Dateien zu verlinken. Die folgenden Abschnitte beschreiben die wichtigsten Funktionen.

Automatisch erzeugte Verlinkungen (Hyperlinks)
Die Textverarbeitungs-, Office- und DTP-Programme erzeugen neben den für die Publikation auf Papier benötigten Verzeichniseinträgen, Beschriftungen und Querverweisen auch die für die Online-Publikation benötigten Verlinkungen automatisch im Hintergrund. Erkennbar ist dies u. a. daran, dass alle Hyperlinks das Absatzformat Hyperlink haben. Auch Internet-Adressen werden automatisch in Hyperlinks umgewandelt. Voraussetzung dafür ist, dass die Adresse entweder mit „www." oder mit „http://" beginnt.

Manuell erzeugte Verlinkungen

In der Textverarbeitung benötigt man Funktionen zum Einfügen einer Textmarke und eines Hyperlinks, um Seiten zu verlinken. Ein Hyperlink ist eine Verknüpfung, ein Verweis bzw. ein Sprungbefehl. Man kann jedes anklickbare Objekt verlinken, auch Bilder. Wenn man den Hyperlink anklickt, gelangt man an eine andere Stelle innerhalb derselben Datei bzw. es wird ein Programm gestartet und die in dem Hyperlink genannte Datei bzw. Internet-Adresse angezeigt. Das andere Programm kann z. B. ein Präsentationsgrafikprogramm sein oder der Real Player. Eine Textmarke ist eine Sprungadresse innerhalb einer Datei.

Einem Link folgen

Wenn Sie in einer Datei mit der Maus über einen Link fahren, verändert sich die Form des Mauszeigers bzw. Cursors. Er nimmt die Gestalt einer senkrecht nach oben zeigenden Hand an. Zusätzlich erscheint ein gelb hinterlegter Informationstext. Er gibt entweder die Sprungadresse an – dann können Sie direkt darauf klicken – oder er fordert Sie auf, die Strg-Taste und die linke Maustaste gleichzeitig zu drücken, um zur Sprungadresse zu gelangen (je nach Programmversion). Dies gilt für alle Microsoft Office- und Open Office-Dateien sowie für viele andere Programme, mit denen Sie Textdateien, Folienpräsentationen und Kalkulationstabellen anzeigen und bearbeiten können. Übrigens ändert sich die Form des Mauszeigers in derselben Weise, wenn Sie ihn in einer HTML- oder PDF-Datei über einen Link bewegen.

Export von der Textverarbeitung nach HTML und PDF

Die Verweise, die Sie in einer Textdatei manuell definiert haben, und die automatisch erzeugten Verweise bleiben 1 : 1 erhalten, wenn Sie die Datei als HTML-Datei oder als PDF-Datei speichern. Beim Export nach HTML entsteht aus jeder Textdatei eine HTML-Datei. Die Verlinkungen zwischen den einzelnen Dateien müssen Sie von Hand einfügen oder von Hand eine HTML-Datei mit einem anklickbaren Inhaltsverzeichnis erstellen.

Beim Export nach PDF beachten Sie bitte Folgendes: Es ist möglich, über die Konvertierungseinstellungen die Zugriffsrechte auf die PDF-Datei zu steuern, z. B. nur das Lesen zu erlauben, aber kein Drucken. Wenn die fertige PDF-Datei Ihre Überschriften als eine Baumstruktur zum Navigieren am linken Rand enthalten soll, müssen Sie in den Konvertierungseinstellungen angeben, dass Lesezeichen erzeugt werden sollen und welche Überschriften- und sonstigen Absatzformatvorlagen für die Erzeugung von Lesezeichen verwendet werden sollen.

3.8.5 Kopieren, Binden oder Heften und Verteilen des Technischen Berichts

Das Kopieren, Binden oder Heften und Verteilen des Technischen Berichts ist im Netzplan zur Erstellung Technischer Berichte der letzte Arbeitsschritt.

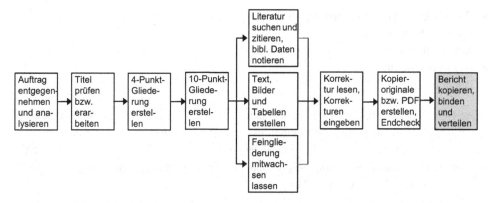

Abb. 3.32 Netzplan für das Erstellen Technischer Berichte: Bericht kopieren, binden und verteilen

Wenn Sie Ihren Technischen Bericht online verteilen bzw. veröffentlichen wollen, müssen Sie die letzte Fassung Ihrer Daten noch einmal im Format PDF (oder HTML) abspeichern und die entstandenen Dateien an Ihren Webmaster weiterleiten.

Wenn Sie Ihren Technischen Bericht in Papierform verteilen bzw. veröffentlichen wollen, wird er zunächst vervielfältigt. Da die Auflage klein ist, wird meistens kopiert. Dabei sollen alle Kopien auf dem gleichen Kopierpapier angefertigt werden. Dies gilt auch, wenn mehrere Autoren bei der Erstellung des Technischen Berichts zusammenarbeiten. Eine einzige Ausnahme ist zulässig: In Ihrem Technischen Bericht treten Farbkopien auf. In diesem Fall ist i. Allg. verfahrensbedingt anderes Papier vom Prozess des Farbkopierens her erforderlich und damit auch zulässig.

Nach der Vervielfältigung wird der Bericht gebunden, Abb. 3.32. Dadurch wird er zu einem lesbaren Dokument, das je nach Umfang und Bindungsart eher den Charakter von Skript, Heft oder Buch haben kann.

Im Copy-Shop sollten Sie möglichst dabei stehen bleiben und für Rückfragen zur Verfügung stehen. Es treten immer wieder Fragen auf wie: Sollen wir den Außentitel etwas anders ausrichten oder etwas vergrößern? Welche Bindung wird gewünscht? Welchen Kartondeckel mit welcher Struktur und Farbe sollen wir verwenden? usw.

Es stehen die folgenden Heftungs- und Bindungsarten zur Verfügung:

- Heftklammer/Büroklammer
- Rücken-Drahtheftung (= Bindungsart von Zeitschriften)
- Schnellhefter
- Heftstreifen (= Plastikstreifen mit Metallzungen)
- Klemmhefter
- Klemmschiene
- Ordner
- Ringbuch
- Plastik-Effektbindung (Spiralbindung mit Plastikspiralen)

- Wire-O-Bindung (Spiralbindung mit Drahtspiralen)
- Klammerbindung
- Kalt-Leimbindung
- Heiß-Leimbindung
- Buchbindung

Diese Heftungs- und Bindungsarten unterscheiden sich in Preis und Gebrauchseigenschaften erheblich. Um die jeweils zweckmäßigste Bindung auswählen zu können, werden zunächst die Punkte aufgeführt, die vor der Bindung noch zu erledigen sind und danach die verschiedenen Bindungen kurz besprochen. Für die Auswahl der Bindungsart sprechen Sie am besten mit Ihrem Auftraggeber.

Vor der Bindung beachten
Wenn Sie Ausklapptafeln einbinden wollen (= Bilder, Tabellen oder Listen, die breiter oder höher als DIN A4 sind): Sind die rechts und unten liegenden Knicke so weit innen ($\geq$ 5 mm), dass sie beim Beschneiden nicht zerschnitten werden? Beim Rütteln im Copy-Shop muss darauf geachtet werden, dass die Seiten mit Ausklapptafeln richtig mit nach innen rutschen (zur Bindungsseite hin)! Dies gilt besonders bei Leimbindung. Probleme beim Heften vermeiden Sie, wenn Sie eine DIN A4-Trägerseite normal mit einbinden und die Ausklapptafel(n) erst nach dem Binden auf die Trägerseite(n) aufkleben.

Wenn Sie Zeichnungen, Tabellen, Bilder oder Listen haben, die größer als DIN A4 sind, müssen Sie vor dem Binden einige Punkte beachten:

Ausklapptafeln, die nach unten über die Seite hinausgehen, sollten Sie wie in Abb. 3.33 falten und aufkleben.

Sollen Kopien der Zeichnungen in den Technischen Bericht eingebunden werden?

- Zeichnungen in DIN A2 und DIN A3 können Sie problemlos auf DIN A4 kopieren und normal einbinden.
- Größere Zeichnungen verkleinern Sie mit dem Kopierer um maximal zwei DIN-Stufen (z. B DIN A0 auf DIN A2) und falten die Kopien nach DIN 824 auf die Papiergröße DIN A4.
- Die ungefalteten Original-Zeichnungen werden immer in einer Mappe oder Rolle mit abgegeben.

Bei DIN A3-Zeichnungen im Querformat haben Sie die Wahl, ob Sie sie fest mit einbinden wollen oder ob Sie sie ggf. zusammen mit Zeichnungen in anderer Größe in einem

Abb. 3.33 Falten einer Ausklapptafel nach unten

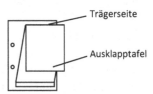

Abb. 3.34 Faltung einer
DIN A3-Zeichnung bzw. ei-
ner Ausklapptafel nach rechts
auf DIN A4-Größe

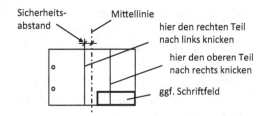

Ordner zusammenfassen wollen. Wenn die Zeichnungen eingebunden werden sollen, falten Sie nach dem Schema in Abb. 3.34. Der Sicherheitsabstand dient dazu, dass sich der
Technische Bericht gut umblättern lässt. Wenn Sie die Ausklapptafel mit einbinden hilft
der Sicherheitsabstand, dass sie beim Beschneiden nicht mit zerstört wird.

Wenn Sie größere Zeichnungen nach DIN 824 falten wollen, können die Zeichnungen
nur in einen Ordner eingeheftet und nicht mit Heißleim-, Kaltleim-, Klammerbindung
oder Buchbindung gebunden werden. Grund: Die gefalteten Zeichnungen würden beim
Beschneiden in viele Einzelteile zerfallen.

Wenn die Zeichnungen nicht eingebunden, sondern in einem Ordner präsentiert werden
sollen, falten Sie nach DIN 824, Form A wie es in Abb. 3.35 gezeigt ist.

Das Faltgut muss in geheftetem Zustand entfaltbar und wieder faltbar sein. Handels-
übliche Lochverstärkungen sind empfehlenswert. Weitere Einzelheiten zur Faltung der
Papierformate DIN A0, A1, A2 und A3 finden Sie in der DIN 824, insb. genaue Maße.

Wenn Sie Fotos oder Bilder aus anderen Druckschriften (Zeitungen, Broschüren usw.)
aufkleben wollen, dann tun Sie das bitte vor dem Binden!

Wenn Sie Klarsichthüllen verwenden wollen, dann nehmen Sie unbedingt nur solche
Hüllen, die an drei Seiten geschlossen und oben offen sind.

Klarsichthüllen sind nur möglich bei den Bindungsarten Schnellhefter, Heftstreifen,
Ordner und Ringbuch. Bei der Klammerbindung, den Leimbindungen und bei der Buchbindung können keine Klarsichthüllen mit eingebunden werden, weil diese beim Beschneiden zerstört würden.

Ist die eidesstattliche Versicherung nach dem Kopieren eigenhändig mit dokumen-
tenechtem Stift (z. B. Kugelschreiber oder Füllfederhalter) unterschrieben? Die Unterschrift muss in allen Exemplaren im Original geleistet werden.

Die Bindungsarten Heftklammer/Büroklammer, Heftstreifen und Klemmschiene stellen keinen Schriftgutbehälter zur Verfügung. Wenn Sie sich für die Heftklammer bzw.

Abb. 3.35 Faltung einer
DIN A1-Zeichnung auf
DIN A4-Größe

Büroklammer entschieden haben, können Sie die Unterlagen in einer Plastikhülle abgeben. Bei Heftstreifen und Klemmschiene kann als oberstes und ggf. unterstes Blatt eine Bindefolie mit eingebunden werden. Das macht einen saubereren Eindruck und es schützt das Papier.

Für die Bindungsarten Schnellhefter, Klemmhefter, Ordner und Ringbuch gilt, dass bei der Abgabe des Berichts keine „alten" Schriftgutbehälter (mit Gebrauchsspuren) verwendet werden sollen.

Oft ist es zweckmäßig, umfangreiche Unterlagen wie Prospekte, Firmenschriften, Messprotokolle, Programm-Listings, Schaltpläne u. ä. in einen separaten Ordner einzuheften oder separat zu binden. Dieser separate Ordner gehört mit zum Bericht. Die Unterlagen werden im Literaturverzeichnis des Berichts mit aufgeführt. Im Inhaltsverzeichnis werden diese Dokumente, wenn es nur wenige sind, mit dem Hinweis „(in separatem Ordner)" erwähnt. Wenn Sie viele Unterlagen mit diesem Hinweis kennzeichnen müssten, ist es sinnvoller, das Inhaltsverzeichnis zu teilen in eines für Band 1 und eines für Band 2. Beide Inhaltsverzeichnisse werden dann in beide Bände des Technischen Berichts aufgenommen.

Doch nun werden die Eigenschaften der verschiedenen Bindungsarten vorgestellt.

Heftklammer/Büroklammer

Vorteile: Extrem preiswert, nach Entfernen der Klammer können die Unterlagen gelocht und in das Ablagesystem integriert werden, gut im Stapelverfahren kopierbar.

Nachteile: Nur für dünne Unterlagen geeignet, zum Lesen der inneren Seiten muss man die Ecken umknicken. Wenn viele Unterlagen mit Heftklammern oder Büroklammern in einem Ordner sind, wird die linke obere Ecke sehr dick.

Rücken-Drahtheftung (zwei Heftklammern im Rücken einer Broschüre)

Vorteile: Diese Bindung wird für Zeitschriften, Broschüren und Hefte aller Art verwendet, ist extrem preiswert und setzt voraus, dass der Technische Bericht beim Kopieren (von DIN A4 auf DIN A5) verkleinert und doppelseitig kopiert wird.

Nachteile: Diese Bindung wird mit einem Hefter mit verlängertem Arm hergestellt, danach wird der gesamte Bericht einmal in der Mitte gefaltet. Es lassen sich etwa maximal 20 Blatt (80 Seiten) auf diese Weise verarbeiten. Beim Kopieren ist Handauflage auf den Kopierer erforderlich, wenn der Bericht nicht auseinander genommen werden soll.

Schnellhefter

Vorteile: Diese Bindung ist sehr preiswert und schnell herstellbar. Klarsichthüllen lassen sich leicht einfügen. Mit dieser Bindungsart lassen sich bis zu etwa 100 Blatt binden; bei höherer Blattzahl wird der Bericht immer unhandlicher.

Nachteile: Um die inneren Seiten zu lesen, muss man die Seiten nach links umknicken, weil der Bericht sonst nicht aufgeklappt liegen bleibt. Die Metallzungen sind meist scharfkantig, bei häufigerem Lesen fransen die Löcher aus. Da die Blätter leicht wieder

voneinander getrennt werden können, lässt sich der Bericht gut mit Stapelverarbeitung kopieren, falls die Heftlöcher nicht zu sehr ausgefranst sind. Diese Bindungsart soll darum
nur für Eigenbedarf oder für untergeordnete Zwecke eingesetzt werden.

Heftstreifen
Vorteile: Heftstreifen sind deutlich billiger als Schnellhefter. Sie sind von der Handhabung
her dem Schnellhefter sehr ähnlich.

Nachteile: Der Heftstreifen ist kein Schriftgutbehälter, er kann nur mit seinem Papp-
oder Plastikstreifen, auf den die Seiten draufgeheftet sind, in einen Ordner eingeheftet
werden. Heftstreifen sind ungeeignet, um Ihren Bericht optisch wirksam zu präsentieren.
Heftstreifen sollen deshalb nur für Eigenbedarf oder untergeordnete Zwecke eingesetzt
werden.

Klemmhefter
Vorteile: Klemmhefter gibt es in unterschiedlichen Ausführungen. Die Blätter werden
nicht gelocht, sondern nur in eine schützende Plastikhülle eingelegt und mit einer ge-
schlitzten Plastikschiene zusammengeklemmt. Die Klemmschienen sind in verschiedenen Stärken erhältlich. Wenn Originale nicht gelocht, aber dennoch optisch ansprechend
präsentiert werden sollen, dann ist diese Bindungsart (ebenso wie Klarsichthüllen) gut
geeignet. Weitere Kopien lassen sich sehr leicht in Stapelverarbeitung anfertigen.

Nachteile: Die Anzahl der Blätter ist begrenzt auf ca. 30 bis 40 Blatt. Klarsichthüllen
lassen sich nur schlecht mit einklemmen, weil sie zu glatt sind. Der gebundene Bericht
bleibt nicht aufgeschlagen liegen, sondern klappt wieder zu.

Klemmschiene
Vorteile: Die Klemmschiene ähnelt dem Klemmhefter, ist jedoch deutlich billiger, weil sie
keine Plastikhülle besitzt.

Nachteile: Die Klemmschiene ist kein Schriftgutbehälter, sondern sie stellt nur einen
lösbaren Verbund der Blätter her.

Ordner
Vorteile: Man kann gut umblättern, die Seiten bleiben offen liegen, Klarsichthüllen lassen
sich gut integrieren, Kopien können in Stapelverarbeitung angefertigt werden, es lassen
sich relativ viele Seiten binden (bei 8 cm Rückenbreite ohne Heft- und Büroklammern bis
zu 500 Blatt).

Nachteile: Ordner verbrauchen im Regal viel Platz und sind im aufgeklappten Zustand
recht sperrig. Außerdem können bei häufigem Umblättern die Heftlöcher ausfransen. Da-
gegen hilft eigentlich nur das Aufkleben von (Kunststoff-)Verstärkungsringen.

Für Präsentationszwecke sind Ordner nicht sehr attraktiv. Wählen Sie für Ihren Bericht
also eine andere Bindungsart und verwenden Sie einen Ordner höchstens für einen Anhang
mit Prospekten, Herstellerunterlagen, Plots oder Kopien ihrer Original-Zeichnungen, die
größer als DIN A3 sind, und nach DIN 824 gefaltet wurden.

Transparentoriginale werden *nie* geknickt! Sie werden in Rollen oder Mappen gelagert und transportiert. Bei Besprechungen können die Originale im Besprechungszimmer auf einer Klemm- oder Magnetleiste aufgehängt werden (aber auch dort sind Plots oder Kopien besser bzw. sicherer).

Ringbuch
Vorteile: Ringbücher haben in Deutschland vier Metallringe, die zum Einlegen bzw. Entnehmen der gelochten Blätter geöffnet werden können. Sie ermöglichen eine optisch ansprechende Präsentation kleinerer Technischer Berichte. Üblicherweise werden Klarsichthüllen verwendet und die Blätter in die oben offenen Hüllen so eingelegt, dass man sie wie ein Buch betrachten kann. Dabei sollten die Blätter mit ungerader Seitenzahl beim Blättern rechts zu sehen sein und die mit gerader Seitenzahl links (wie in einem Buch).

Nachteile: Ringbücher sind i. Allg. teurer als Ordner. Das Einstecken der Blätter in die Hüllen ist aufwändig!

Plastik-Effektbindung (Spiralbindung mit Plastikspiralen)
Vorteile: Diese Bindungsart ist relativ kompakt und preiswert. Man kann auf dem Rücken der Spirale einen beschrifteten Aufkleber anbringen, und die aufgeschlagenen Seiten bleiben liegen, man kann den gehefteten Bericht sogar ganz umschlagen.

Nachteile: Die Blätter müssen sorgfältig gestapelt sein, bevor sie gelocht werden, und beim Lochen in der Maschine sorgfältig angelegt werden, damit die Löcher nicht zu weit am Rand sind und dadurch ausreißen. Achtung! Lochen Sie nicht zu viele Blätter gleichzeitig. Wenn Sie zum Lochen zu viel Kraft aufwenden müssen, gefährden Sie die Maschine!

Üblicherweise wird bei dieser Bindung ein durchsichtiges Klarsicht-Deckblatt (eine Folie, dicker als Overhead-Folien) vor dem Titelblatt verwendet. Achtung! Dieses Blatt muss auf jeden Fall separat gelocht werden. Anderenfalls verschiebt sich die Folie gegen die mit zu lochenden Papierblätter und die Lochung wird irreparabel falsch.

Im Copy-Shop werden die Blätter auf einer Maschine gerüttelt. Dort ist es auch möglich, den gebundenen Technischen Bericht am rechten Rand zu beschneiden, denn die Seiten liegen nicht exakt aufeinander, sondern sie passen sich dem Verlauf der Spirale an.

Wenn die Spirale nicht groß genug ist, knicken die Blätter im Bereich der rechteckigen Heftlöcher leicht und dadurch kann man nicht mehr so gut umblättern. Wenn die Spirale aber deutlich dicker ist als der Bericht, dann bleibt der Bericht im Regal nicht gut stehen.

Die Plastikspiralen sind an den Ecken der Rückenschiene oft scharfkantig. Runden Sie scharfe Ecken am besten mit einer Schere ab. Wenn man keine Maschine zum Herstellen der Bindung und zum Öffnen und Schließen der Spiralen hat, dann kann man Kopien nur im Handauflageverfahren herstellen. Mit entsprechenden Spiralen lassen sich bis zu etwa 500 Blatt binden.

Wire-O-Bindung (Spiralbindung mit Drahtspiralen)

Vorteile: Die Wire-O-Bindung ist sogar noch kompakter als die Plastik-Effektbindung und etwa genauso teuer, aber die Blätter knicken beim Umblättern weniger, weil die Heftlöcher rund sind. Mit dieser Bindungsart lassen sich Bücher am weitesten umschlagen. Dadurch ist diese Bindung für Handbücher gut geeignet.

Nachteile: Eine Rückenbeschriftung ist hier nicht möglich. Die Ausführungen bzgl. Klarsicht-Deckblatt gelten hier genauso wie bei der Plastik-Effektbindung. Auch bei der Wire-O-Bindung kann man sich am oberen und unteren Rand des Berichtes am Draht verletzen. Brechen Sie scharfe Kanten mit einer Feile. Kopien lassen sich nur im Handauflageverfahren herstellen. Mit dieser Bindungsart lassen sich bis zu etwa 350 Blatt binden.

Klammerbindung

Vorteile: Diese Bindungsart ist etwas preiswerter als die Spiralbindungen. Der Kopienstapel wird maschinell gerüttelt. Dann werden fünf Heftklammern durch die Kopien gestochen und auf der Rückseite umgebogen. Dann wird ein Gewebeband aufgeklebt, das die Heftklammern, einen schmalen Streifen auf der Vorder- und Rückseite des Buches und den Buchrücken bedeckt. Anschließend wird das Buch an den drei offenen Rändern mit der Hydraulikschere beschnitten. Diese Bindungsart ist extrem stabil. Es entsteht der Eindruck, dass man ein richtiges Buch in Händen hält. Aufgrund der Stabilität und des guten Aussehens kann diese Bindungsart für Technische Berichte empfohlen werden. Für Studien- und Abschlussarbeiten im Hochschulbereich ist die Klammerbindung die Standardbindung.

Nachteile: Die Blätter bleiben beim Lesen nicht offen liegen. Deshalb wird oft nur die Vorderseite der Blätter bedruckt. Kopien lassen sich nur im Handauflageverfahren herstellen. Mit dieser Bindungsart lassen sich bis zu etwa 200 Blatt binden.

Kalt-Leimbindung

Vorteile: Diese Bindungsart ist etwas preiswerter als die Spiralbindungen. Der Kopienstapel wird maschinell gerüttelt. Danach wird der Buchrücken mit Leim bestrichen, der ein bis zwei Tage trocknen muss. Dann wird auf den Buchrücken ein Gewebeband aufgeklebt, das einen schmalen Streifen auf der Vorder- und Rückseite des Buches und den Buchrücken bedeckt. Alternativ dazu kann vorn, hinten und auf dem Buchrücken ein gedruckter Umschlag aus Karton aufgeklebt werden, dessen Buchrücken man gut beschriften kann. Anschließend wird das Buch an den drei offenen Rändern mit der Hydraulikschere beschnitten. Es entsteht der Eindruck, dass man ein richtiges Buch in Händen hält. Mit dieser Bindungsart lassen sich nahezu beliebig viele Seiten binden. Aufgrund der Möglichkeit, auch dicke Bücher zu binden und einen Kartonumschlag vorzusehen, sowie aufgrund des guten Aussehens kann diese Bindungsart für Technische Berichte empfohlen werden.

Nachteile: Je nach Steifigkeit der Leimschicht bleiben die Blätter beim Lesen nicht gut offen liegen. Kopien lassen sich nur im Handauflageverfahren herstellen. Diese Bindungsart ist nicht sehr stabil. Oft gehen einige Blätter „aus dem Leim", speziell beim Kopieren.

Heiß-Leimbindung

Vorteile: Bei dieser Bindungsart werden die kopierten Blätter in eine Mappe eingelegt, in der sich am Buchrücken ein fester Leimstreifen befindet. Die Mappe wird mit den eingelegten Blättern in eine Maschine eingelegt, die den Leim aufheizt und dabei zähflüssig macht. Anschließend wird die Mappe herausgenommen und mit dem darin liegenden Papier mit dem Buchrücken zuunterst auf einer harten Unterlage aufgestoßen, so dass das Papier noch tiefer in den Leim einsinkt. Nun muss der Leim einige Minuten abkühlen, um wieder fest zu werden. Diese Bindungsart ist sehr attraktiv für dünnere Berichte, z. B. Seminarunterlagen.

Nachteile: Siehe Nachteile der Kalt-Leimbindung.

Buchbindung

Vorteile: Diese Bindungsart ist die „edelste" Bindungsart. Sie ist stabil, die Buchseiten bleiben offen liegen und gehen nicht aus dem Leim. Die Seiten sind beschnitten und der Buchumschlag kann beliebig bedruckt oder geprägt werden.

Nachteile: Diese Bindungsart ist sehr teuer. Daher kommt sie normalerweise für Technische Berichte nicht in Frage. Allenfalls wird sie für ein Exemplar einer Abschlussarbeit verwendet, das z. B. mit schwarzem Umschlag und Goldbuchstaben hergestellt wird. Dieses Exemplar eignet sich gut zum späteren Vorzeigen in einem Bewerbungsgespräch.

Im nachfolgenden Kapitel haben wir Hinweise auf bewährte Arbeitstechniken zusammengefasst. Diese Hinweise sind gegliedert in die Bereiche Zusammenarbeit mit dem Betreuer, Zusammenarbeit im Team, Bibliotheksarbeit, Papierorganisation, Dateiorganisation und persönliche Arbeitstechnik.

3.9   Literatur

Da das Kap. 3 das Herzstück des vorliegenden Buches ist, erscheint eine separate Auflistung der Literatur zu Kap. 3 nicht sinnvoll. Bitte schauen Sie stattdessen direkt im Literaturverzeichnis nach.

Zweckmäßige Verhaltensweisen bei der Erstellung des Technischen Berichts

4

> In diesem Kapitel werden einige bewährte Informationen und Verhaltensweisen vorgestellt, die zur Erhöhung Ihrer Arbeitseffektivität beitragen können. Die folgenden Abschnitte enthalten Hinweise zur Zusammenarbeit mit dem Betreuer oder Auftraggeber, Hinweise zur Zusammenarbeit in einem Autorenteam oder einer Arbeitsgruppe, Hinweise zur Bibliotheksarbeit und Hinweise zur persönlichen Arbeitstechnik während der Erstellung Ihres Technischen Berichts.

Mit dem Erstellen Ihres Technischen Berichts vollbringen Sie eine berufliche Leistung in professioneller Form und Methodik, die Ihnen Erfolg und Anerkennung Ihrer Fähigkeiten bringen soll, möglichst verbunden mit beruflichem und eventuell auch wissenschaftlichem Aufstieg. Dafür ist aber unabdingbar, dass klar wird, welche praktische und geistige Eigenleistung Sie wirklich erbracht haben, z. B. die Durchführung und Auswertung eigener Versuche, statistischer Erhebungen oder die zusammenfassende, vergleichende Auswertung fremden, aber korrekt zitierten Wissens zu neuen eigenen und allgemeingültigen Erkenntnissen.

In diesem Zusammenhang möchten wir Ihnen die Lektüre des „Glossar – Fachbegriffe der Drucktechnik", empfehlen. Es enthält nicht nur Erklärungen der in diesem Buch verwendeten Fachbegriffe, sondern auch viele Definitionen von Fachbegriffen aus dem Druckereiwesen, die Ihnen bei der Zusammenarbeit mit Copy-Shops, Computerläden, Druckereien sowie Zeitschriften- und Buchverlagen begegnen können.

Hier noch einige Links ins Internet, die Sie bei der Erstellung von Technischen Berichten sicher gebrauchen können:

- www.din5008.de bzw. www.tastschreiben.de: die DIN 5008 im Wortlaut, eine ausführliche Darstellung der Regeln für die neue Rechtschreibung
- www.duden.de/rechtschreibpruefung-online: Rechtschreibprüfung (max. 800 Zeichen)
- dict.leo.org und www.dict.cc: Wörterbücher für verschiedene Sprachrichtungen

© Springer Fachmedien Wiesbaden GmbH, ein Teil von Springer Nature 2019
H. Hering, *Technische Berichte*, https://doi.org/10.1007/978-3-658-23484-3_4

- www.systranbox.com/systran/box: Übersetzung von kurzen Texten in verschiedenen Sprachrichtungen
- http://www.google.de/language_tools?hl=de: Übersetzung von kurzen Texten in verschiedenen Sprachrichtungen

4.1 Zusammenarbeit mit dem Betreuer oder Auftraggeber

Versuchen Sie stets, Gespräche mit Ihrem Betreuer oder Auftraggeber gut vorzubereiten und vorweg zu planen. Dazu gehören vor allem folgende Punkte:

Immer den Text und die Gliederung mitnehmen
Nehmen Sie immer außer dem Text in der aktuellen Fassung auch die aktuelle Gliederung Ihres Technischen Berichts zu Gesprächen mit dem Betreuer oder Auftraggeber mit. Er kann seine Betreuungsarbeit dadurch wesentlich besser ausführen, da er sich schneller in den aktuellen Stand Ihres Technischen Berichts bzw. Ihres Projektes hineindenken kann.

Fragen notieren
Notieren Sie sich vor dem Gespräch Fragen, die Sie stellen wollen, und haken Sie während des Gesprächs bereits besprochene Fragen auf dem Notizzettel ab, damit Sie nichts vergessen.

Checkliste vorbereiten
Wenn Sie viele Unterlagen und Gegenstände zu dem Gespräch mit Ihrem Betreuer oder Auftraggeber mitnehmen wollen, dann ist u. U. eine Checkliste hilfreich, auf der alle für das Gespräch erforderlichen Unterlagen und Dateipfade zu Dateien, die Sie mit dem Betreuer oder Auftraggeber am Bildschirm durchsprechen wollen, festgehalten sind. Dazu können folgende Dokumente gehören, ggf. in Dateiform:

- schriftliche Aufgabenstellung,
- Vorlagen aus technischen Unterlagen,
- Konstruktionszeichnungen, von denen Sie ausgehen,
- Hersteller-Prospekte,
- bisherige Entwürfe (auf Karton oder als CAD-Zeichnung),
- Literaturquellen.

Nehmen Sie lieber auch Unterlagen mit zur Vorlage bzw. Korrektur, von denen Sie denken, dass Sie sie nicht brauchen werden. Legen Sie Ihren Technischen Bericht bitte nicht in Klarsichthüllen vor oder halten Sie andernfalls wasserlösliche Folienschreiber bereit.

Geräte für die Präsentation besorgen und vorher ausprobieren
Beim Aufstellen der Checkliste sollten Sie auch erforderliche Geräte berücksichtigen wie: Beamer für die Präsentation von Dateien, Overhead-Projektor, Dia-Projektor, Flipchart, Klemmleiste oder Magnetschiene zum Befestigen von Plänen oder Zeichnungen usw. Organisieren Sie das Gespräch so, dass alle notwendigen Geräte rechtzeitig zur Verfügung stehen. Wenn Sie Bilder projizieren wollen, dann sorgen Sie dafür, dass der Besprechungsraum abgedunkelt werden kann, und probieren Sie die Projektionsverhältnisse vor Gesprächsbeginn aus. Kann jeder Gesprächsteilnehmer die Bilder gut sehen?

Größere Präsentation oder einfaches Gespräch?
Sie sollten auch überlegen, ob eine umfangreichere Präsentation der bisherigen Ergebnisse erforderlich ist. Falls dies zutrifft, dann planen Sie bitte diesen Teil entsprechend den Hinweisen in Kap. 5.

Gesprächstaktik
Bei der Diskussion mit dem Betreuer oder Auftraggeber sollten Sie stets die Ja-Aber-Technik verwenden. Das heißt, selbst wenn Sie anderer Meinung sind, stimmen Sie erst einmal zu, damit keine Schärfe oder Ablehnung in dem Gespräch entsteht. Nach weiteren zwei oder drei Sätzen können Sie dann vorsichtig auf „Nein" umstellen und die Reaktion Ihres Betreuers oder Auftraggebers abwarten.

Kompromisse und Qualitätsmängel
Gehen Sie keine Kompromisse ein. Auch wenn der Betreuer oder Auftraggeber nicht sofort, sondern erst später nachschauen wird, gilt folgendes: Da, wo man selbst zweifelt, hakt fast immer der Betreuer bzw. Auftraggeber ein. Denken Sie stets an diese vielfach bestätigte Tatsache und belassen Sie deshalb keine Formulierungen, an denen Sie selbst zweifeln, bloß weil Zeitdruck besteht oder eine Recherche erst beim nächsten Bibliotheksbesuch möglich ist.

Wenn Sie sich bei einer Sachaussage unsicher sind, denken Sie an den Grundsatz: „Was nicht da steht, kann auch nicht falsch sein." Nehmen Sie diese Sachaussage dann entweder nicht mit in den Technischen Bericht auf oder recherchieren Sie genau, um die Unsicherheiten auszuräumen.

Hinweise und zu erledigende Arbeiten notieren
Während des Gesprächs notieren Sie sich Hinweise, die der Betreuer oder Auftraggeber gibt, zusätzlich zu ihren eigenen zu erledigenden Arbeiten. Überlegen Sie auch, ob sich diese Hinweise auf eine sinnvolle Vertiefung Ihres Projektes, auf weitere Literaturstellen oder neue Informationsquellen anwenden lassen und machen sich entsprechende Kurz-Notizen.

Redaktionsschluss planen
Versuchen Sie, gegen Ende des Projektes nur noch die Hinweise Ihres Auftraggebers zu bearbeiten, die nicht so viel Arbeit verursachen. Weisen Sie bei arbeitsintensiven Punkten rechtzeitig auf Konsequenzen hin und überlegen Sie sich, zu wie viel Mehrarbeit Sie noch bereit sind. Verhandeln Sie jedoch möglichst offen und frühzeitig mit Ihrem Auftraggeber.

4.2   Zusammenarbeit im Team

Hier soll auf Probleme eingegangen werden, die nur dann auftreten, wenn mehrere Autoren unterschiedliche Teile des Technischen Berichts schreiben. Sie können zu Beginn Ihres Projekts in der Gruppe die folgenden Leitfragen besprechen: Unter welchen Rahmenbedingungen arbeiten wir? Was wollen wir erreichen? Wer macht bei uns was? Wer hat wofür welche Verantwortung übernommen? Was können die einzelnen Beteiligten? Wer muss was lernen? Wer muss was besorgen? Wie sind unsere Arbeitsabläufe? Was, wie und mit wem kommunizieren wir nach innen und außen?

Hausregeln und sonstige Vorgaben
Sind alle Regeln Ihrer Hochschule oder Firma bekannt oder müssen Sie noch Details erfragen, z. B. zum Seitenlayout, Vorgabedokumenten usw.? Wenn ja, kümmern Sie sich rechtzeitig darum! Falls Berechnungen auftreten, sollten Sie vorher festlegen und ggf. mit Ihrem Betreuer oder Auftraggeber absprechen, wie viele Nachkommastellen Sie in den Formeln verwenden.

Berichts-Checkliste und Berichts-Leitfaden
Bei Gruppenarbeiten ist die Verwendung von Berichts-Checkliste und Berichts-Leitfaden besonders wichtig. Sonst schreibt ein Gruppenmitglied „Bild 3 bis 8" und ein anderes „Bilder 3 bis 8" und diese Inkonsistenzen wirken für die Leser zumindest störend.

Gliederung
Einigen Sie sich vor Beginn des Schreibens auf eine Gliederung, möglichst schon feiner als eine 10-Punkt-Gliederung. Änderungen an der Gliederung sollten möglichst bald an alle Gruppenmitglieder weitergegeben werden.

Gemeinsame technische Basis
Wenn Sie alle mit der gleichen Version des Textverarbeitungs-Programms und mit denselben Formatvorlagen arbeiten, sind Sie untereinander schon weitgehend kompatibel. Zusätzlich sollten Sie für den (endgültigen) Zeilen- und Seitenumbruch auch noch denselben Druckertreiber verwenden. Bitte verwenden Sie auch gemeinsame Schriftarten (Fonts), damit nicht Sonderzeichen und Symbole auf dem Computer, auf dem der fertige Bericht gedruckt werden soll, ganz anders aussehen. Dies gilt übrigens auch für Folienpräsentationen, und hier insbesondere für die Leitzeichen.

Einheitliches Layout
Die Seitennummerierung passt oft nicht zusammen, da jeder aus der Gruppe einzeln nummeriert. So ergeben sich doppelt auftretende Seitenzahlen oder Lücken in der Seitennummerierung und fehlerhafte Querverweise. Das muss vor der endgültigen Erstellung der Inhalts-, Abbildungs- und Tabellenverzeichnisse angeglichen werden. Auf jeden Fall empfehlen wir, dass derjenige aus der Gruppe, der am meisten Computerkenntnisse hat, die von unterschiedlichen Personen verfassten Einzelteile des Berichts zusammenspielt und den Bericht dann ausdruckt, damit er Fehler der anderen noch korrigieren kann.

4.3 Hinweise für die Bibliotheksarbeit

In Abschn. 3.5 wurde bereits dargelegt, dass das Arbeiten mit Literatur wichtig ist, um eigene Meinungen zu bestätigen oder sie zu widerlegen, um andere Ideen zu erhalten und um sich mit dem jeweiligen Stand der Technik auseinander zu setzen. Literaturarbeit ist aber eine sehr zeitintensive Angelegenheit. Daher sollten Sie versuchen, die dafür erforderliche Zeit durch geschickte Planung und Organisation zu minimieren. Dazu hier einige Hinweise.

Bibliotheksbesichtigung bzw. Einführung in die Bibliotheksnutzung
Wenn Sie sich in Ihrer ortsansässigen Bibliothek noch nicht so gut auskennen, dann hat es sich bewährt, dass Sie an einer Führung teilnehmen. Dabei lernen Sie, wie die verschiedenen Arten von Literatur gesucht werden (Online-Kataloge, Mikrofiche-Kataloge, Karteien für Altbestände usw.), wo die Literatur entsprechend der Standortangabe und der Signatur steht (Handapparat oder Magazin, welcher Gang für welches Sachgebiet) und ob, wann und wie die Literatur ausgeliehen werden kann (computerunterstütztes Leihverfahren, Magazinbestellungen, Fernleihe, Kurzleihe usw.).

Kleingeld, Kopierkarte, Büroklammern, Notizen
Zeitschriften jüngeren Datums können in der Regel nicht ausgeliehen werden. Artikel daraus müssen in der Bibliothek kopiert werden. Auch das Referenzexemplar von begehrten Büchern ist in der Regel nicht verleihbar. Um mehrere Kopienstapel voneinander zu trennen, brauchen Sie ständig Büroklammern. Am besten, Sie packen einige Büroklammern in eine kleine Plastikdose oder -tüte, z. B. eine leere Filmdose. Nehmen Sie darüber hinaus mindestens zwei gut funktionierende Schreibstifte und die für den nächsten Bibliotheksbesuch gesammelten Notizen mit in die Bibliothek. Diese Notizen stecken Sie zu Hause zweckmäßigerweise in einen stabilen DIN C4-Briefumschlag, den Sie mit dem Wort „Bibliothek" beschriftet haben.

Reihenfolge der Arbeiten in der Bibliothek
Wenn Sie in der Bibliothek angekommen sind, dann erledigen Sie die Arbeiten am Besten in der folgenden Reihenfolge:

- Handy auf Vibrationsalarm schalten
- Innenmagazinbestellungen (dauern ca. 1 Stunde: Mitnehmen möglich!)
- Außenmagazinbestellungen (dauern ca. 1 Tag: Mitnehmen nicht möglich!)
- Literatursuche im Handapparat (die Bücher stehen im Regal)
- evtl. Literatursuche im Dissertationsarchiv, Suche nach Literatur auf Mikrofiche (dabei sind die Bibliotheksangestellten gern behilflich), Rückvergrößerungen von einem Mikrofiche herstellen (lassen) usw.
- Besuch in der Normenauslagestelle (die Bibliotheksangestellten sind Ihnen dort sicher gern dabei behilflich, Technische Regeln und ggf. Patente zu finden)
- Literaturstudium, Kopien anfertigen
- Notizen aus dem Umschlag „Bibliothek" abarbeiten und weitere Arbeit am Manuskript Ihres Technischen Berichts, um Wartezeiten zu überbrücken

Bibliografische Angaben notieren

Beim Fotokopieren in der Bibliothek ist ein ganz wichtiges Arbeitsprinzip, dass sofort alle bibliografischen Angaben und die Angaben zum Fundort in der Bibliothek notiert werden. Schreiben Sie mindestens Autor und Jahr auf die Vorderseite, falls dies nicht bereits dort steht, und die restlichen bibliografischen Angaben ggf. auf die Rückseite des ersten Blatts eines zusammengehörigen Kopienstapels. Dann heften Sie den Stapel mit einer Büroklammer zusammen, markieren den Autorennamen auf der ersten Seite mit andersfarbigem Stift (weil die Namen bei jeder Publikation woanders stehen) und kopieren dann die nächste Literaturquelle bzw. den nächsten Zeitschriftenartikel. Wenn Sie so vorgehen, dann haben Sie beim Erstellen des Literaturverzeichnisses zu Hause oder im Büro alle benötigten Informationen beieinander und können die Kopien leicht alphabetisch in Ordner einsortieren.

Kopien auf Vollständigkeit prüfen

Geben Sie die Literatur nun nicht gleich wieder ab. Zuerst sollten Sie die Kopien daraufhin prüfen, ob Seiten fehlen. Erst wenn feststeht, dass alle Seiten, die Sie kopieren wollten, auch richtig herum und in der richtigen Reihenfolge vorhanden sind und wenn Sie noch einmal nachgesehen haben, dass alle bibliografischen Angaben und Angaben zur Fundstelle in der Bibliothek vollständig notiert sind, können Sie die Literatur beruhigt zurückgeben. Prüfen Sie auch noch einmal, ob noch unerledigte Notizen in Ihrem Briefumschlag „Bibliothek" sind, die Sie noch bearbeiten wollen.

Zu Hause können Sie die kopierte Literatur dann entweder auf die Bücherstapel zum jeweiligen Kapitel oder Unterkapitel legen oder Sie lochen die Kopien und fügen sie in Ihrem Berichts-Ordner an der richtigen Stelle ein, siehe Abschn. 4.4.

Mit der hier empfohlenen Arbeitsweise sparen Sie vor allem Zeit. Außerdem legen Sie mit dieser Arbeitsweise den Grundstein dafür, dass Sie zum Schluss ein einwandfreies Literaturverzeichnis zusammenstellen können, ohne noch einmal in die Bibliothek fahren zu müssen, bloß weil Ihnen einige Angaben fehlen. In der dadurch gewonnenen Zeit können

Sie die anderen erforderlichen Arbeiten sorgfältiger durchführen und intensiver Korrektur lesen.

4.4 Papierorganisation

In diesem Abschnitt lernen Sie eine Vorgehensweise kennen, wie verschiedene Deckblatt-versionen, Entwürfe für die Gliederung, Literaturquellen, Prospekte, Nachschlagewerke, Notizen, Textentwürfe und ähnliche, mit dem Technischen Bericht zusammenhängende Materialien sortiert und aufbewahrt werden können. Jedes Projekt ist allerdings ein biss-chen anders aufgebaut und erfordert dadurch auch eine entsprechend angepasste Technik der Projektdurchführung und der Papierorganisation.

Berichts-Ordner
Legen Sie sich einen Berichts-Ordner an, in dem Sie alles zum Technischen Bericht Zu-gehörige sammeln können. Beschriften Sie den Berichts-Ordner auf dem Rücken mit dem Arbeitstitel des Berichts.

Unterteilen Sie den Berichts-Ordner mit Trennblättern aus festem Karton, die rechts überstehen und die Sie mit weichem Bleistift beschriften. Dies hat Vorteile, wenn Sie noch nicht so tief in Ihr Projekt eingearbeitet sind. Zu diesem frühen Zeitpunkt kennen Sie noch nicht alle Feinheiten, wie die Informationen am besten gegliedert werden sollten. Daher wird es vorkommen, dass Sie die Trennblätter später anders beschriften wollen. Das können Sie ganz leicht, wenn Sie einen weichen Bleistift und einen Radiergummi verwenden.

Der Berichts-Ordner kann z. B. die folgende Einteilung erhalten:

- Titelblatt und Gliederungsentwürfe, die jeweils neueste Version liegt oben
- weitere Bestandteile der Titelei, z. B. Bilder- und Tabellenverzeichnis – soweit bereits fertig gestellt, ggf. mit handschriftlichen Ergänzungen seit dem letzten Ausdruck
- Papierausdruck von allen Kapiteln des Technischen Berichts, einschl. der Anhänge
- Materialsammlung (Textentwürfe, Notizzettel und Kopien) kapitelweise geordnet
- Notizzettel und weiteres Material, das sich (noch) keinem Kapitel zuordnen lässt
- Titelblattentwürfe, die neueste Version liegt oben
- Berichts-Leitfaden
- Berichts-Checkliste
- Liste mit aufgeschobenen Besorgungen, Tätigkeiten und Korrekturen (To-do-Liste)

▶ Eine Kopie der aktuellen Gliederung liegt oder hängt auch an ihrem Arbeitsplatz ständig sichtbar bereit.

Bücherstapel
Alle Unterlagen aus der Materialsammlung, die nicht gut abgeheftet werden können, die aber zitiert werden sollen (Lehrbücher, Bibliotheksbücher, Zahlen-Tabellen, Herstellerun-

terlagen usw.), werden je nach Volumen auf einen gemeinsamen Bücherstapel pro Kapitel, pro Unterkapitel oder pro Abschnitt gelegt. Bei einzelnen kopierten Seiten und dünnen Broschüren, die in Ihrem persönlichen Besitz verbleiben, müssen Sie entscheiden, ob diese Unterlagen mit in dem Bücherstapel oder lieber in Ihrem Berichts-Ordner aufbewahrt werden sollen. Die einzelnen Bücherstapel bekommen ein Deckblatt mit Dokumentteil-Nummer und -Titel und ein Trennblatt, um bereits zitierte Literatur von noch zu bearbeitender zu trennen. Fertig zitierte Literatur kommt nach unten.

Es kommt manchmal vor, dass jemand in Unterlagen aus der Materialsammlung Notizen eingetragen hat, und später feststellt, dass die betreffenden Seiten aber als Kopie in den Bericht bzw. als Broschüre in den Anhang aufgenommen werden sollen. Besser ist es, wenn Sie in nicht selbsterstellte Unterlagen Notizzettel einlegen bzw. Haft-Notizzettel aufkleben.

Versionsangaben

Wenn Sie viele Dateien haben, können Sie die ausgedruckten Textentwürfe und Grafiken beschriften mit Pfad, Dateinamen, Version und Datum. Dies gilt auch für ausgedruckte Deckblatt- und Gliederungsentwürfe. Für aufzuklebende Bilder/Tabellen bleibt ein entsprechender Freiraum unbedruckt. Die Bilder werden als Kopie vor die jeweilige Seite des Entwurfs eingeheftet, z. B. in einer Prospekthülle, und noch nicht aufgeklebt, weil sich bis zum Endausdruck noch mehrere Entwurfsversionen ergeben können und das Einkleben dann unnütz wäre.

Korrekturlesen

Der Entwurf wird am besten auf Papier Korrektur gelesen, weil man dabei Tippfehler viel besser findet. Schrift ist auf Papier klarer lesbar als auf dem Bildschirm. Außerdem können Textpassagen, wenn sich einmal eine eher unlogische Gedankenfolge ergeben hat, auf Papier deutlich leichter umgruppiert werden als dies am Bildschirm möglich ist. Korrekturen werden – auch in die eigenen Entwürfe – am Besten in Rot eingetragen. Korrekturen und Bearbeitungsvermerke in dieser Farbe sind beim Eingeben am Bildschirm deutlich besser lesbar als Korrekturen, die mit Bleistift oder mit blauem Kugelschreiber in den schwarz gedruckten Text eingetragen sind.

To-Do-Liste

Analog zu der in Abschn. 2.5 vorgestellten Kladde (Laborbuch) für die praktischen Arbeiten an Ihrem Projekt sollten Sie für das Zusammenschreiben Ihres Technischen Berichts eine To-do-Liste anlegen und dort alle Hinweise auf noch zu erledigende Arbeiten, noch zu besorgende Literatur usw. erfassen, sobald die Punkte auftauchen. Dies gilt auch für Korrekturen, die Sie erkennen, aber nicht sofort erledigen können oder wollen. Vor dem Endausdruck sehen Sie die To-Do-Liste noch einmal an und bearbeiten die bisher noch nicht erledigten Punkte.

4.5 **Dateiorganisation und Datensicherung**

Wenn Sie für Ihren Bericht Texte erstellen, dann ist als Erstes festzulegen, wie Sie die Daten auf Ihrer Festplatte ablegen wollen. Zweckmäßig ist, an beliebiger Stelle in Ihrem Verzeichnisbaum ein Unterverzeichnis einzurichten, das in seinem Namen den Arbeitstitel des Berichts ggf. in Kurzform enthält. In diesem Unterverzeichnis erscheinen dann die Dateien, die Ihre Kapitel, Unterkapitel oder Abschnitte repräsentieren.

Dateinamen
Wählen Sie sinnvolle Namen, an die Sie sich auch später noch gut erinnern. Für die Vergabe von Dateinamen hat sich unabhängig vom verwendeten Betriebssystem auch der folgende generelle Grundsatz sehr gut bewährt.

▶   In Dateinamen für Text- und Bilddateien verwenden Sie keine Leerzeichen und
           nur Kleinbuchstaben, Ziffern und die Sonderzeichen - und _! Anstelle von Um-
           lauten in Dateinamen verwenden Sie ae, oe, ue und ss.

Dies gilt speziell, wenn Sie Ihre Dateien in einem heterogenen Netzwerk unter verschiedenen Betriebssystemen (z. B. Windows, Mac OS und UNIX bzw. Linux) bearbeiten, denn dort werden Großbuchstaben in Dateinamen beim Kopieren z. T. willkürlich in Kleinbuchstaben umgewandelt (großer Anfangsbuchstabe, Rest Kleinbuchstaben), Leerzeichen werden durch Sonderzeichen ersetzt (z. B. %20 unter Windows für das Leerzeichen) usw. Von einem anderen Betriebssystem aus ist die gesuchte Datei dann evtl. nicht sofort auffindbar. Links, die auf Internet- oder Intranet-Seiten verweisen, funktionieren nicht usw.

Gliederung
Da die Gliederung während der Ausarbeitung ständig „mitwächst", also ständig weiter verfeinert wird, sollten Sie in der Gliederung in einer Textzeile, am unteren Ende der Datei

• den Pfad und Dateinamen der Gliederungsdatei sowie
• das genaue Datum der letzten Änderung (den Bearbeitungsstand)

notieren. Diese Zeile wird dadurch immer mit ausgedruckt.

Die Dateinamen der Gliederungsdatei sollten darüber hinaus das Tagesdatum oder Monat und Jahr der Erstellung enthalten. Um die Dateien in der richtigen Reihenfolge zu sehen, muss das Jahr vorne stehen, dann der Monat und dann ggf. der Tag.

Verschiedene Versionen der Gliederungsdatei

```
gldg-giessanlage-2006-07-12.doc
gldg-giessanlage-2006-09-27.doc
gldg-giessanlage-2006-09-30.doc
```

Bewahren Sie alle älteren Fassungen der Gliederung als Datei auf Ihrer Festplatte und als Papierausdruck auf. Bei dieser Vorgehensweise kann gegebenenfalls auf eine frühere Gliederungsversion zurückgegriffen werden. Dies könnte nötig werden, wenn für den mit der letzten Gliederungsmodifikation festgelegten neuen Schwerpunkt des Projektes in der verfügbaren Zeit keine Literatur auffindbar ist oder wenn Versuche z. B. wegen Lieferschwierigkeiten oder Defekten ins Stocken geraten oder der Auftraggeber eine frühere Gliederungsversion bevorzugt.

Reihenfolge der Dateien

Um die einzelnen Dateien in der richtigen Reihenfolge angezeigt zu bekommen, sollten Sie die Kapitel- und ggf. Unterkapitelnummer vorn im Dateinamen angeben, evtl. mit führender Null bei einstelligen Zahlen und danach den Titel des Kapitels oder Unterkapitels.

Durch diese Namenskonvention, bei der die Dateien in der gleichen Reihenfolge wie in der Gliederung angezeigt werden, behalten Sie gut den Überblick. Beispiel (bitte vergleichen Sie mit dem Inhaltsverzeichnis dieses Buches):

Dateien erscheinen im Computer in derselben Reihenfolge wie in der Gliederung

```
01-einleitung.doc      (Kapitel 1)
02-planung.doc         (Kapitel 2)
31-erstellung.doc      (Unterkapitel 3.1 bis 3.3)
34-erstellung.doc      (Unterkapitel 3.4)
35-erstellung.doc      (Unterkapitel 3.5 bis 3.9)
```

Grafikdateien

Wenn Sie für Ihren Technischen Bericht Grafikdateien verwenden, dann speichern Sie diese Dateien nicht nur eingebettet in Text oder Präsentationsdateien, sondern auch im Originalformat, in der Originalgröße und Originalauflösung und, falls zutreffend, in einem Vektorformat.

Für Ihren Technischen Bericht benötigen Sie die Bilddateien oft auch in einem anderen Format wie z. B. gif oder jpg oder einer anderen Bildgröße (in Pixeln) als für die Publikation in Datennetzen. Eine andere Auflösung kann z. B. vorkommen, wenn die Bilder mit 300 dpi für den Druck in einer Zeitschrift, mit 150 dpi für den Ausdruck des Technischen Berichts und mit 72 bzw. 75 dpi (= Bildschirmauflösung) in einer Folienpräsentation, hier mit dem Ziel „geringe Dateigröße", verwendet werden.

▶ Die Grafikdateien sollen immer in allen verwendeten Dateiformaten, Bildgrößen und Auflösungen mit archiviert und an andere weitergegeben werden, denn nur so können Sie und andere an den Bilddateien später noch Änderungen vornehmen. Im Fall von Vektordateien ist überhaupt nur im Vektordateiformat das Editieren der Bildobjekte möglich.

Datensicherung

Erstellen Sie häufig Sicherungskopien Ihrer Daten! Damit sichern Sie das Ergebnis Ihrer eigenen geistigen Arbeit. Legen Sie sich zusätzlich zu den Dateien auf der Festplatte von allen Dateien Ihres Projekts zwei bis drei Kopien der Dateien auf verschiedenen Datenträgern an: auf USB-Stick, CD, Wechselplattenlaufwerk, Tape usw.

Aktualisieren Sie die Sicherungskopien Ihrer Daten häufig (ein- bis zweimal täglich). Zum Packen sowie zur Komprimierung und Dekomprimierung der Daten eignet sich u. a. WinZip. Markieren Sie die zu sichernden Dateien und klicken Sie sie mit der rechten Maustaste an, dann wählen Sie im Kontextmenü „Senden an Zip-komprimierten Ordner" und geben einen Dateinamen ein.

Heben Sie sich darüber hinaus den jeweils letzten Ausdruck Ihrer Dateien im Berichts-Ordner auf. Das ist keine übertriebene Vorsicht, sondern eine aus leidvoller Erfahrung gewonnene Arbeitsregel.

Verwaltung von Internet-Links

Wenn Sie viel im Internet surfen, speichern Sie sich Ihre Lieblingsseiten als Favoriten bzw. Lesezeichen und löschen Sie die temporären Internet-Dateien regelmäßig, damit sich nicht erst mehrere MB Daten ansammeln und Ihr Rechner an Leistung verliert, bevor Sie aktiv werden. Im Internet Explorer gibt es dafür mehrere interessante Befehle.

▶ Führen Sie nach jeder größeren Internet-Recherche folgende Befehle aus:

- Exportieren Sie Ihre Favoriten in Ihrem Projektverzeichnis als HTML-Datei. Sichern Sie diese Datei regelmäßig mit den anderen Dateien im Projektverzeichnis.
- Löschen Sie den Browserverlauf.

4.6 Persönliche Arbeitstechnik

Es gibt in der Literatur viele Hinweise über persönliche Arbeitstechnik. Für die Erstellung Technischer Berichte gelten diese Hinweise im Prinzip ebenfalls. Durch die Beschäftigung mit „Technik" ergeben sich jedoch einige Besonderheiten. Die wichtigste Regel lautet: Ausreichend Zeitreserven einplanen!

Zeitplanung

Der Arbeitsaufwand für die tatsächliche Fertigstellung des Technischen Berichts wird regelmäßig (selbst bei sorgfältigen, konservativen Schätzungen erfahrener Autoren) zu knapp kalkuliert. Schätzen Sie deshalb den erforderlichen Zeitbedarf realistisch ab und multiplizieren Sie das Ergebnis mit zwei. Auf diese Weise planen Sie ausreichend große Zeitreserven ein.

Erstellen Sie einen Zeitplan, z. B. in einem Gantt-Diagramm, und überprüfen Sie laufend die Einhaltung Ihrer Zeitvorgaben. Es gibt verschiedene Excel-basierte Vorlagen für Gantt-Diagramme im Internet. Üben Sie Selbstdisziplin, auch wenn der Fortschritt an Ihrem Technischen Bericht einmal zäh verläuft. Planen Sie aber auch Atempausen und kleine Belohnungen für erreichte Etappenziele ein. Verlieren Sie sich nicht in übertriebenem Perfektionismus. Setzen Sie sich lieber einen Redaktionsschlusstermin und halten den auch ein.

Beginnen Sie mit dem Zusammenschreiben spätestens nach 1/3 Ihrer praktischen Projektarbeit. Dann können Sie das Projekt so rechtzeitig beenden, dass Sie zur Klausurenzeit den Kopf wieder für die Klausuren frei haben.

Material und Vorlagendateien rechtzeitig besorgen

Wenn Sie den Technischen Bericht während der vorlesungsfreien Zeit beenden, dann kaufen Sie sich – falls der Papierverkauf während dieser Zeit geschlossen ist – rechtzeitig vor Berichtsabgabe bzw. vor Beginn von Feiertagen, Ferien und vorlesungsfreien Zeiten Papier, Karton, Tintenpatronen bzw. Toner, Formulare, Transparent-Vordrucke usw.

Auch die von Ihrem betreuenden Professor angebotenen Dateivorlagen und Formulare (z. B. Stücklistenvordrucke, beispielhafte Eintragungen in Stücklisten usw.) kopieren Sie sich so rechtzeitig, dass Sie nicht in Terminprobleme während der Weihnachtspause oder entsprechenden Zeiten am Ende des Sommersemesters geraten. Diese Vorgehensweise gilt für alle Vorgaben des Betreuers oder Auftraggebers, also auch für Musterberechnungen, spezielle Diagramme, Arbeitsblätter usw.

Favoriten bzw. Lesezeichen exportieren und kommentieren

Wenn Sie für Ihr Projekt viel im Internet recherchieren, speichern Sie sich interessante Adressen als Favoriten. Sie sollten die Favoriten nach Themen sortiert in Unterordnern verwalten. Es lohnt sich, ab und zu Ihre Favoriten zu exportieren (im Internet Explorer: Datei – Importieren und Exportieren). Sie erhalten eine HTML-Datei mit anklickbaren Links, in die Sie Kommentare und gliedernde Zwischenüberschriften einfügen können. Diese Datei können Sie auch gut in Teambesprechungen oder im nächsten Gespräch mit Ihrem Betreuer oder Auftraggeber einsetzen.

Am Anfang eher grob arbeiten, später verfeinern

Während der Anfangsphase sollten Sie nicht zu viel Arbeit in die „Optik" des Technischen Berichtes stecken. Die Überarbeitung von Zeilen- und Seitenumbruch erfolgt am besten nur einmal am Ende und dafür richtig! Das Formulieren von Text und das Aussuchen bzw. Erstellen von Bildern und Tabellen sollte immer parallel zum Schreiben des Textes verlaufen. Das Zeichnen von Bildern dauert leider ziemlich lange! Wenn Sie diese Arbeit bis zum Schluss aufschieben, sind Zeitprobleme vorprogrammiert!

Handschriftliche Notizen und Skizzen reichen in der Anfangsphase völlig aus, um erst einmal die Anfangshürden des Zusammenschreibens zu überwinden und ein Gefühl dafür zu bekommen, welche Inhalte in welchem Dokumentteil erscheinen sollen. Wenn der Technische Bericht dann in einer ersten Version auf dem PC vorliegt, können Sie sich unfertige Textstellen besonders markieren.

Unfertige Textstellen treten z. B. auf, wenn Sie Inhalte später noch einmal nachlesen oder überprüfen wollen, im Moment jedoch mit der Texterstellung fortfahren möchten. Hier hat sich die einheitliche Verwendung der Markierung „###" bestens bewährt. Diese Markierung ist mit der Funktion Bearbeiten – Suchen problemlos auffindbar. Verwenden Sie diese Markierung überall dort, wo später noch Details nachgeschlagen bzw. nachgetragen werden müssen. Auch wenn Sie mit Ihren Formulierungen noch nicht endgültig zufrieden sind und an dieser Stelle später noch genauer formulieren bzw. Ihren Text überarbeiten wollen, ist es sinnvoll, den Text mit der Markierung „###" zu versehen.

Abstimmung mit den anderen Gruppenmitgliedern

Bei Gruppenarbeiten muss das Layout des Textes, die Gliederung des Technischen Berichts und die Terminologie innerhalb des Projektes am Anfang für alle Gruppenmitglieder verbindlich festgelegt werden. Wenn Sie diese Grundregeln nicht beachten, kann es zu unschönen Inkonsistenzen kommen. Beispiele: verschiedene Systeme der Seitennummerierung, verschiedene Kopf- oder Fußzeilen, verschiedene Arten der Texthervorhebung für gleichartige Textelemente, verschiedene Bauteilnamen in verschiedenen Kapiteln, unterschiedliche grafische Sprache in Zeichnungen (Verwendung von Kästen, Balken, Linien, Pfeilen, Schraffuren oder Füllmustern).

Um einen konsistenten Bericht zu erzeugen, haben sich die Instrumente „Berichts-Leitfaden" (Abschn. 2.6) und „Berichts-Checkliste" (Abschn. 3.8.1) hervorragend bewährt. Besonders in der Anfangsphase eines Projektes fällt es oft schwer, die gängigen Fachbegriffe richtig und einheitlich zu verwenden. Um eine einheitliche Terminologie-Verwendung sicherzustellen, nehmen Sie die für Ihr Projekt wichtigen Fachbegriffe (ggf. mit Synonymen, die in der Literatur ebenfalls verwendet werden, und mit einer kurzen Erklärung) in den „Berichts-Leitfaden" (Style Guide) oder in eine „Terminologie-Liste" auf. Diese Listen bzw. Dateien werden mit fortschreitender Projektdauer ständig aktualisiert. Falls mehrere Gruppenmitglieder den Bericht schreiben, müssen die Aktualisierungen wöchentlich oder öfter ausgetauscht werden.

Bewährte Regeln beim Schreiben Ihres Technischen Berichts

- Wenn Sie eine längere Pause machen und deshalb den Computer ausschalten, dann fügen Sie vor dem Speichern eine Kennzeichnung in Ihre z. Z. bearbeitete Datei ein. Diese Kennzeichnung soll möglichst nur an der Stelle in Ihrem Bericht auftauchen, an der Sie die Arbeit unterbrochen haben, z. B. „###break". Wenn Sie die Datei später wieder öffnen, dann können Sie mit der Funktion „Suchen" die Stelle schnell wieder finden.

- Behalten Sie die Gliederung stets in der neuesten Fassung in Sichtweite (sie ist der „rote Faden", der beim Ausformulieren des Textes Führung und Hilfestellung gibt).

- Nehmen Sie beim Formulieren und Gestalten des Technischen Berichts gedanklich die Position des zukünftigen Lesers ein.

- Das Entwerfen von Bildern und Tabellen macht Texte i. Allg. besser verständlich, kostet aber auch viel Zeit. Erstellen Sie Bilder und Tabellen parallel mit dem laufenden Text. Wenn Sie diese Arbeit zu lange vor sich herschieben, sind Zeitprobleme vorprogrammiert.

- Wenn Sie einen Prospekt einheften, dann dürfen Sie den Prospekt nicht mit Notizen versehen. Verwenden Sie lieber in den Prospekt eingelegte Notizzettel oder Post-it-Haftnotizen.

- Das Erstellen einer Seite im Literaturverzeichnis dauert zwei- bis dreimal so lange wie das Erstellen einer Textseite. Lassen Sie das Literaturverzeichnis deshalb mit dem laufenden Text in einer eigenen Datei mitwachsen.

- Man wird betriebsblind gegenüber den eigenen Formulierungen. Lassen Sie Ihren Technischen Bericht deshalb von jemand anderem lesen, der zwar technisch ausgebildet ist, sich aber mit Ihrem speziellen Projekt nicht auskennt.

- Wenn Sie in Rechtschreibung und Zeichensetzung nicht sehr fit sind, lassen Sie Ihren Technischen Bericht auch von jemand anderem lesen, der sich mit Rechtschreibung gut auskennt. Kaufen Sie sich ggf. einen Duden oder Wahrig.

- Formulieren Sie Einleitung und Zusammenfassung mit besonderer Sorgfalt. Diese beiden Kapitel liest praktisch jeder Leser besonders genau!

- Heben Sie sich genug Zeit auf für die Phasen Korrekturlesen, Kopieroriginale erstellen und Endcheck. Dadurch wird Ihr Bericht konsistent und erreicht ein hohes Qualitätsniveau.

- Und denken Sie immer daran: noch nicht erledigte Dinge auf ein Blatt, in eine To-do-Liste oder in ein Heft aufschreiben! Die Gefahr des Vergessens ist sonst einfach zu groß!

Strukturiertes Arbeiten auch kurz vor Redaktionsschluss

Da, wo Sie in Ihren eigenen Texten Stellen gefunden haben, die noch überarbeitet werden müssen, diese Stellen aber aus Zeitmangel nicht überarbeitet haben, hakt später mit fast absoluter Sicherheit der Nächste ein. Deshalb ist es besser, wenn Sie keine Kompromisse mit sich selber schließen und Textstellen, mit denen Sie selbst nicht zufrieden sind, im Bericht sofort korrigieren oder andernfalls sofort mit der oben besprochenen Markierung für noch erforderliche Korrekturen versehen, also „###" einfügen.

Irgendwann im Verlaufe des Zusammenschreibens sollten Sie sich einen Endtermin (Ihren persönlichen Redaktionsschluss) setzen, ab dem keine neuen Literaturquellen mehr besorgt und ausgewertet und keine neuen Informationen mehr aufgenommen werden. Dieser Termin soll bei etwa 4/5 der Zeit des Zusammenschreibens liegen. Wenn Sie danach noch wichtige Quellen finden, können Sie sie selbstverständlich noch mit aufnehmen, dies können dann aber nur noch wirklich wichtige Beiträge bzw. vom Betreuer oder Auftraggeber eindringlich empfohlene Literatur sein.

Am Ende prüfen Sie kritisch, ob der Bericht inhaltlich und optisch „rund" ist. Überprüfen Sie formale Aspekte möglichst mit der Berichts-Checkliste und dem Berichts-Leitfaden. Dadurch wird Ihr Bericht in sich konsistent, und er erreicht ein hohes Qualitäts-Niveau.

Nachdem der schriftliche Technische Bericht nun fertig vorliegt, können Sie sich an die mündliche Präsentation Ihres Themas heranwagen.

4.7 Literatur

- DIN 5008:2011-04 Schreib- und Gestaltungsregeln für die Textverarbeitung
- www.din5008.de bzw. www.tastschreiben.de: die DIN 5008 im Wortlaut, eine ausführliche Darstellung der Regeln für die neue Rechtschreibung
- www.duden.de/rechtschreibpruefung-online: Rechtschreibprüfung (max. 800 Zeichen)
- dict.leo.org und www.dict.cc: Wörterbücher für verschiedene Sprachrichtungen
- www.systranbox.com/systran/box: Übersetzung von kurzen Texten in verschiedenen Sprachrichtungen
- http://www.google.de/language_tools?hl=de: Übersetzung von kurzen Texten in verschiedenen Sprachrichtungen

Das Präsentieren des Technischen Berichts 5

Heutzutage nützt der beste Technische Bericht nur demjenigen, der ihn erfolgreich präsentieren kann. Alles Wichtige im Beruf – im Geschäftsleben oder in der Politik – wird
durch persönlichen Kontakt, letztendlich durch das gesprochene Wort entschieden, sei es
auch schriftlich noch so gut vorbereitet.

Darum gilt: Wenn Sie Erfolg haben wollen, kommen Sie um das Präsentieren nicht
herum.

5.1 Einführung

Die folgenden Seiten führen Sie an Wesen, Sinn und Hintergründe des Präsentierens am
Beispiel des Vortrages mit 20–60 Minuten Redezeit heran. Anschließend wird eine Systematik dargestellt, mit deren Hilfe Sie zeit-, geld- und nervensparend Vorträge planen,
ausarbeiten und durchführen können. Am Ende des Kapitels folgen noch die Besonderheiten des Kurzvortrages (Statement) von 3–10 Minuten Redezeit und 57 Rhetorik-Tipps
von A–Z.

Ohne Systematik und nur mit guter Redegabe sind gute Vorträge nicht zu halten. Bedenken Sie, dass man auch im Vortrag wie bei der Zauberei nur das „aus dem Ärmel
schütteln" kann, was man zuvor hinein getan hat!

5.1.1 Zielbereiche Studium und Beruf

Sie sind ein Student vor Ihrem Diplomvortrag oder eine Doktorandin vor dem Präsentieren
Ihrer Dissertation? Sie wollen als Ingenieur(in) Ihrer Firma oder auf einer Fachtagung
einen Vortrag halten?

© Springer Fachmedien Wiesbaden GmbH, ein Teil von Springer Nature 2019
H. Hering, *Technische Berichte*, https://doi.org/10.1007/978-3-658-23484-3_5

Wenn ja, dann hilft Ihnen das folgende Kapitel, das Präsentieren vor wichtigen Leuten, z. B. vor Ihrem Professor, vor Ihrer Geschäftsleitung oder vor einem öffentlichen Publikum, neu zu lernen oder zu verbessern.

Die folgenden Regeln, Hilfen und Tipps beziehen sich zwar aus Platzgründen auf Beispiele aus dem Hochschulbereich wie z. B. Studienarbeit, Diplomarbeit oder Dissertation, sie gelten aber ebenso beispielsweise für den mündlichen Sachstandsbericht in der Abteilungsbesprechung („Meeting") wie auch für eine Messepräsentation eines neuen Produktes.

Beide Rollen erfordern ähnliche Arbeitsschritte für eine Präsentation

Student(in) oder Ingenieur(in) in der Praxis –
Wollen Sie sich in beide Rollen hineinversetzen?

Dann leuchtet Ihnen Folgendes sicher ein: Was Sie in diesem Buchteil erfahren, ist sowohl für den Hochschulalltag als auch für die Berufspraxis gültig. Schließlich präsentieren Sie in allen Lebensbereichen für ein Publikum aus *Menschen*, und die sind sich in ihren Erwartungen und Verhaltensweisen meist viel ähnlicher als angenommen wird. Glauben Sie nicht? Probieren Sie es aus!

5.1.2 Worum geht es?

Ausgangssituation

„Mein Bericht ist endlich fertig – dann ist ein Vortrag darüber wohl kein Problem!"

Oder doch?

Nein, der Vortrag oder die Präsentation sind keine Probleme, zumindest keine unüberwindlichen!

Schließlich haben Sie, liebe Leserin und lieber Leser, doch eine lange, arbeitsreiche Zeitspanne hindurch so viele Texte, Tabellen, Diagramme und Bilder erstellt, dass diese Menge wohl für einen Vortrag oder eine Präsentation von 20, 30, 45 oder 60 Minuten Dauer ausreichen müsste.

Aber – ist das der Stoff, aus dem selbstverständlich ein guter, erfolgreicher Vortrag gemacht ist? Warum werden Vorträge überhaupt gehalten, wo doch jeder Interessierte alles lesen kann in Ihrem Technischen Bericht? Diese und ähnliche Fragen sollen im Folgenden angesprochen und praxisbezogen geklärt werden:

- Welche Daseinsberechtigung, Sinn und Zweck hat das Präsentieren Technischer Berichte im modernen Berufsleben?
- Was muss vorher alles abgeklärt werden, z. B.
  - welche Adressaten,
  - welche Redezeit,
  - welche Hilfsmittel?

- Wie planen Sie Erarbeitung und Durchführung Ihres Vortrags?
- Wie strukturieren Sie Ihren Vortrag, welche Stoffmenge und welches Stoffniveau wählen Sie?
- Worauf kommt es an, damit Sie nach dem Vortrag eine gute Note, Lob oder Anerkennung erhalten?

Damit sind wir wieder bei der Frage: Warum werden Vorträge überhaupt gehalten? Wozu die Mühe – es kann doch jeder alles nachlesen!? Was bringt es, einen Vortrag vorzubereiten und zu präsentieren? Die Antwort finden Sie im folgenden Abschnitt. Doch zunächst zu den Vorteilen, die Sie selbst davon haben und zur grundsätzlichen Herangehensweise und inneren Einstellung zur Präsentation.

5.1.3   Was nützt mir das?

Ganz einfach – durch die Präsentation Ihres Berichtes

- haben Sie als Persönlichkeit eine viel größere Wirkung,
- kommt der Inhalt Ihres Berichtes besser zur Geltung,
- haben Sie mehr Erfolg,
- haben Sie mehr Spaß.

Zunächst zum Spaß: Alle präsentierenden Damen und Herren werden Ihnen verraten (wenn sie ehrlich sind), dass es ein Hochgefühl von eigenem Können, Lebensfreude und auch von ein wenig Macht ist, Menschen einen Inhalt erfolgreich zu vermitteln. Natürlich stellt sich dieses Gefühl nicht beim ersten Präsentieren ein. Das verhindert das Lampenfieber, das alle Rednerinnen und Redner anfangs quält und das sich nie ganz verliert.

Aber mit der Routine empfinden auch Sie, die Sie hier zu lesen begonnen haben, ein Gefühl der Zufriedenheit und Genugtuung, mit einer Zuhörerschaft zu „kommunizieren" („mit der Zuhörerschaft etwas auszutauschen und es dann gemeinsam zu besitzen"). Sie werden Freude und Spaß dabei haben, im Berufsalltag eine willkommene Abwechslung zu finden, die Sie außerdem noch menschlich und fachlich weiterbringt, Ihnen also persönlichen und beruflichen Erfolg verschafft.

Mit Ihrem Präsentieren wird der Inhalt lebendiger, weil er durch Ihre persönliche Erscheinung und Ihre frei gesprochenen Erläuterungen viel stärkere Wirkung entfaltet. Vereinfacht ausgedrückt, spricht Ihr schriftlicher Bericht meist „den Kopf", das Gehirn, den Verstand Ihrer Leser an, während Ihre Präsentation besonders „den Bauch", das Gefühl, das Unbewusste in Ihren Zuhörern erreicht. Erst die sich ergänzenden Gesamteindrücke von Gefühl (zuerst) und Verstand (danach) vermitteln ein geschlossenes und einprägsames Erlebnis Ihrer Arbeit und Ihrer Person, die hinter aller Arbeit steckt. Aus der Psychologie stammt die Erkenntnis: Wo das Gefühl Nein sagt, überzeugen keine noch so guten Fakten und Argumente.

Denn wenn Sie schon so lange an Ihrem Bericht gearbeitet haben, dann soll sich diese Mühe doch auch in einer guten Note, in mehr Euro im Portemonnaie und in besseren Aufstiegschancen auszahlen! Wäre das kein Erfolg?

5.1.4 Wie gehe ich vor?

Erinnern Sie sich an „Die Feuerzangenbowle"?

Zielgruppenorientierung

„Da stelle mer uns janz dumm und da sage mer so: Wat wolle de Leut' von mir?"

So oder ähnlich frei nachempfindend sollten Sie an Ihre Präsentation herangehen. Die Präsentation Ihres Berichtes ist etwas völlig anderes als das Vortragen oder gar Vorlesen von Teilen Ihres schriftlichen Technischen Berichts! Es leuchtet ein, dass die mühevolle, oft hoch qualifizierte Arbeit von vielen Tagen, Wochen, Monaten oder bei Dissertationen von Jahren sich nicht auf die vergleichsweise lächerlich kurze Zeit von 20, 30 oder 60 Minuten komprimieren lässt.

Also können Sie nur einen Bruchteil Ihres Technischen Berichts auswählen, sozusagen einen Blick durchs Schlüsselloch. Aber welchen Blick?

Für diese Entscheidung benötigen Sie drei wichtige Phasen:

- **Phase 1:** Sie gehen so weit wie möglich geistig auf Abstand zu Ihrem Bericht.
- **Phase 2:** Sie versetzen sich in die Lage Ihrer Hörerschaft einschließlich Professor, Chef und anderer Experten und versuchen deren Vorwissen, deren Einstellung und deren Erwartungen vorauszuahnen.
- **Phase 3:** Sie nehmen sich vor, genau diese Erwartungen Ihrer Hörerschaft bestmöglich zu erfüllen.

„Muss das alles sein?" werden Sie sich fragen, „Wie soll mir das gelingen und wie groß ist mein Aufwand, um das zu schaffen?"

Die Antworten finden Sie auf den folgenden Seiten, außerdem Grundregeln, Hilfen, Tipps und Tricks, die Ihnen helfen, Fehler zu vermeiden, Zeit zu sparen und Erfolg zu haben. Lassen Sie sich überraschen, steigen Sie ein!

5.2 Warum überhaupt Vorträge?

In diesem Abschnitt sollen die Charakteristika herausgearbeitet werden, die einen Vortrag bzw. eine Präsentation vom Technischen Bericht unterscheiden. Außerdem werden Vortragsziele und Vortragsarten vorgestellt. Doch zunächst lassen Sie uns ein paar Begriffe klären, die oft verwechselt werden.

5.2.1 Definitionen

- **präsentieren**: vorstellen, zeigen, gegenwärtig machen
  (Präsent = Geschenk, Präsens = Gegenwart)
- **Vortrag**: Mündliche Rede (20 ... 60 min) über ein Thema oder aus einem Anlass mit Wissensübermittlung und/oder Beeinflussung
- **Präsentation**: Mittellanger Vortrag (10 bis 15 min) über ein Projekt oder ein Produkt mit Wissensübermittlung und Beeinflussung.
- **Kurzvortrag (Statement):** (3, 5–10 min) zu einem Thema, zum Beispiel Stellungnahme, Standpunkt, eigene Meinung.
- **Information:**
  1. Kürzestvortrag zur reinen Inkenntnissetzung
  2. Anderes Wort für Wissensübermittlung (sollte immer sachlich neutral sein!)

Diese Begriffe sind natürlich nicht scharf voneinander zu trennen, sondern haben auch gemeinsame Merkmale, wie zu erkennen ist. Der Vortrag ist dabei die Mutterform aller Reden und am aufwändigsten durchzuführen. Alle anderen genannten Formen lassen sich vom Vortrag ableiten und haben mehr oder weniger gemeinsame Elemente. Wir sollten daher besonders den Vortrag kennen lernen, auch wenn er dann als Präsentation oder in Form des Statements verkürzt dargeboten wird. Sprechen wir also vom Vortrag, so sind auch die abgeleiteten Redeformen ganz oder teilweise mit angesprochen.

5.2.2 Vortragsarten und Vortragsziele

Den Vortragsarten und Vortragszielen vorangestellt sei zunächst eine hilfreiche Deutung des Begriffs „präsentieren" und zwar in dreifacher Hinsicht: Damit erstens der Inhalt eines Vortrages „rüberkommt", also für das Publikum präsent wird, sollte zweitens ein guter Redner durch die Wirkung seiner Persönlichkeit präsent sein, z. B. durch Ausstrahlung und Engagement, und er sollte drittens seinem Publikum mit seinem Vortrag ein Geschenk (Präsent) machen. Geschenke macht man sich unter Freunden. Deswegen sollte, zumindest für die Dauer des Vortrages und der anschließenden Diskussion, zwischen Redner und Publikum eine freundschaftliche Grundhaltung (Beziehungsebene) existieren.

Wir wollen vier wichtige Vortragsarten definieren, Tab. 5.1.

Die Übergänge zwischen diesen Vortragsarten sind fließend!

Vortragsziele
Ein Vortrag hat immer, natürlich unterschiedlich gemixt, drei Ziele:

1. **Informieren:** Technisches Wissen
   - dokumentieren (festhalten, speichern in Schrift, Zahl und Bild) und
   - transferieren (übermitteln an andere Personen)

Tab. 5.1 Vortragsarten

Vortragsart	Eigenschaften
1. Sachvortrag	- Vorrang hat die reine Information! - Sachlichkeit ist Trumpf. - Hauptinhalt: Technik, dennoch ansprechend dargeboten. - Adressaten müssen nur im Rahmen der guten verständlichen Wissensübermittlung angesprochen werden, also indirekt.
2. Zielvortrag	- Vorrang hat die Überzeugung mit technischen und auch nichttechnischen Argumenten. - Technische Sachlichkeit nur soweit wie erforderlich. - Besonders ansprechend, überzeugend, evtl. auch unterhaltend darzubieten. - Adressaten müssen sehr gezielt angesprochen werden, also direkt.
3. Präsentation	- Vorrang hat meist die Beeinflussung. - Dennoch wird erhebliche Sachinformation geboten.
4. Gelegenheitsrede	- Vorrang haben eindeutig Beeinflussung, Unterhaltung und Emotion. - Wenig sachliche Information (Nebensache).

2. **Überzeugen:** Überzeugen der Adressaten (Zuhörerschaft)
   - von der Qualität des Wissens
   - der Effizienz der geleisteten Arbeit
   - der Kompetenz des/der Bearbeiter/innen.
3. **Beeinflussen:** Beeinflussen der Adressaten zu eigenem Handeln:
   - Geldbewilligung
   - Kauf
   - Projektfortsetzung
   - positive Entscheidung
   - gute Note

5.2.3 „Risiken und Nebenwirkungen" von Präsentationen und Vorträgen

Im technischen Berufsalltag gibt es nach wie vor schriftliche und mündliche Formen der Wissensübermittlung bzw. der Kommunikation, wobei unter „schriftlich" auch die elektronische Kommunikation in Datennetzen zu verstehen ist. Warum genügt nicht die eine oder die andere Kommunikationsform? Die Antwort ist: Beide Kommunikationsformen haben Vor- und Nachteile, vergleichbar mit den so oft gehörten „Risiken und Nebenwirkungen". Sehen wir uns beide Kommunikationswege mit allen Stärken und Schwächen an, Tab. 5.2.

Tab. 5.2 Vor-/Nachteile von schriftlicher und mündlicher Kommunikation

	Vorteile	Nachteile
Schriftliche Kommunikation: **Dokumentieren, also „Notiz" bis „Angebot", auch als E-Mail**	Zeitunabhängigkeit, Bearbeitung tags und nachts möglich: Stoff bildhaft sichtbar; „Leser" kann sein Lesen steuern, wiederholen; Stoff steht fest; „Schreiber" kann in Ruhe arbeiten, Stück für Stück, Pausen machen; Qualität gut steuerbar. Ständige Rückversicherung möglich.	Leser kann nicht nachhaken, unpersönlicher, unflexibel; keine Kontrolle über die Wirkung, welcher Adressat unter welchen Bedingungen liest, keine Rückmeldungen; Geschriebenes lässt sich schwer wieder zurücknehmen/ entschärfen/verstärken.
Mündliche Kommunikation: **Argumentieren, Präsentieren, also „Gespräch" bis „Vortrag"**	Guter Redner ist angenehm für Adressaten; „Redner" hat Kontakt, erhält „Feedback", kann seine Person überzeugend einsetzen; kann sich korrigieren, kann flexibel reagieren, kann Stimmungen und Gefühle nutzen/steuern (bis hin zu Demagogie und Manipulation); gesprochenes Wort, sichtbares Bild und unmittelbare körperliche Anwesenheit des Redners bewirken zusammen den stärksten Eindruck.	Fehlende Reproduzierbarkeit, hoher Bedarf an physischer/psychischer Kraft, Nerven, aktivem Wissen, Disziplin, Geist, Schlagfertigkeit, Menschenkenntnis, Sensibilität, Wortgewandtheit, Auftreten, positiver Ausstrahlung, Tagesform! Störbarkeit durch Einreden oder Fragen oder bewusste Störungen; Möglichkeit von Missverständnissen, Risiko von Denkfehlern beim Formulieren immer vorhanden, ständiger Zeitdruck, Lampenfieber, Selbstzweifel.

Die schriftliche Kommunikation (Dokumentation) geschieht z. B. durch Notizen, Berichte, elektronische Mitteilungen oder durch schriftliche Angebote.

Die mündliche Kommunikation umfasst das Argumentieren und das Präsentieren, z. B. durch das Gespräch, in einer Besprechung oder eben in der Präsentation und im Vortrag.

Beide Formen, sowohl die schriftliche als auch die mündliche, müssen Stärken und Schwächen haben, sonst gäbe es nicht beide nebeneinander.

In diesem Vergleich erkennen Sie, dass beide Kommunikationsformen ungefähr gleich viele Vor- und Nachteile besitzen. Im technischen Berufsalltag braucht man daher beide Formen und deswegen vermittelt Ihnen dieses Buch nach dem Technischen Bericht auch die zugehörige Präsentation.

Die anfangs gestellte Frage „Warum überhaupt Vorträge?" lässt sich jetzt beantworten:

▶ Um Menschen von technischen Inhalten zu überzeugen und sie in gewünschter Weise zu beeinflussen, bedarf es mehr als schriftlicher Kommunikation. Menschen sind keine „Scanner" (das würde für den reinen Informationsgehalt Ihres

Berichtes ausreichen), sondern als Entscheidungsträger auch Wesen mit Kopf und Bauch. Über das reine Aufnehmen Ihres Berichtes in der „Scanner-Funktion" hinaus wollen die Sinne „Hören" und „Sehen" und nicht zuletzt soll das intuitive Fühlen Ihrer Persönlichkeit durch Sprache und Bilder angesprochen werden, um restlos überzeugt und beeinflusst zu werden.

Sprache und Bilder sind aber die Grundelemente und die Stärken des Vortrags, sie machen den Vortrag unentbehrlich, wenn es um Wichtiges geht. Nicht ohne Grund spielen Reden im Parlament, der mündliche Unterricht in der Ausbildung und die Vorlesung im Studium eine dominante Rolle. Noch ein letzter, nicht unwichtiger Aspekt: Die Persönlichkeit des/ der Vortragenden übt über die Sprache hinaus durch nonverbale Signale wie z. B. Haltung, Mimik, Gestik und Ausstrahlung starke Wirkung auf die Zuhörerschaft aus, die jedem Bericht oder Buch fehlt. Deswegen sollten wir hinter dem Rednerpult von diesen Zusammenhängen, Vorgängen und Wirkungen wissen und unseren Vortrag ganz anders aufbauen als unseren Technischen Bericht.

▶ Der Vortrag ist eine neue Kreation – auf der Grundlage unseres Berichtes, aber mit ganz anderen Inhaltsanteilen, Darstellungen und Stilmitteln – wenn er erfolgreich sein soll.

Nun haben Sie das Hintergrundwissen und genug Motivation, Ihren Vortrag zu planen.

5.3 Vortragsplanung

So schön ein kreatives Chaos ist – ganz ohne Planung kommen Sie mit dem Termin Ihrer Präsentation schnell in Bedrängnis. Darum beschreiben die folgenden Seiten die Schritte der Erarbeitung eines Vortrages und geben Hinweise zum Zeitbedarf.

5.3.1 Erforderliche Arbeitsschritte und ihr Zeitbedarf

Abb. 5.1 zeigt einen Netzplan, in dem die erforderlichen Schritte in ihrer zeitlichen Reihenfolge dargestellt sind. Dieser Plan empfiehlt sieben vorbereitende Schritte von sehr unterschiedlichem Umfang und als 8. Schritt die Durchführung der Präsentation bzw. das Halten des Vortrags. Diese Tätigkeiten laufen nicht alle streng nacheinander ab. Mehr Information gibt das Balkendiagramm, Abb. 5.2. Alle Schritte und Zeitempfehlungen beziehen sich auf die entscheidende, möglichst perfekte Präsentation, von deren Erfolg viel abhängt, z. B. Examen, Bewerbung oder Projektverlängerung.

„Normale" Fachvorträge im Tagesgeschäft können natürlich mit wachsender Routine freier und schneller erarbeitet werden. Der Zeitrahmen geht davon aus, dass etwa zwei Arbeitswochen mit zwei Wochenenden zur Verfügung stehen. Das bedeutet, die Vortragserarbeitung findet neben dem Beruf und teilweise am arbeitsfreien Wochenende statt.

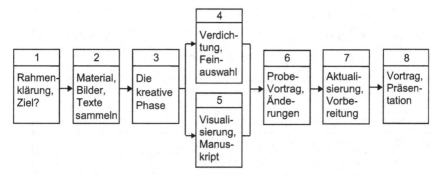

Abb. 5.1 Netzplan zur Erstellung eines Vortrags

Arbeitsschritte	Zeitbedarf	1. Woche	2. Woche	1 – 2 Tage
1	Rahmen klären, Ziel bestimmen	▮		
2	Material sammeln, Bilder und Texte suchen bzw. erstellen	▬		
3	Die kreative Phase: Abstand gewinnen! Roten Faden überlegen	▬		
4	Stoff verdichten, Feinauswahl		▬	
5	Visualisieren, Manuskript erstellen		▬▬	
6	Probevortrag halten, Änderungen vornehmen		▬	
7	Vortrag aktualisieren, Vorbereitungen vor Ort			▮
8	Vortrag halten, präsentieren			▮

Abb. 5.2 Balkendiagramm zur Erstellung eines Vortrags

Die Wochenenden werden vor allem für Schritt 3 „Die kreative Phase: Abstand gewinnen! Roten Faden überlegen" und für Schritt 6 „Probevortrag, Änderungen" benötigt. Besonders Schritt 3 bedarf einer gewissen Ruhe und Abgeschiedenheit zur Entfaltung der Kreativität, die am Arbeitsplatz wohl meist nicht herrscht. Das Balkendiagramm (Abb. 5.2) und Tab. 5.3 stellen Empfehlungen zum Zeitbedarf dar, mit dem Sie rechnen sollten.

Abb. 5.1 und 5.2 sowie Tab. 5.3 bedürfen einiger Erläuterungen:

Die Zeitangaben sind in „Brutto-Tagen" ausgedrückt. Diese Situation ist nach Erfahrungen des Autors die häufigste, das heißt, die Erarbeitung eines Vortrags im Berufsalltag erfordert immer Arbeits- und Freizeit. Letztere muss dem Privatleben entzogen werden, dafür kann ein erfolgreicher Vortrag einen Karrieresprung einleiten.

Die genannten Tätigkeiten (Schritte 1 bis 8) werden in den nächsten Abschnitten detailliert erläutert.

Tab. 5.3 Zeitbedarf für die Erstellung eines Vortrags

Schritte im Netzplan		Zeitbedarf
Schritt 1:	Rahmenklärung und Zielbestimmung	1 Tag
Schritt 2:	Materialbeschaffung, Bilder und Texte suchen	3-5 Tage
Schritt 3:	Die kreative Phase	2-3 Tage
Schritt 4:	Verdichtung des Stoffes, Feinauswahl	2-3 Tage
Schritt 5:	Visualisierung, Manuskripterstellung	3-4 Tage
Schritt 6:	Probevortrag halten, entsprechende Änderungen	1-2 Tage
Schritt 7:	Aktualisierung, Vorbereitungen vor Ort	1-2 Stunden
Schritt 8:	Präsentation Ihres Vortrages	20-60 Minuten

5.3.2   Schritt 1: Rahmenklärung und Zielbestimmung

Im Rahmen der Planung folgen zunächst Schritt 1 „Rahmenklärung und Zielbestimmung" und Schritt 2 „Materialbeschaffung". Mit dem Schritt 1 stellen Sie Ihren Vortrag auf feste Füße, indem Sie vor Ihren weiteren Arbeiten alle wichtigen Rahmenbedingungen klären und die Ziele Ihres Vortrags festlegen. Dies hilft, einen Misserfolg zu vermeiden und Zeit zu sparen. Folgende Rahmenbedingungen und Ziele sollten Sie erfragen, absprechen oder für sich festlegen:

Rahmenklärung für die Präsentation

- Worüber spreche ich? (Thema)
- Wie soll der Titel meines Vortrags lauten?
- Was für einen Vortrag halte ich? (Vortragsart)
- Wer hört mir zu? (Zuhörerschaft, Adressaten, Zielgruppe)
- Was ist der Anlass zu meinem Vortrag?
- Was will ich mit meinem Vortrag erreichen? (Ziele)
- Wozu will ich das erreichen? (Zweck)
- Wo halte ich den Vortrag? (Umfeld)

Wenn Sie diese Fragen (möglichst schriftlich) restlos geklärt haben, fühlen Sie sich etwas sicherer und Ihr Vortrag kann nicht mehr ganz schief gehen. Im Folgenden werden diese Fragen detaillierter betrachtet.

Worüber spreche ich? (Thema)
Ganz einfach – über Ihren Technischen Bericht!

Dennoch kann der Titel Ihres Vortrags vom Titel Ihres Technischen Berichts abweichen, wenn letzterer z. B. zu lang ist (häufig) oder für ein Vortragsthema zu kompliziert klingt oder wenn Ihnen ein besserer Titel eingefallen ist.

Im Berufsalltag halten Sie öfter Vorträge über beliebige, wichtige Inhalte. Dann sind Thema und Inhalt möglichst exakt festzulegen mit Ihrem Auftraggeber, z. B. dem Chef oder einem Tagungsleiter auf einer Messe. Dazu gehören auch (schriftliche) Festlegungen über

- Titel, Untertitel
- Adressaten (Niveau, Interessenlage, Erwartungshaltung)
- Exakter Zeitrahmen ohne/mit Diskussion
- Vorgänger- und Nachfolgevortrag
- Vortragsart, Raumgröße, Hilfsmittel.

Besonders wichtig für Ihre Karriere sind Abstimmungen über Titel und Inhalt mit

- dem Chef
- dem Auftraggeber (Kongress-, Tagungsleitung, Professor, Betreuer)
- der eigenen Verkaufs- und der Werbeleitung!

Warum sollten Sie unbedingt in jedem Fall mit der Verkaufsleitung und der Werbeabteilung sprechen?

Rahmenklärung in der Automobilindustrie

Ihre Firma, ein bekannter Autohersteller, hat ein superschnelles Sportcoupé entwickelt und will dieses Wunderwerk mit einer teuren PR-Show auf der nächsten Messe vorstellen. 14 Tage vorher präsentieren Sie als junger, begeisterter Entwicklungsingenieur auf einer Fachtagung die wichtigsten Motor- und Fahrwerksdetails. Unter den Fachleuten sitzt ein Pressevertreter, und am nächsten Tag bringt dieser Ihr Insider-Wissen groß heraus. Welche Konsequenzen ergäben sich für Ihre Firma, für Sie und Ihren Arbeitsplatz?

Doch nun zurück zu den zu klärenden Rahmenbedingungen.

Was für einen Vortrag halte ich? (Vortragsart)
Ist ein reiner Sachvortrag oder ein spezieller Zielvortrag zweckmäßig? Erwarten die Zuhörer und Zuhörerinnen reine trockene Fakten Ihres Berichtes oder wollen sie Einblicke bekommen, die sie vorher nicht hatten? Wollen sie einen Überblick oder Feinheiten? Wie mischen Sie zweckmäßig Fakten, Beeinflussung und Emotion, vielleicht mit einem Schuss Unterhaltsamkeit? Dies hängt ab von Ihrer eigenen Marschrichtung, aber auch von den Adressaten und vom Vortragsanlass. Daher sollten Sie auch die folgenden vier Fragen klären.

Wer hört mir zu? (Zuhörerschaft, Adressaten, Zielgruppe)
Sind es Ihre Professoren oder Betreuer? Sind es Techniker, Banker oder Journalisten, sind es Experten oder unbekannte Besucher, sind es Ihre Chefs einschließlich Geschäftsführung oder sind es Kollegen aus Nachbarabteilungen? Nach diesen Gegebenheiten oder

– mangels besserer Vorinformationen – notfalls für ein buntes Gemisch von Adressaten bereiten Sie Ihren Vortrag zweckmäßigerweise vor. Wie – darauf kommen wir bei den Stichworten „Stoffmenge" und „Stoffniveau" zu sprechen (siehe Tab. 5.4 und 5.5 sowie Abb. 5.5).

Was ist der Anlass zu meinem Vortrag?
Geht es um einen Diplomvortrag oder um eine Promotion? Ist es ein reiner Bericht an die Kollegen oder eine Präsentation vor Kunden? Handelt es sich um die Gewinnung von Geldgebern (Banken, Deutsche Forschungsgemeinschaft, Bundesministerien) oder um die Überzeugung eines Arbeitskreises zur Normung oder um Aussagen vor Gericht? An diese Anlässe wird sich Ihr Vortrag in seiner Ausrichtung mehr oder weniger anpassen müssen, wenn er Erfolg haben soll – und darum halten Sie ihn!

Was will ich mit meinem Vortrag erreichen? (Zielbestimmung)
Diese Frage behandelt das Vortragsziel. Damit ist gemeint, ob und in welchem Mix Sie folgende Effekte erreichen wollen:

- Technisch-wissenschaftliche Wissensübermittlung (um die Adressaten schlauer zu machen) oder
- Herbeiführung eines positiven Eindrucks (vom technisch-wissenschaftlichen Vorgehen, vom Vortragenden oder von dessen Unternehmen) oder
- Emotionalisierung der Zuhörerschaft (in einer gewünschten Richtung).

Natürlich verfolgen Sie diese Ziele nicht zu offensichtlich, sondern klug abgemischt und zweckmäßig kaschiert – Ihre Zuhörerschaft sollte Ihre Taktik möglichst nicht oder zumindest nicht bewusst wahrnehmen können. Solange Ihr Vorgehen nicht in plumpe Manipulation ausufert, ist gegen eine dezente Vortragstaktik nichts einzuwenden.

Wozu will ich das erreichen? (Zweck)
Es geht hier um den Zweck Ihres Vortrages.

Vortragszweck

Heiligt der Zweck die Mittel???   Sagen wir vorsichtig: Manchmal Ja!

Ein Beispiel:
Von Ihrem Vortrag hängt die künftige Finanzierung Ihrer Projektgruppe ab. Es geht also um Sein oder Nichtsein der Arbeitsplätze Ihrer Mitarbeiter und vielleicht auch um Ihren Arbeitsplatz – ist das nicht den vollen Einsatz wert?

Solche Zwecke vor Augen, werden Sie in Ihrem Vortrag vermutlich alle legalen Register ziehen, um Erfolg zu haben, oder?

Dazu gehört zu entscheiden, inwieweit Sie überzeugen, beeinflussen oder sogar unterhalten wollen. Diese Elemente eines guten Vortrags gilt es geschickt zu mischen und zweckmäßig einzusetzen. Das erfordert vor allem Vorarbeit, denn aus dem Stegreif gelingt die richtige Abmischung der genannten Ziele bzw. Mittel nur wenigen Routiniers.

Vorarbeiten heißt, darüber nachzudenken, festzulegen und auszuprobieren.

Wo halte ich den Vortrag? (Umfeld)

Drucken Sie sich ggf. eine Anfahrtsbeschreibung aus und klären Sie Raumkapazität, Tischanordnung, benötigte Medien (Tafel, Flipchart, Overhead-Projektor, Computer und Beamer, Moderatorenkoffer, Stifte) sowie ggf. Verpflegung der Zuhörer und buchen Sie, wenn nötig den Raum.

Zur Verdeutlichung des Schrittes 1 „Rahmenklärung und Zielbestimmung" und auch der folgenden Schritte 2 bis 8 soll ein frei erfundenes Beispiel von jetzt an ständig „mitlaufen", soweit es sich im Rahmen dieses Buches beschreiben oder wenigstens skizzieren lässt.

Anmerkung: Die Studienarbeit, aus der die Beispiel-Präsentation abgeleitet wurde, ist im Literaturverzeichnis aufgeführt. Die Tagung und der Vortrag haben so nie stattgefunden. Das „Institut für Schweißtechnik" gibt es nicht an der Universität Hannover. Die Abläufe sind frei erfunden, um Ihnen die grundsätzliche Vorgehensweise zu erläutern. Das Beispiel wird im Folgenden in kursiver Schrift gesetzt.

Der Titel des Technischen Berichts in unserem Beispiel heißt:

Titel des Technischen Berichts

Verbesserung des Arbeitsschutzes beim Schweißen durch
Einsatz brennerintegrierter Absaugdüsen –
Effektivität und Qualitätssicherung
Große Studienarbeit an der Universität Hannover

Dieser Technische Bericht zu einer Großen Studienarbeit umfasst 135 Seiten und soll in 20 Minuten präsentiert werden. Wie kann das gelingen?

Die Verfasserin macht sich mutig ans Werk und klärt im Schritt 1:

- **Thema:** Die genannte Studienarbeit soll im Rahmen einer Tagung über Schweißtechnik präsentiert werden.
- **Titel:** „Brennerintegrierte Absaugtechnik beim Schweißen"
  Dieser Titel ist klarer, kürzer und einprägsamer als der Berichtstitel, damit attraktiver und dennoch zutreffend.
- **Zielgruppe:** Institutsleiter (Professor), betreuender Assistent, Studierende als Seminarteilnehmer, ein Industrievertreter, ein Fachjournalist, weitere Teilnehmer mit unbekanntem fachlichem Hintergrund.
  Aus dieser Zielgruppe gehen die verschiedensten Wissensniveaus, Interessenlagen und Erwartungshaltungen hervor, die es geschickt zu berücksichtigen gilt. Niemand sollte überfordert oder gelangweilt werden!
- **Zeitrahmen:** 20 Minuten Vortrag mit anschließender Diskussion.

- **Vorgängervortrag:** „Arbeitsschutz im Handwerk" (Vertreter der Berufsgenossenschaft)
- **Nachfolgevortrag:** „Automatisiertes Brennschneiden" (Firma Messer-Griesheim)
  Mit diesen Vortragenden müssen Abstimmungen durchgeführt werden, um Überschneidungen oder womöglich Widersprüche zu vermeiden!
- **Vortragsart:** Technischer Fachvortrag (Sachvortrag)
- **Raum:** Hörsaal 32, 30 Plätze, Tische
- **Hilfsmittel:** Tageslichtprojektor und Elektronischer Projektor (Beamer) vorhanden
- **Abstimmung mit Professor und Betreuer:** Grobauswahl des Stoffes, Strategie gegenüber der Industrie und ggf. auch gegenüber der Presse.

Aufbauend auf diesen Rahmenbedingungen entwirft die Rednerin ihren „Schlachtplan". Insbesondere die Mischung aus Sachinformation, Überzeugung und Beeinflussung überlegt sie sich anhand der folgenden Kriterien:

- **Zielgruppe:** „Die genannte, recht unterschiedliche Zuhörerschaft erfordert einen Balanceakt zwischen Experten (Professor, Betreuer) und den übrigen Adressaten."
  Dieser Balanceakt lässt sich aber mit taktisch kluger Stoffauswahl realisieren (siehe Abschn. 5.3.4).
- **Anlass:** Seminar bzw. Tagung „Aktueller Stand der Schweißtechnik", Pflichtveranstaltung für Studierende, öffentlich. Hintergrund sind dabei auch mögliche Drittmitteleinwerbung aus der Industrie und Imageverbesserung des Institutes.
- **Ziele:** Der Vortrag soll überwiegend der technisch-wissenschaftlichen Wissensübermittlung dienen (70 %), jedoch auch die Kompetenz des Institutes zeigen (20 %) und etwas Lockerheit und Humor in den trockenen Stoff einbringen (10 %).
- **Zweck:** Hauptzweck: Gute Note!
  Gewünschte Nebeneffekte:
  - Interesse wecken bei Industrie und Handwerk
  - Gute Presse-Resonanz erzielen
  - Wissenszuwachs und Motivation der Studierenden.

Mit diesen Beispielen soll Schritt 1 abgeschlossen sein. Wenden wir uns dem Schritt 2 „Materialbeschaffung" zu.

5.3.3   Schritt 2: Materialbeschaffung

In diesem Schritt 2 gilt es, zwei Situationen zu unterscheiden:

- **Fall 1:** Das Material (der Stoff, der Inhalt) der geplanten Präsentation liegt bereits vor, z. B. in Form des Technischen Berichts.
- **Fall 2:** Das Material muss erst einmal gesammelt, recherchiert, erarbeitet werden.

Gehen wir zunächst im Fall 1 von der günstigen Situation aus: Der Bericht liegt fertig vor. Dann gilt es, aus der Menge der Berichtsinformationen die vortragstauglichen auszuwählen. Vortragstauglich soll heißen, dass diese Informationen vom Inhalt her wesentlich, aussagekräftig und kennzeichnend bzw. repräsentativ für die nicht ausgewählten übrigen Fakten und Aussagen sind. Die Materialbeschaffung besteht also im Fall 1 vor allem im Auswählen geeigneten Stoffes. Genaueres dazu finden Sie im Abschn. 5.3.4.

Der Fall 2, d. h. ein fertiger Bericht liegt nicht vor, bedeutet eine erhöhte Schwierigkeit: Das Material muss erst gesammelt werden, z. B. aus Ordnern im eigenen Arbeitszimmer, aus Archiven, Bibliotheken oder aus dem Internet. Diese Arbeiten können schon 3–5 Tage dauern. Sollte diese Zeit nicht reichen, sind Sie nicht „fachnah" genug. Dann können Sie diesen Stoff nicht überzeugend präsentieren, und es sollte besser jemand anders den Vortrag übernehmen.

Haben Sie genügend Material zusammen, (gefunden, ausgedruckt, kopiert), so sollten Sie es zunächst sichten, d. h. von vornherein das weniger wichtige Material an Texten und Bildern aussortieren und als Reserve beiseitelegen.

Alles übrige Material sollten Sie ordnen nach:

- Literaturstellen (durchnummerieren),
- Sachkomplexen und/oder
- Verfassern.

Hierfür lohnt sich das Anlegen eines Verzeichnisses oder einer Kartei.

Damit wären die Routinearbeiten für Ihren Vortrag abgeschlossen.

5.3.4 Schritt 3: Die kreative Phase

Im Schritt 3 findet die entscheidende, schwierigste, aber auch spannendste Phase auf Ihrem Weg zum erfolgreichen Vortrag statt:

- Abstand gewinnen zum Stoff, Übersicht herstellen aus dem Blickwinkel der Zielgruppe (Zuhörerschaft) und
- Finden (Kreieren) eines Roten Fadens, der sowohl dem relevanten Inhalt als auch den Erwartungen Ihrer Zuhörerschaft gerecht wird.

Das ist ein nicht geringes Kunststück. Obwohl Sie Experte in Ihrem Stoff sind, den Sie selbst erarbeitet und dokumentiert haben, treten Sie geistig neben sich und versetzen sich in die Lage Ihrer Zuhörer und Zuhörerinnen. Auf deren Erwartungen zugeschnitten, entwickeln Sie möglichst locker und schöpferisch für Ihren Vortrag ein Konzept, eine Grundidee der Darstellung, vielleicht mit einem besonderen Gag, mit einem Spannungsbogen – so viel Wissenschaft wie nötig, soviel Anschaulichkeit wie möglich ...

Wie weit Sie sich dabei von Ihrem Technischen Bericht und dessen Gliederung entfernen (dürfen), hängt ausschließlich von den Zielen und dem Zweck Ihres Vortrags ab. Dadurch entsteht unter Umständen eine ganz neue Gliederung des Stoffes, die aber den Vortrag entscheidend prägt und seinen Erfolg sichert.

Diese kreative Phase darf 2 bis 3 Tage dauern – sie macht das Besondere des Vortrags aus. Betrachten wir wieder die Rednerin im Beispiel „Brennerintegrierte Absaugtechnik beim Schweißen". Sie nimmt sich ihren fertigen Projektbericht, die Große Studienarbeit, zur Hand und analysiert die Gliederung.

Gliederung des Technischen Berichts

1. Einleitung	(2 Seiten)
2. Grundlagen (Schweißverfahren, Schadstoffe, Entsorgung)	(29 Seiten)
3. Optimierung der brennerintegrierten Absaugung	(24 Seiten)
4. Schweißversuche mit der optimierten Absaugung	(68 Seiten)
5. Zusammenfassung und Ausblick	(4 Seiten)

Diese Gliederung eines Technischen Berichtes ist solide und informativ, aber nicht besonders geeignet als Roter Faden eines Vortrags. Warum?

Eine Vortragsgliederung benötigt eher wenige, kurze, anregende Gliederungspunkte, die sich gut merken lassen und die möglichst einen Spannungsbogen ergeben. Unsere Rednerin entwirft den folgenden Roten Faden für den Vortrag.

Gliederung des Vortrags bzw. der Präsentation

Einleitung:	Arbeitsschutz kontra Nahtqualität? („Aufreißer")
Hauptteil:	– Absaugtechniken (Aktueller Stand)
	– Brennerintegrierte Absaugung
	– Konstruktive Optimierung
	– Versuche zur Schweißraucherfassung (Isotachenmessung)
	– Versuche zur Nahtqualität (zerstörend und zerstörungsfrei)
Schluss:	Zusammenfassung (Antwort auf „Aufreißer")

So oder ähnlich kann ein Technischer Bericht oder ein anderer technischer Inhalt in 20 Minuten „rübergebracht" werden. Natürlich darf ein solches Vortragskonzept nicht in Richtung Verkaufspräsentation abrutschen. Hier kommt es auf Ihr Fingerspitzengefühl an, nicht nur den notengebenden Professor zu überzeugen durch erkennbar seriöse Wissenschaft, sondern auch allen anderen Zuhörern durch Verständlichkeit, Anschaulichkeit und persönliche Ausstrahlung zu einem Lernerfolg und zu einer positiven Einstellung gegenüber dem Stoff zu verhelfen.

Umsetzung des Roten Fadens

Nun gilt es, den Roten Faden umzusetzen, d. h. mit Aussagen und Inhalten, Texten und Visualisierungen lebendig zu machen. Dabei sollen alle Adressaten, vom Professor oder Experten bis zum zufälligen Gast, „etwas mitnehmen" aus Ihrem Vortrag – sie alle sollen Ihre Präsentation wenigstens teilweise als Geschenk (Präsent) empfinden.

Tab. 5.4 Drittel-Regel (Dreiteilung) zum Vortragsaufbau

Anteil	Erläuterung	Zweck
1/3 „Bekanntes"	Hautnahes, Alltägliches, was jeder kennt.	Gemeinsame Basis, Selbstbestätigung der Adressaten
1/3 „Wirres"	Spezielles Fach- und Detailwissen, das nur Experten verstehen.	Wissenszuwachs für Experten (Insider), Image-Aufbau für den/die Redner(in)
1/3 „Neues"	Fachliches Wissen auf angemessenem Niveau, verständlich für die Mehrheit	Fachlicher Wissenszuwachs für die Mehrheit, evtl. auch für Fachfremde.

Ist diese Aufgabe lösbar? Ja, sie ist lösbar – mit dem Wörtchen teilweise! Teilweise bedeutet hier: Jeder Adressat erhält seinen Teil des Vortragsinhaltes, aber natürlich nicht den ganzen Vortrag hindurch. Das Geheimnis liegt in der geschickten, auf die jeweiligen Erwartungen der verschiedenen Adressaten abgestimmten Verteilung des Inhalts:

- Bekanntes, Alltägliches für alle Adressaten („Bekanntes")
- Wissenschaftlich-Komplexes für die Experten („Wirres")
- Verständliches, neues Fachwissen für die Mehrheit („Neues")

Die Drittel-Regel

Als Vortragender dürfen Sie nur selten mit einem ideal homogenen Publikum als Zielgruppe rechnen; denn selbst unter lauter Experten gibt es große Unterschiede, je spezieller unser modernes Wissen wird. Sie wollen Ihren Vortrag auch nur einmal gründlich vorbereiten und möglichst für mehrere Anlässe zur Verfügung haben. Darum wenden Sie am besten die Drittel-Regel an, Tab. 5.4.

Die Drittel-Regel wirkt vielleicht etwas trickreich, aber sie ist die beste Möglichkeit, die angesprochene Quadratur des Kreises zu finden, die ein stark gemischtes Publikum erfordert. Außerdem hat sie sich schon vielfach bewährt – bilden Sie sich Ihr eigenes Urteil, probieren Sie sie aus!

Die Realisierung der Drittel-Regel verläuft jedoch nicht einfach nach den Mengenanteilen, sondern etwas differenzierter. Auch wird ein Vortrag zweckmäßigerweise nicht in drei exakte Drittel aufgeteilt, wohl aber in drei Abschnitte. Damit kommen wir zu einem Kernpunkt des Präsentierens – der Dreiteilung.

Die Dreiteilung erkennen und anwenden

Diese Dreiteilung findet sich in der Biologie des täglichen Lebens und in der Technik wieder, wie die nachfolgenden Beispiele zeigen, Abb. 5.3 und 5.4.

Diese Dreiteilung wird in einem reinen Sachvortrag dadurch realisiert, dass man das Stoffniveau geschickt variiert, um möglichst allen Einzelpersonen im Publikum gerecht zu werden, Tab. 5.5.

Beispiel 1:   **Essen**

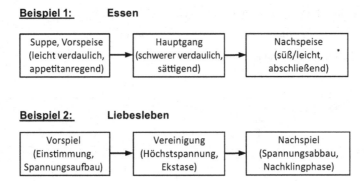

Beispiel 2:   **Liebesleben**

Abb. 5.3 Vergleichsvorgänge zum Vortrag (Biologie)

Beispiel 3:   **Verbrennungsmotor**

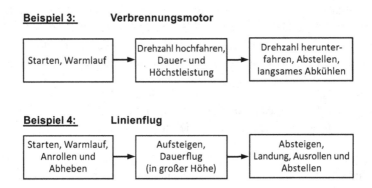

Beispiel 4:   **Linienflug**

Abb. 5.4 Vergleichsvorgänge zum Vortrag (Technik)

Tab. 5.5 Aufbau des Sachvortrags

Phase	Zeitanteil	Inhalte	Informationsziel und Anteil gemäß Drittel-Regel
Einleitung	ca. 20 %	Kontaktvorlauf, Kontaktaufnahme, Ziel und Vorgehen	Einstiegsphase
Hauptteil	ca. 70 %	Einführende Beispiele, Überblick, sachliche Plattform	1/3 Bekanntes
		Wissenszuwachs	1/6 Neues
		Vertiefung, Details, Spezialitäten	1/3 Wirres
		Verdichtung, Wertung	1/6 Neues
Schluss	ca. 10 %	Zusammenfassung (Ausblick)	Abschlussphase

Zugegeben – die genaue Mengenaufteilung des Hauptteils wirkt etwas künstlich und konstruiert. Aber als Anhaltspunkt und Empfehlung hat sie Sinn, vor allem durch die Aufteilung in Drittel bzw. Sechstel gemäß der Drittel-Regel. Was steckt dahinter?

Nach dem Kontaktvorlauf und der Kontaktaufnahme, die im Abschn. 5.5.1 erläutert werden, soll am Anfang mit den Phasen „Ziel und Vorgehen" und „Einführende Beispiele" für alle Adressaten ein Überblick und eine sachliche Plattform geschaffen werden. Hiermit soll das gesamte Publikum angeregt („angewärmt") und für das Vortragsthema interessiert werden.

Im Anschluss daran folgen fachliche Inhalte auf einem angemessenen Niveau, die von der Mehrheit der Zuhörerschaft verstanden werden – eben das erste Sechstel des „Neuen". Bevor jetzt die Experten im Publikum sich zu langweilen beginnen, sprechen Sie in der Vertiefung das „Wirre", also die speziellen, komplizierteren Zusammenhänge, Details und Spezialitäten an, die eigentlich nur von einem oder wenigen Experten z. B. von Ihrem Professor und seinen Kollegen verstanden werden. Hier sollten aber selbst diese Experten noch etwas lernen können.

Während der Drittelphase „Wirres" haben die Nicht-Experten, d. h. die Mehrheit des Publikums, immer mehr Mühe, dem Vortrag zu folgen. Sie verharren in respektvollem Staunen vor der fachlichen Brillanz des Redners oder schalten teilweise sogar ab. Bevor nun das hohe fachliche Niveau beginnt, die Mehrheit völlig zu frustrieren, gehen Sie als Redner zurück auf ein gemäßigtes Niveau im letzten Sechstel „Verdichtung und Wertung". Nun kann die Mehrheit wieder folgen. Hier gewinnen auch die Nicht-Experten neues Wissen, Einsicht und Durchblick, so dass sich der Vortrag auch für sie gelohnt hat.

Eine knappe, aber aussagefähige Zusammenfassung der wichtigsten Ergebnisse und Kernpunkte des Vortragsinhaltes, evtl. ein kurzer Ausblick ohne neue, wesentliche Aussagen, und freundliche verbindliche Sätze stellen den Schluss des Vortrags dar.

Dieser Jongleurs-Akt mit drei Kugeln bezüglich des Stoffniveaus ist das Kunststück, das vom guten Redner erwartet wird, wenn er alle Mitglieder seiner Zielgruppe zufrieden stellen will. Jeder im Publikum soll etwas gelernt haben, was er in seinem Reisebericht festhalten kann. Keiner sollte denken oder schreiben: „Kannte ich alles schon" oder „War mir alles zu hoch" – das ergäbe als Resultat: „Außer Spesen nichts gewesen!".

Im grafischen Modell kann der oben geschilderte Vortragsaufbau ungefähr so aussehen, wie in Abb. 5.5 dargestellt.

In diesem Modellverlauf kommen alle Zuhörer und Zuhörerinnen auf ihre Kosten. Nach raschem, stetigem Anstieg des Niveaus erfahren die Meisten etwas Neues, dann werden die Experten informiert auf hohem bis höchstem Niveau. In dieser Phase kehren die Niveau-Spitzen immer wieder kurzzeitig auf das Mehrheitsniveau zurück, um auch die Nichtexperten „bei der Stange zu halten" und um Transparenz zu gewährleisten. Kurz vor Ende des Hauptteils ist das Niveau recht hoch, jeder soll an diesem Vortragshöhepunkt etwas Wertvolles mitnehmen. Das ist auch wichtig für die in der Regel folgende Diskussion, die ohne ein Mindestverständnis für Nicht-Experten sinnlos ist.

Die Rednerin unseres Beispiels „Brennerintegrierte Absaugtechnik beim Schweißen" führt die Dreiteilung für Ihren Vortrag durch, Tab. 5.6.

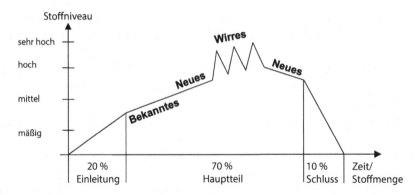

Abb. 5.5 Modellverlauf des Stoffniveaus

Tab. 5.6 Dreiteilung und Stoffzuordnung im Beispielvortrag

Hauptphase (mit Zeitanteil)	Unterphase (mit Zeitanteil)	Inhalte
4 Minuten Einleitung	Kontaktvorlauf, Ziele, Überblick	- Ist die Nahtqualität wichtiger als der Arbeitsschutz? (provokative Frage, bringt Spannung) - Beispiele zur Problematik (anschaulich)

14 Minuten Hauptteil	4 Minuten „Bekanntes" (Stand der Technik)	- Entsorgung von Schadstoffen beim Schutzgasschweißen
		  - Beispiel Hallenabsaugung
		  - Beispiel Einzelplatzabsaugung
		  - Beispiel brennernahe Absaugung

	2 Minuten „Neues" (Fortschritt)	- Brennerintegrierte Absaugung (Funktion, Bauteile, Probleme) - Optimierung der VACUMIG-Schweißpistole (Sauggeometrie, Nahtqualität)
	5 Minuten „Wirres" (Spezialwissen)	- Absaugversuche (Versuchsdetails, Kombination der Saugringe, Versuchsergebnisse) - Schweißversuche (Versuchsdetails, Programmplan, Messprotokollbeispiel, Versuchsergebnisse)
	3 Minuten „Neues" (Konsequenzen)	- Absaug-Auswertung - Schweiß-Auswertung - Fehlerdiskussion - Technische Konsequenzen
2 Minuten Schluss	Zusammenfassung (Ausblick)	- Kurzfassung der Ergebnisse - Zukünftiges Vorgehen

Inwieweit sich dieser zunächst theoretisch konstruierte Modellaufbau in der begrenzten Zeit praktisch umsetzen lässt, ist Gegenstand von Abschn. 5.4. Besonders der unabdingbare Probevortrag bringt das in 20 Minuten Machbare und Nicht-Machbare unbarmherzig an den Tag.

5.4 Vortragsausarbeitung

Das Konzept steht – nun folgt die Feinarbeit! Es gilt, das erarbeitete Inhalts- und Zeit-Skelett zu einem lebendigen, erfolgreichen Vortrag zu machen.

5.4.1 Allgemeine Hinweise zur Foliengestaltung für Vorträge

In diesem Abschnitt finden Sie allgemeine Hinweise zur Foliengestaltung. Das vorliegende Buch kann dabei nur die grobe Richtung aufzeigen. Detailliertere Hinweise geben die Online-Hilfe und die einschlägige Fachliteratur.

Grundlayout der Folien

Sie sollten zunächst die Grundeinstellungen für die Vortrags- und Titelfolien vornehmen, d. h. einen Folienmaster einrichten. Hier beeinflussen Sie das Layout des Objektbereichs „Aufzählung" bzw. „Text", der in den vorgegebenen Folienlayouts Aufzählung, Zweispaltiger Text, Text und ClipArt usw. verwendet wird.

Auf dem Folienmaster wählen Sie nun

- Schriftart, -farbe und -größe,
- Sprache,
- Tabulatoren,
- Form und Farbe der Leitzeichen für Aufzählungen und
- Zeilenabstand.

Sie sollten auf jeden Fall den linken Rand des Textbereichs und des Titelbereichs verschieben, um Platz für Ihre Gliederung zu gewinnen. Nun können Sie gliedernde Linien erzeugen. Im Rahmen der Hintergrundgestaltung wählen Sie die Hintergrundfarbe, -grafiken, -verlaufsmuster und binden ggf. das Firmen- oder Institutslogo ein.

Wenn Sie beim späteren Erstellen der Folien feststellen, dass etwas Grundsätzliches an den Textfeldern oder an systematisch wiederkehrenden Elementen auf Ihren Folien (noch) nicht stimmt, ändern Sie dies vorzugsweise im Folienmaster.

Schriftart und -größe

Es hat sich bewährt, für Vortragsfolien serifenlose Schriften wie z. B. Arial zu verwenden. Die Schriftgröße sollte nicht kleiner als 18 Punkt sein, größer wäre besser.

Verwendung von Farbe

Farbe kann als Textfarbe, Hintergrundfarbe und Objektfarbe in Bildern auftreten. Sinnvoll eingesetzt helfen Farben beim Kennzeichnen, Betonen, Gliedern, Einordnen und Unterscheiden. Farben steuern Reaktionen, stimulieren Vorstellungsvermögen und Einbildungskraft, wecken Gefühle, Erinnerungen und Assoziationen. Kennzeichnen Sie Gleiches mit gleichen Farben und wenden Sie Farbe konsistent an! Sparsam eingesetzt wirkt Farbe als „Hingucker" und hilft, Wichtiges hervorzuheben.

Allerdings setzt Farbe den Kontrast zwischen Vordergrund und Hintergrund herab und reduziert die Erkennbarkeit. Optimal erkennbar ist schwarz auf weiß. Bei Dunkelblau, Dunkelgrün und Dunkelrot auf weiß muss Schrift bereits 1,5-mal so groß geschrieben und Linien entsprechend breiter sein, um gleiche Lesbarkeit zu erhalten. Zu viele und nicht erklärbare Farben fördern die Reizüberflutung und belasten eher die Gesamtwirkung der Darstellung.

Lesbarkeitskontrolle

Zeigen Sie zur Kontrolle eine kritische Folie an im Modus Bildschirmpräsentation. Messen Sie die Breite Ihres Bildschirms mit einem Zollstock, nehmen Sie den Wert mal 6 oder nach DIN 19045 sogar mal 8 und stellen Sie sich in diesem Abstand vor Ihren Bildschirm. Alternativ drucken Sie diese kritische Folie auf DIN A4 aus, legen den Ausdruck auf den Boden und Begutachten die Folie im Stehen. Wenn Sie dann noch alles lesen können, ist es OK.

Vortrags-Rahmenfolien

Es hat sich bewährt, dass jeder Vortrag zur Transparenzsicherung drei Rahmenfolien hat:

- die Titelfolie (Vortragstitel, Name des Vortragenden, Name des Instituts/der Firma),
- eine Folie, die die Gliederung zeigt (kann entfallen, wenn die Gliederung auf einem Flipchart-Blatt oder Plakat an der Wand ständig sichtbar ist) und
- die Abschlussfolie (enthält eine Grafik oder ein Foto zur Anregung der Diskussion und die Kontaktdaten des Vortragenden).

Transparenzsicherung

Transparenzsicherung ist die Möglichkeit, mit Hilfe der Visualisierung fortlaufend die aktuellen Gliederungspunkte wie Einleitung, Hauptteil mit Unterpunkten und Schluss auf den Folien darzustellen, Abb. 5.6, und damit die Transparenz der Präsentation zu gewährleisten.

Eine moderne, selbstbewusste Zuhörerschaft will ständig wissen, wo sie sich im Vortragsablauf befindet. Sie kann sich dadurch besser auf die jeweiligen Themenpunkte einstellen und gerät nicht „ins Schwimmen" innerhalb des Vortrags.

Zur Orientierung sollte die Vortragsgliederung Ihrer Zuhörerschaft möglichst stets vor Augen sein. Auf diese Struktur sollte die/der Vortragende daher ab und zu spürbar hinweisen. Dies kann umgesetzt werden durch

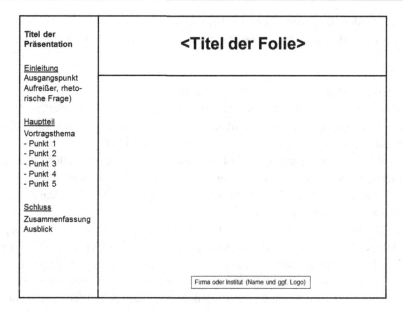

Abb. 5.6 Transparenzsicherung durch Strukturleiste (Folienschema)

- wiederholten Bezug zur Gliederung und Hinweis auf die momentane Position durch abhaken der erledigten Punkte am Flipchart, auf einem Plakat bzw. an der Tafel oder
- durch eine Strukturleiste auf jeder Visualisierung (= Randleiste, die abgetrennt vom Bildinhalt ständig die möglichst knapp gehaltene Gliederung zeigt, mit Hervorhebung des aktuellen Unterpunktes, links oder oben, max. 1/4 der Fläche). Dies ist die einzige Möglichkeit, wenn im Vortragsraum keine Tafeln und kein Flipchart und keine Befestigungsmöglichkeit an der Wand zur Verfügung stehen.
- Die Gliederung kann auch als Begleitunterlage vor dem Vortrag verteilt werden.

Voraussetzung für eine solche Randleistentransparenz ist allerdings eine sehr kompakte Gliederung mit kurzen Gliederungsstichworten.

Gestaltung der Folien, Texteingabe, Einfügen von Bildern
Es gilt für die Foliengestaltung generell das Motto „Weniger ist mehr!". Vermeiden Sie auf Ihren Folien oder Beamer-Projektionen alles Überflüssige, was die Aufmerksamkeit der Zuhörerschaft durch Ablenkung schwächen kann. Vermeiden Sie zum Beispiel die:

- ständige Wiederholung des Vortragstitels,
- ständige Wiederholung Ihres Namens und des Namens der Institution,
- ständige Wiederholung des Datums und Anlasses,

- ständige Wiederholung von Copyright-Hinweisen,
- ständige Wiederholung von eigenen Verwaltungshinweisen (z. B. „Folie 8 von 31")
  u. ä.

Nervt Sie das „ständige Wiederholung" nicht auch?

Zugegeben, mit dem Rechner ist das einfach und kostengünstig herzustellen. Aber das Publikum – so neugierig wie es ist – wird alle diese Dinge immer wieder lesen (müssen), um festzustellen, ob sich nicht vielleicht doch etwas geändert hat ...

Nutzen Sie bei der Texteingabe den vorgegebenen Objektbereich mit den Leitzeichen. Die Einrücktiefe Ihrer Aufzählungen ändern Sie mit den Schaltflächen ⇒ und ⇐ oder durch markieren eines Stichpunkts und Drücken der Tab-Taste zum Einrücken bzw. Shift- und Tab-Taste zum wieder Ausrücken.

Eine andere nützliche Möglichkeit, die nur funktioniert, wenn Sie mit den vorgegebenen Objektbereichen arbeiten, ist die schnelle Eingabe von Textfolien in der Gliederungsansicht. Mit Enter erzeugen Sie eine neue Folie. Wenn Sie dann Text eingeben, erstellen Sie damit den Folientitel. Drücken Sie nochmals Enter. Es erscheint eine zweite neue Folie. Diese Folie markieren Sie und rücken sie mit der Schaltfläche Pfeil nach rechts ein. Nun können Sie Text für Ihre erste neue Folie eingeben. Unterpunkte rücken Sie wieder mit der Pfeiltaste nach rechts ein.

Zum Einfügen von Bildern stehen sehr viele Möglichkeiten zur Verfügung, die hier nur ansatzweise dargestellt werden können. Klicken Sie z. B. auf einer Folie mit der rechten Maustaste und wählen Sie im Kontextmenü Folienlayouts. Wählen Sie das Layout Text und ClipArt, geben Sie links Ihren Text ein, und fügen Sie rechts eine ClipArt-Grafik ein.

Wenn Sie ein Bild zuschneiden wollen, geht das mit dem Zuschneiden-Werkzeug. Damit werden Bildbereiche unsichtbar gemacht, sie sind aber noch da.

Eingabe der Gliederung am linken Rand der Folien

Die Gliederung am linken Rand der Folien erzeugen Sie am besten als Textfeld. Fügen Sie das Feld ein, geben Sie Ihre Gliederung ein, formatieren Sie die Schrift wie gewünscht und verschieben Sie das Objekt dann an die gewünschte Position. Wenn Sie in das Textfeld klicken, wird es markiert. Klicken Sie nun auf den Rand, um ihr Textfeld mit den Pfeiltasten positionieren. Noch feineres Positionieren ist möglich, wenn Sie die Strg-Taste drücken, gedrückt halten und dann die Pfeiltasten verwenden. Wenn Sie auf den Rand des Textfelds geklickt haben, können Sie das Textfeld auch mit Strg-C kopieren und auf der nächsten Folie mit Strg-V an derselben Stelle einfügen. Außerdem können Sie es mit der Entf-Taste löschen.

Fußzeilen

Man sieht häufig, dass in den Fußzeilen der Titel der Präsentation, der Name des Vortragenden und eine Seitennummerierung, im Extremfall „Folie 8 von 23" erscheinen. Ihr Publikum liest dies laufend mit. Dieses Mitlesen von inhaltlich irrelevanten Nebensachen verbraucht einen Teil der Gehirntätigkeit, der dem Verständnis fehlt und Zeit kostet, die i. d. R. ohnehin knapp bemessen ist. Außerdem nervt das Ihre Zuhörer einfach nur!

Das bedeutet, dass die Fußzeilen von Folien aus den eben erwähnten Gründen so wenig Information wie möglich enthalten sollten. Wenn Sie Ihre Präsentation mit dem Beamer zeigen, sind die Seitenzahlen überflüssig. Sie sind nur hilfreich, wenn Sie Ihre Folien mit dem Overhead-Projektor zeigen. Jedoch keine Regel ohne Ausnahme: Zu Werbe- und Image-Zwecken und aus juristischen Erwägungen heraus haben viele Institute und Firmen „Hausregeln" erlassen, die bestimmte Mindestinhalte auf jeder Präsentationsfolie vorschreiben. So ist es üblich, das Logo einzublenden, um die „corporate identity" der Firma widerzuspiegeln. Das haben wir in der Beispielpräsentation ebenfalls getan. Copyright-Vermerke können im Rahmen der Urheberrechtssicherung vorgeschrieben sein. Dies ist aber eher selten. Manchmal bleiben nach Ausfüllen der Bildfläche mit solchen Formsachen nur noch 50 % oder weniger Fläche für die eigentlich interessante Aussage übrig. Versuchen Sie, daran mitzuwirken, dass diese „Nebenlasten" möglichst minimiert bzw. eliminiert werden. Ein aufmerksameres Publikum dankt es Ihnen.

Für Notizenseiten und Handzettel sollten Sie aber Fußzeilen verwenden (Menü Ansicht – Kopf- und Fußzeile, Registerkarte Notizen und Handzettel), weil Sie an dieser Stelle Ihren Lesern z. B. durch die Seitenangabe die Papierverwaltung erleichtern!

Doch nun zurück zur Feinarbeit an Ihrer Präsentation.

5.4.2 Schritt 4: Verdichtung und Feinauswahl

Schritt 4 enthält die praktische Umsetzung des bisher Geplanten. Was gehört in die 4-minütige Einleitung? Allgemein gesagt, die Zielbestimmung und die Vorgehensweise im Vortrag. Außerdem wird hier eine klare Abgrenzung gegeben, welche Aspekte der Redner nicht behandeln kann bzw. will. Die Vorgehensweise erläutert er mit Hilfe der projizierten Gliederung, die er ggf. auch als Begleitunterlage (Handout) verteilt hat (das erste „Geschenk" bzw. Präsent!).

Über die Vortragsgliederung (im Gegensatz zur Berichtsgliederung in Abschn. 2.4.4) wurde schon im Abschn. 5.3.4 gesprochen. Tab. 5.7 zeigt ein Gliederungsentwurfsschema, das dann auf das Beispiel „Brennerintegrierte Absaugtechnik beim Schweißen" bezogen wird.

Wichtig ist hierbei, dass Sie auf den Folien alles Unnötige weglassen: Kein „Vortragender", kein „Präsentationsvortrag", kein „Inhalt", keine „Gliederung", keine „Begrüßung", keine „Vorstellung", kein „Schlusswort", keinen „Dank"! Vor allem soll diese Gliederung keine Inhaltsangabe oder Kurzfassung des Vortrags sein – eben nur eine grobe Orientierung für die Zuhörerschaft.

Mit dieser knappen Präsentationsgliederung ist das Publikum schnell vertraut und die Rednerin kann diese Gliederung vollständig im Kopf und stets vor Augen haben, was ihren Vortrag geschlossener wirken lässt. Die grafische Gestaltung dieser Gliederung kann je nach Geschmack beliebig variiert werden – solange sie nicht überladen wird. Die wenigen,

Tab. 5.7 Gliederungsentwurfsschema für 20 bis 60 Vortragsminuten

Vortragsstruktur		20 Min. Präsentation	60 Min. Vortrag
Titel:	klar, kurz, vereinfachend, dennoch treffend, einprägsam!		
Vortragende(r):	(Titel) Vor- und Zuname, Ort (Firma)		
Einleitung:	informativ, anregend, abgrenzend!	4 Min.	8 Min.
Hauptteil:	klar untergliedert, nicht zu viele Unterpunkte, gut nachvollziehbar, logisch, konsequent, spannungsorientiert!	14 Min.	48 Min.
Schluss:	zusammenfassend, harmonisierend, nichts Neues!	2 Min.	4 Min.

recht vagen Punkte der Gliederung haben auch den Vorteil, die Rednerin nicht zu stark festzulegen – das Publikum kontrolliert die Einhaltung der Punkte gnadenlos.

Nun folgt die Anwendung des Gliederungsentwurfsschemas auf das Beispiel „Brennerintegrierte Absaugtechnik beim Schweißen".

Titel: Brennerintegrierte Absaugtechnik beim Schweißen
Vortragende(r): Franziska Fleißig, Hannover
Einleitung: Arbeitsschutz kontra Nahtqualität?
Hauptteil: Brennerintegrierte Absaugtechnik
                      – brenner-integriert
                      – konstruktiv optimiert
                      – experimentell verifiziert
Schluss: Zusammenfassung, Ausblick

Wenn Verfasserin und Vortragende nicht dieselbe Person sind, wird dies natürlich angegeben!

Die weitere Stoffverdichtung soll sich genau in diesem Rahmen bewegen, und alle Übergänge innerhalb der Gliederung sollen für das Publikum spürbar sein. Abgearbeitete Punkte der Gliederung können am Flipchart abgehakt werden, der aktuelle Gliederungspunkt kann in einer Randleiste hervorgehoben dargestellt werden. Ein so transparenter Vortrag macht nicht nur den Vortragenden, sondern auch die Zuhörerschaft sicherer, weil sie sich daran immer orientiert und als „Herrin der Lage" fühlt.

Die Feinauswahl beinhaltet die Selektion der exakt geeigneten Stoffanteile, Fakten und Aussagen zum jeweiligen Gliederungspunkt. Beschränken Sie sich auf das Notwendige

und lassen Sie alle Abschweifungen beiseite, so interessant sie Ihnen auch sein mögen!
Parallel zu diesen Auswahlarbeiten können die Visualisierung und die Manuskripterstel-
lung stattfinden (Schritt 5).

Wenn Sie zu unserem Beispiel zurückgeblättert haben, fällt Ihnen sicher die Diskrepanz
zwischen dem genauen, recht reichhaltigen Roten Faden unserer Beispiel-Studienarbeit
und der knappen, fast oberflächlichen Vortragsgliederung auf. Das ist so gewollt – die
Rednerin hat sich viel vorgenommen, aber sie zeigt nicht alle ihre Karten und bleibt so
freier und flexibler.

Die Vortragsausarbeitung beinhaltet als wichtigen Schritt 5 die Visualisierung und das
Manuskript, deren Besonderheiten im folgenden Abschnitt behandelt werden.

5.4.3   Schritt 5: Visualisierung und Manuskript

Fachvorträge, insbesondere technische Vorträge, sind ohne Abbildungen (Visualisierungen) nicht durchführbar. Dies gilt hier genau wie für den Technischen Bericht, dessen
Visualisierung im Abschn. 3.4 eingehend beschrieben wird. Allerdings gelten beim Präsentieren noch weitergehende Regeln und Empfehlungen, die nachfolgend vorgestellt werden.

Im Gegensatz zu Leserinnen und Lesern eines Technischen Berichts, die jede Visualisierung unter selbst gewählten Bedingungen wahrnehmen und diese beliebig lange, gründlich, in allen Details und mit Texterläuterungen studieren können, kann eine Zuhörerschaft
nur passiv, d. h. fremdbestimmt konsumieren, was ihr in der Präsentation vorgeführt wird.
Dabei sollen Hörerinnen und Hörer auch noch die Rede verfolgen und deren Aussagen
geistig verarbeiten. Die folgende Übersicht zeigt die Einflussgrößen auf die Visualisierung der Präsentation und ihre Haupteigenschaften.

Die Visualisierung soll „plakativ" sein. Was bewirkt plakative Gestaltung? Welche Eigenschaften hat ein gutes Plakat?

- Es spricht an.
- Es wirkt schnell.
- Es vermittelt einfache Botschaften.

Visualisierung für die Präsentation

Die vier Hauptunterschiede zwischen der Berichtsvisualisierung und der
Visualisierung für die Präsentation sind:

- **Zeitfaktor**
  Die Betrachtungs-(„Einwirk"-)zeit der einzelnen Visualisierungen wird allein
  vom Redner bestimmt und ist meist relativ kurz.

- **Abbildungsqualität**
  Sie ist naturgemäß niedriger durch zwischengeschaltete Übertragungsmittel
  wie Projektor, Beamer und Projektionswand.
- **Entfernungsvervielfachung**
  Gegenüber der Leseentfernung von 30-40 cm sind es mehrere Meter bis 10 m
  und mehr.
- **Ablenkungseinflüsse**
  Sie entstehen durch Mithörer, Vorderleute und Raumeinflüsse wie zu helle
  Beleuchtung, Blendung oder Hindernisse im Sichtfeld der Projektionsfläche,
  z. B. kann der Redner selbst oder der Projektorarm die Sicht stören.

Diese veränderten Bedingungen erfordern eine präsentationsgerechte
Visualisierung mit folgenden Eigenschaften:

- **Minimaler Inhalt**
  Beschränkung der Bildaussage auf das absolute Minimum, keine Sätze oder
  gar Lesetexte, keine komplexen Darstellungen.
- **Plakative Gestaltung**
  Verstärktes, evtl. übertriebenes Layout mit kräftigen Strichstärken,
  vereinfachten Darstellungen und übergroßer Beschriftung.

Nun sollen Ihre Visualisierungen sicher nicht einer Werbung für Zigaretten oder Autos ähneln, aber deren durchdachte Gestaltung sollte Ihnen ein gewisses Vorbild für die präsentationsgerechte Erstellung Ihrer Visualisierungen sein.

Aus den genannten Gründen lassen sich daher Visualisierungen aus Büchern, Zeitschriften und Berichten meist nicht direkt in Präsentationen verwenden, es sei denn (das ist die Ausnahme), sie wurden bereits präsentationsgerecht erstellt!

Visualisierungstipps

Es gibt kein „Patentrezept" für die erfolgreiche Präsentationsvisualisierung, aber eine grundsätzliche Zielrichtung:

1. „Abspecken"! = Minimierung der Bildaussage auf das Wesentliche!
2. „Aufmachen"! = Plakatives Gestalten und Hervorheben

Das „Abspecken" bedarf vor allem starker Objektivität und Kreativität, um das Wesentliche zu finden und griffig und knapp zu formulieren. Das nennt man didaktische Reduktion.

Das „Aufmachen" beinhaltet die Umsetzung folgender Tipps:

- **Überschrift:** auffallend, aussagekräftig; enthält zentrale Aussage;
  kurzes, treffendes Sprechdeutsch!!
- **Aufbau:** Logische Anordnung von 5 bis 7 Elementen (Worte, Zeichen, Figuren)

- **Lesedynamik:** Blickfänger = Startpunkt: wenn nicht links oben, dann hervorgehoben durch Form, Farbe, Größe oder durch „Wolke";
  klare Lesereihenfolge vorgeben (Richtung, Umlaufsinn);
  Schlusspunkt rechts unten, sonst hervorheben.
- **Farbeinsatz:** Wo immer sinnvoll, aber gezielt! Jede Farbe muss erklärbar sein! Farb-Psychologie beachten! (Kein Farbrausch = Reizüberflutung)
- **Schriftgröße:** Zwischen zwei Größen variieren, aber nie zu klein!

▶ Als Test jeder guten Visualisierung dienen zwei Prüfpunkte:
Wirkt die Visualisierung in DIN-A4-Größe aus 1,8 m Entfernung und nach 3–5 s Betrachtung?
(Legen Sie die Visualisierung auf den Boden und betrachten Sie sie aus Stehhöhe.)

Nach diesen Regeln und Testkriterien ein weiterer wichtiger Tipp:

▶ Die Visualisierung darf die präsentierende Person nicht überflüssig machen!

Was heißt das im Einzelnen?

1. Wörtliches Ablesen von Bildtexten langweilt (das können die Zuhörer selbst).
2. Die Visualisierungsbeschriftung lässt Raum für Erläuterungen des Vortragenden!
3. Als Folientexte keine Sätze, nur Stichworte verwenden!
4. Keine persönlich geprägten Dinge auf Folien!

Zu 1. und 2.: Der Vortrag soll durch die Visualisierung begleitet und verstärkt, aber nicht ersetzt werden. Die Balance zwischen Rede- und Bildinformation muss sorgfältig beachtet werden.

Zu 3.: Vergleichen Sie die Folien im Visualisierungsbeispiel! Die Ausnahme stellt die letzte Folie dar, hier in der Zusammenfassung können kurze Merksätze sinnvoll sein.

Zu 4.: Worte, Sätze oder Redeformeln, wie „Guten Morgen, ... ", „Noch Fragen?" oder „Vielen Dank fürs Zuhören!" gehören unbedingt gesagt und nicht gezeigt. Schließlich sind dies wichtige Mittel für Ihren persönlichen Kontakt zum Publikum.

Diese Hinweise in Kurzform sollen die Empfehlungen des Abschn. 3.4 unterstreichen bzw. ergänzen. Zusätzlich soll noch eine Spezialität der Präsentationsvisualisierung angesprochen werden: die Animation.

Animation

Unter Animation (lat. Beseelung, Belebung) verstehen wir alles Lebendige, also alles sich Bewegende bei Visualisierungen während der Präsentation. Im Bericht sind naturgemäß nur ruhende, statische Abbildungen enthalten. Die Präsentation wird zumindest durch den Bildwechsel, häufig aber auch durch Belebung von Bildteilen oder -elementen aufgelockert, verstärkt und verbessert (wenn dies nicht übertrieben wird).

Zwei gute Beispiele für Animationen:

1. Wortaussagen erscheinen rechnergesteuert nacheinander oder sie blinken auf oder verändern ihre Farbe, wenn sie angesprochen werden.
2. Komplizierte oder zeitabhängige, diskontinuierliche Zusammenhänge oder Abläufe, z. B. das Ablaufschema einer Motorenfertigung, die Kinematik einer Nähmaschine oder der Stoffstrom in einem Kraftwerk lassen sich anschaulich (aber aufwändig) darstellen, indem die aktuelle Phase durch Hinterlegung mit einem Raster, einem Rahmen oder kräftigen Farben hervorgehoben wird oder aufblinkt.

Aber: Vermeiden Sie zeitgesteuerte Animationen, wenn Sie mit Lampenfieber zu kämpfen haben! Klicken Sie besser jeden Schritt selbst an (drahtlose Maus bzw. Presenter)!

Schlechte Animationen:

Ständige Bewegung auf der Projektionswand, fortwährende Reizüberflutung durch nacheinander eingeblendete Texte, Aktionen und Formen und womöglich noch Begleitgeräusche wie Zischen, Brummen oder Musikfetzen, die die Präsentation eher zur Filmvorführung und den Vortragenden überflüssig machen.

Folgerung:

Je mehr Möglichkeiten der modernen Präsentation zur Verfügung stehen, umso mehr Fingerspitzengefühl des/der Vortragenden ist nötig, damit die Hauptwirkungen der Präsentation – der persönliche Eindruck und die Ausstrahlung des Menschen – nicht verloren gehen!

Zwei Hinweise noch zur Präsentation mit Laptop und Beamer:

1. Die Benutzung von Laptop und Beamer ist bereits heute und erst recht in der Zukunft kein alleiniges Qualitätsmerkmal einer guten Präsentation mehr. Die anfängliche Faszination weicht der Gewöhnung. Was zählt, sind im Endeffekt doch wieder die fachlichen und menschlichen Inhalte Ihrer Präsentation.
2. Technik kann versagen. – Nehmen Sie für wichtige Präsentationen immer einen Not-Foliensatz für den Overhead-Projektor mit!

Ein kleiner Trick noch, der Ihnen helfen kann im Falle der rechnergesteuerten Beamer-Präsentation: Lassen Sie rechts unten eine programmgesteuerte Zeituhr mit Start bei 00:00:00 Uhr mitlaufen, dann haben Sie eine exakte Kontrollanzeige im Blickfeld, die Ihnen den Kampf gegen die Zeit erleichtert. Am Ende Ihrer Präsentation beantworten Sie die Frage, ob die Einblendezeiten gespeichert werden sollen, mit Nein.

Visualisierungsbeispiel

Nun folgt die Visualisierung unseres Beispiels „Brennerintegrierte Absaugtechnik beim Schweißen" in elf Folien.

Das Grundlayout der Folien für unser Visualisierungsbeispiel soll die Gliederung am linken Rand enthalten. Dabei wird der aktuelle Punkt der Vortragsgliederung fett hervorgehoben. Die Hervorhebung kann auch in anderer Farbe, z. B. rot erfolgen. Auf der Titelfolie (Abb. 5.7) und der Gliederungsfolie (Abb. 5.8) können die Vortragsgliederung und die Kopfzeile entfallen. Die gliedernden Linien können ebenfalls weggelassen werden. Folie 3 (Abb. 5.9) soll die Zuhörer emotional packen und die Einführung in das Thema visuell unterstützen.

Hinweise zur Gestaltung von Folie 4

Knapp, aber übersichtlich werden in Folie 4 (Abb. 5.10) viele unbekannte Begriffe aufgelistet und im Vortrag kurz erläutert, d. h. die Folien sollten nicht total selbsterklärend sein und möglichst keine ganzen Sätze enthalten. Wozu braucht man Sie sonst noch als Vortragende(n)?

Hinweise zur Gestaltung von Folie 5

Die Gestaltung der Folie 5 (Abb. 5.11) ist klar und aufgeräumt, die Textkästen sind aufeinander abgestimmt. Bei der Erklärung der Abkürzungen für die Stoffe lässt sich, wenn es angebracht ist, die Zuhörerschaft aktiv beteiligen (wer die Abkürzungen kennt, freut sich; wer nicht, lernt etwas). Folie 5 des Vortragsbeispiels kann aber auch entfallen oder in die Reservehaltung kommen, wenn die Zeit knapp wird.

Hinweise zur Gestaltung von Folie 6

Auf Folie 6 (Abb. 5.12) bietet es sich an, für die zweispaltige Folie eine Animation einzurichten, bei der sich zuerst nacheinander die linke Spalte „Verfahren" aufbaut und dann erst die vier Absaugvolumina der rechten Spalte eingeblendet werden (alle auf einmal oder wieder nacheinander).

Folie 7 (hier nicht abgebildet)

Folie 7 des Vortragsbeispiels erläutert die Verfahren der konventionellen Schadstoffabsaugung (Halle, Arbeitstisch, nachzuführende Absaugdüse) in Form von groben Skizzen.

Hinweis zur Gestaltung der Folien 8 und 9

Die Schnittdarstellungen des Brenners mit der Originaldüse (Abb. 5.13) und der optimierten Düse (Abb. 5.14) können gar nicht groß und deutlich genug sein!

Folie 10 (hier nicht abgebildet)

Folie 10 des Vortragsbeispiels erläutert die Variation der Absaugringe in Form von groben Skizzen.

Hinweise zur Gestaltung der Folie 11

Folie 11 des Vortrags (Abb. 5.15) und weitere, hier nicht mehr dargestellte Folien sollen den theoretischen, komplexen Vortragsteil für die Experten („Wirres") bilden. Auf solchen Abbildungen soll es schon reichhaltiger und komplexer zugehen. Die Experten finden sich auch in vielen Zahlen, Elementen und Symbolen zurecht. Eine deutlich höhere Informationsdichte ist hier ein Teil der Vortragstaktik: Die Experten studieren und lernen die Details und Feinheiten, während die Mehrheit eine nicht zu lange Zeitdauer eher überfordert ist und ehrfürchtig abwartet.

**Brennerintegrierte Absaugtechnik
beim Schweißen**

Vortrag von Dipl.-Ing. Franziska Fleißig

Institut für Schweißtechnik
Universität Hannover

anlässlich der DVS-Tagung
"Aktueller Stand der Schweißtechnik"
am 27.10.2006 in Hannover

Universität Hannover

Abb. 5.7 Titelfolie (Folie 1 des Vortragsbeispiels)

Gliederung

**Brennerintegrierte Absaugtechnik
beim Schweißen**

Franziska Fleißig, Hannover

Arbeitsschutz kontra Nahtqualität?

Absaugtechnik
– brenner-integriert
– konstruktiv optimiert
– experimentell verifiziert

Zusammenfassung, Ausblick

Universität Hannover

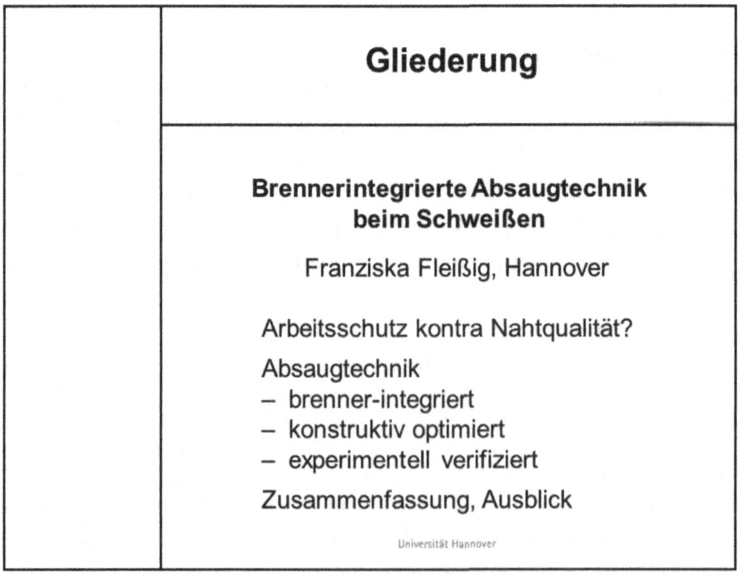

Abb. 5.8 Gliederungsfolie (Folie 2 des Vortragsbeispiels)

40 Jahre Arbeit im Schweißrauch?

Arbeitsschutz
kontra Naht-
qualität?

Absaugtechnik
- brenner-
  integriert
- konstruktiv
  optimiert
- experimentell
  verifiziert

Zusammenfassung
Ausblick

Universität Hannover

Abb. 5.9 Einstiegsfolie (Folie 3 des Vortragsbeispiels), „Bekanntes"

Schadstoffe beim Schweißen

Arbeitsschutz
kontra Naht-
qualität?

Absaugtechnik
- brenner-
  integriert
- konstruktiv
  optimiert
- experimentell
  verifiziert

Zusammenfassung
Ausblick

- Stäube und Gase
- entstehen durch
  – Verbrennen
  – Verdampfen
  – Chemische Reaktionen
- von
  – Bauteilwerkstoffen
  – Schweißzusatzwerkstoffen
  – Schweißhilfsstoffen
- allein, untereinander und mit der Atmosphäre

Universität Hannover

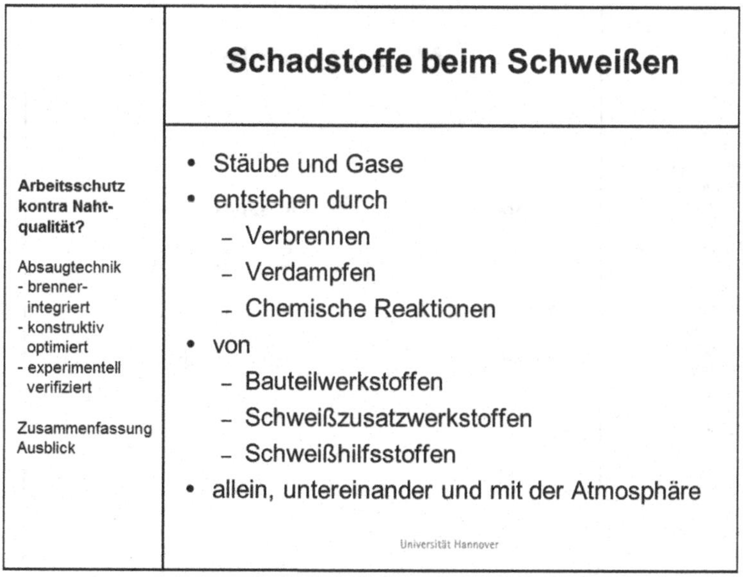

Abb. 5.10 Schadstoffentstehung (Folie 4 des Vortragsbeispiels), „Bekanntes"

Wirkungen der Schadstoffe
Arbeitsschutz kontra Naht-qualität?
Absaugtechnik
- brenner-integriert
- konstruktiv optimiert
- experimentell verifiziert
Zusammenfassung
Ausblick
Stäube
Gase
Cu Fe Be Al Sn
Pb, Co, Cr, Mn, Fluoride, Ni, Ti, Va, Zr
Ozon Phosgen Phosphin Stick-oxide
CO
CO_2
Lungen-verände-rungen
Reizstoffe, toxisch
Reizstoffe, toxisch
toxisch bzw. sauerstoff-verdrängend, klimaschädich
Universität Hannover

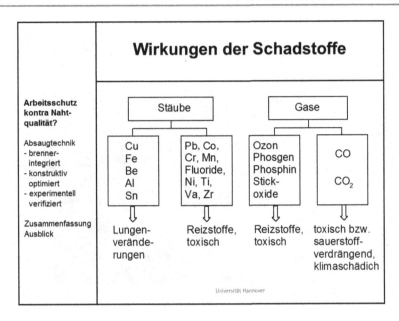

Abb. 5.11 Schadstoffwirkungen (Folie 5 des Vortragsbeispiels), „Neues"

Absaugverfahren
Arbeitsschutz kontra Naht-qualität?
Absaugtechnik
- brenner-integriert
- konstruktiv optimiert
- experimentell verifiziert
Zusammenfassung
Ausblick
Verfahren
Absaugvolumen
• stationär
800 - 1500 m³/h
• teilstationär
180 - 400 m³/h
• mobil
60 - 80 m³/h
• brennerintegriert
25 - 30 m³/h
Universität Hannover

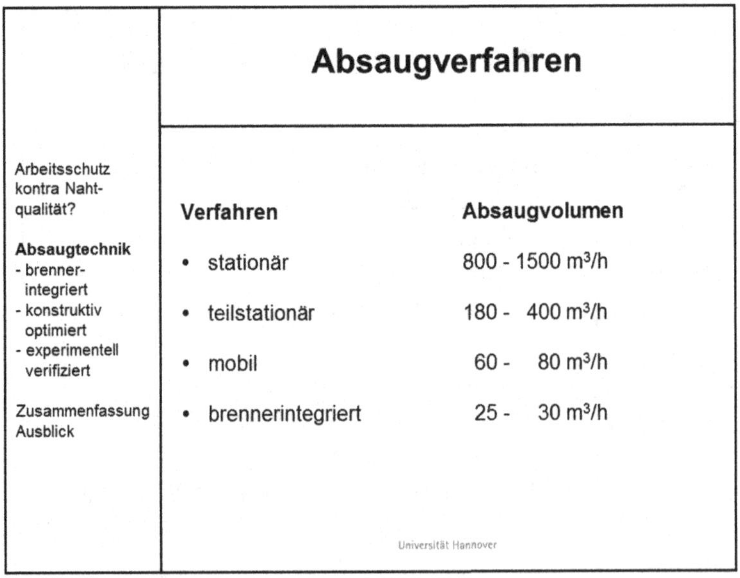

Abb. 5.12 Absaugverfahren (Folie 6 des Vortragsbeispiels), „Neues"

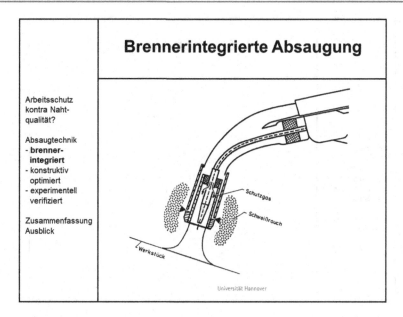

Abb. 5.13 Originaldüse (Folie 8 des Vortragsbeispiels), „Neues"

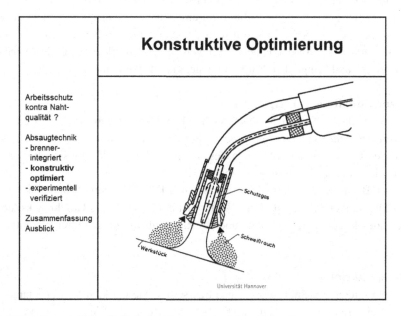

Abb. 5.14 Optimierte Düse (Folie 9 des Vortragsbeispiels), „Neues"

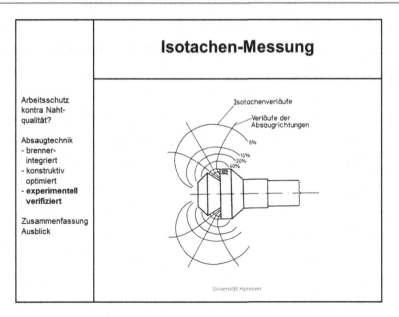

Abb. 5.15 Isotachen-Messung (Folie 11 des Vortragsbeispiels), „Wirres"

Weitere Folien (hier nicht abgebildet)
Wie erwähnt, wurden 2–3 Folien mit anspruchsvollem Inhalt („Wirres") und 1–2 Foli-
en, die die Versuchsanordnung und -durchführung zeigen („Neues"), hier nicht abgebildet. Die vorletzte Folie (Abb. 5.16) mit dem Säulendiagramm über die Effektivität der
Schweißraucherfassung in verschiedenen Schweißpositionen bildet das Ende des Hauptteils des Vortrags und bringt allen Zuhörern neue, klare Erkenntnisse.

Hinweis zur Gestaltung der letzten Folie
In der Zusammenfassung (Abb. 5.17) sollten alle handfesten Ergebnisse bzw. Kernaussa-
gen des Vortrags stehen und durchgesprochen werden, ohne dass etwas wesentlich Neues
auftaucht. Mit diesen Punkten sollen das Gesamtverständnis des Vortragsinhaltes und der
Einstieg in die Fachdiskussion sichergestellt werden.

Mit diesen Beispielen von Visualisierungen wurde Ihnen ein kleiner Ausschnitt aus der
Fülle von Möglichkeiten gezeigt. Alles Weitere ist eine Frage Ihres Geschmacks, des zu
präsentierenden Inhalts, Ihrer Software und der Rahmenbedingungen Ihrer Präsentations-
aufgabe.

Vortragsmanuskript
Dies wird ein kurzer Abschnitt, denn eigentlich sollten Sie gar kein Vortragsmanuskript
haben und frei sprechen (beste Wirkung). Aber das gelingt nicht jedem, schon gar nicht
am Anfang der Karriere. Wählen Sie diejenige Form von Vortragsmanuskript, die Sie als
Gedankenstütze brauchen. Folgende Möglichkeiten stehen zur Verfügung:

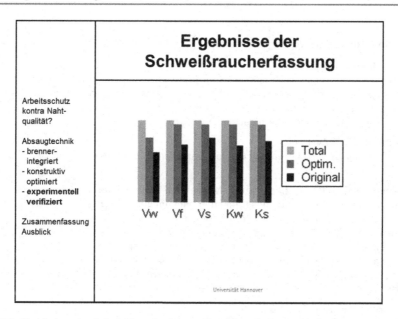

Abb. 5.16 Ergebnisse der Schweißraucherfassung (vorletzte Folie des Vortragsbeispiels), „Neues"

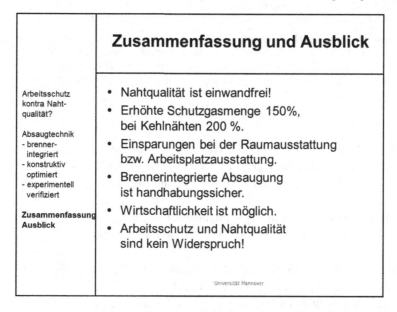

Abb. 5.17 Zusammenfassung (letzte Folie des Vortragsbeispiels), „Nichts Neues!"

Mögliche Formen eines Vortragsmanuskripts

Ausformulierter (Fließ-)Text
Dies ist abzulehnen, denn es ist eher ein Sprechhindernis. Ausnahme 1: Sie lesen alles wortgetreu vor – das wäre schade um Ihre Präsentation. Ausnahme 2: Sie verwenden einen vorformulierten Text nur für den Einstieg und die Schlusssätze, falls Sie eine schlechte Tagesform haben, sowie für wörtliche Zitate.

Kernsätze auf DIN A4-Papier
Mittelgut, da immer noch Lesearbeit vor dem Sprechen, Papiergeraschel und Gestikbehinderung auftreten.

Verkleinerte Folien und dazu passende Notizen auf DIN A5-Papier
Schalten Sie in Ihrem Präsentationsgrafikprogramm um auf „Ansicht – Notizblatt" und schreiben Sie Kernsätze oder Stichwörter unter die Folien. Drucken Sie die Notizenseiten und verkleinern Sie sie mit dem Kopierer auf DIN A5. Diese kleinen Seiten können gut als Manuskript verwendet werden. Sehr sinnvoll ist diese Funktion auch, wenn Sie in einer Fremdsprache vortragen wollen, die Sie nicht perfekt beherrschen. Sie können in Ruhe zu Hause relevante Vokabeln heraussuchen und zu den Folien dazuschreiben.

Stichworte auf Karten DIN A 6
Ziemlich gute bis gute Variante, denn die Karten sind beim Manuskript-Erstellen gut austauschbar und nach einiger Übung gut „handhabbar". Die Handhabung der Karten ist geräuscharm und beinhaltet nur z. T. eine Gestikbehinderung.

Stichworte auf den Visualisierungen
Gute bis sehr gute Variante, wenn die Stichworte auf abklappbaren Papp- oder Kunststoffstreifen direkt auf den Folien geschrieben haben, die dadurch für das Publikum nicht klar erkennbar sind. Sie können so den Eindruck vermitteln, dass Sie ganz „frei" sprechen.

Aus diesen Möglichkeiten wählen Sie die Ihnen sympathischste, probieren aus und perfektionieren ihre Visualisierungen mit der Zeit. Die Kartenmethode DIN A6, siehe Abb. 5.18, ist für den Anfang recht empfehlenswert und dies mit folgenden Hinweisen:

- Ihr Vortrag lässt sich mosaikmäßig kombinieren, umstellen, verlängern und verkürzen.
- Für einen neuen Vortrag können Sie alte und neue Karten verwenden (nur die Vorderseiten!).
- Pro Karte können Sie etwa 5 Stichworte oder Zahlen in möglichst großer Schrift notieren (dicker Stift oder große Schrift und Fettdruck).
- Die Kopfzeile enthält den Gliederungspunkt und rechts oben eine laufende Nummer (mit Bleistift geschrieben!).
- Rechts unten steht die laufende Minute, nach der die Karte abgearbeitet sein sollte.
- Die Karten sind gelocht zum Abheften.

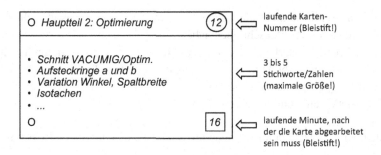

Abb. 5.18 Manuskriptkarte

Bewährt hat sich auch ein Farbsystem der folgenden Art:

- Blaue Karten: „Regie-Karten" für Begrüßung, Zwischenwiederholungen (Redundanz) und Schlusssätze
- Rote Karten: „Muss-Karten" für Einleitungsworte, Hauptteil und Zusammenfassung sowie für alle unverzichtbaren Fakten und Zahlen
- Gelbe Karten: „Soll-Karten" für Ergänzungen zum Hauptteil und zur Zusammenfassung
- Grüne Karten: „Kann-Karten" als Reservestoff mit Zusatzinformationen und Details

Das System funktioniert so:

- Blaue (Regie-) und Rote (Muss-) Karten sind unverzichtbar, sie müssen abgearbeitet werden. Daher sollen es auch nur so viele sein, wie im Zeitrahmen mit Sicherheit verwendet werden können.
- Gelbe (Soll-) Karten sollen möglichst angesprochen werden, können aber bei Zeitknappheit weggelassen (übersprungen) werden.
- Grüne (Kann-) Karten sind der Reservestoff für den Fall von Zeitüberschuss (kommt auch vor) und für spezielle Fragen.

Die Farben helfen, während des laufenden Vortrags rasch umzudisponieren, ohne dass der Vortragskern verloren geht (Thema verfehlt ...).

Vortragsbegleitunterlagen
Der Übergang zwischen Vortragsmanuskript und -begleitunterlagen ist fließend. Je nach Ihrem Informationsziel können Sie folgende Dokumente verteilen:

- die Gliederung,
- kopierte Folien in Originalgröße oder verkleinerte Folien (Handzettel, 2 Folien je Seite),

- Notizenseiten, wenn Sie nicht nur knappe Stichwörter, sondern ausführlichere Informationen zu den Folien aufgeschrieben haben,
- Kopien von diversen Unterlagen, die mit dem Vortragsthema etwas zu tun haben, z. B. Kopien von wichtigen Abbildungen oder Tabellen aus dem Technischen Bericht, die sich schlecht projizieren lassen und/oder
- eine ausführliche Teilnehmerunterlage.

Das Verteilen von Handzetteln mit 2 Folien pro Seite ist dabei das am meisten verbreitete Verfahren.

Nach der Vortragsausarbeitung folgen nun in Schritt 6 die Generalprobe bzw. der Probevortrag und die nötigen Vorbereitungen, bis die eigentliche Präsentation stattfindet.

5.4.4   Schritt 6: Probevortrag und Änderungen

Jede einigermaßen wichtige Präsentation braucht einen Probevortrag, wenn sie erfolgreich sein soll. Dieser läuft nach folgenden Regeln ab:

- Alle Redeteile, Bilderklärungen und eventuelle Vorführungen von Filmen, Videos oder von Gegenständen müssen vollständig und wirklichkeitsgetreu durchgeführt werden (keine Auslassungen, normales Sprech- und Vorführtempo).
- Mindestens eine Zuhörerin oder ein Zuhörer zum . . .
- . . . Führen eines Protokolls und zur Zeitnahme aller Vortragsteile und der Gesamtzeit.

Optimal ist natürlich der spätere Tagungsraum mit seinen Eigenheiten, aber es nützt auch jeder andere Raum. Das Protokoll sollten Sie anschließend ehrlich und objektiv auswerten und danach die Präsentation anhand der folgenden Prüfpunkte überarbeiten.

Auswertung des Probevortrags

- Wo ist was zu streichen (bei Zeitüberziehung)?
- Wo sind Ergänzungen zum Verständnis nötig?
- Welche Bilder sind zu klein, zu voll, zu kompliziert?
- Welche Stichworte, Sätze, Reizworte oder Gags sind gut, welche sind geschmacklos oder verwirrend? (Ironie vermeiden!)
- Welchen Stoff muss ich hinzufügen? Brauche ich Reservestoff?

Ihre Zuhörerinnen oder Zuhörer müssen keine Fachleute sein, um einen Probevortrag beurteilen zu können. Gesunder Intellekt, Interesse und Ehrlichkeit genügen in den meisten Fällen, um Ihrer Präsentation auf die Sprünge zu helfen.

Die richtige Konsequenz aus dem Probevortrag und seinem Protokoll ist, dass Sie auch wirklich bereit sind, alles zu ändern, was nicht überzeugt hat. Erst dann haben Sie das

Gefühl, alles für das Gelingen Ihrer Präsentation getan zu haben. Mehr noch, das Gefühl guter Vorbereitung bringt Ihnen Sicherheit (weniger Lampenfieber), weil Sie ein gutes Produkt vorweisen können. Auch wenn viel zu ändern ist – tun Sie es, soweit es Ihnen möglich ist.

Auch zwei und mehr Probevorträge sind z. B. bei Promotions-, Habilitierungs- und Berufungsvorträgen für Professorenstellen keine Seltenheit. Denn es kommt leicht dazu, dass eine radikale Kürzung infolge des ersten Probevortrags sich im zweiten Probevortrag als übertrieben herausstellt und eine erneute Aufstockung erfordert usw.

5.4.5 Schritt 7: Aktualisierung und Vorbereitungen vor Ort

Die heiße Phase kurz vor der Präsentation erfordert zunächst das Aktualisieren des Vortrags und die Vorbereitungen vor Ort.

Aktualisierung des Vortrags
Oft laufen die Erstellungsarbeiten für einen Vortrag über längere Zeit. Dennoch soll der Inhalt des Vortrags, vor allem für die Experten, wirklich aktuell sein. Dies erfordert

- eine letzte Überprüfung des Vortragsinhalts, vor allem der Expertenkapitel,
- möglicherweise einige Blicke in die neuesten Ausgaben der Fachzeitschriften, am besten auch in die Tageszeitung sowie
- ein Gespräch mit dem Professor, Auftraggeber, Chef oder der Tagungsleitung: es könnten ja neue Umstände eingetreten sein!

Vorbereitungen vor Ort
Am Tag Ihrer Präsentation sollten Sie gute zwei Stunden früher am Ort des Geschehens eintreffen, denn es gibt noch vier Aufgaben:

- die persönliche Vorbereitung,
- die technische Vorbereitung,
- die Raumvorbereitung und
- die inhaltliche Vorbereitung.

Persönliche Vorbereitung
Die persönliche Vorbereitung beinhaltet

- Früh genug da sein (siehe oben – Staus und verpasste Züge sind keine Ausreden!),
- gut ausgeschlafen bzw. körperlich fit sein,
- frische Luft in der Lunge (Spaziergang),
- einwandfreies Äußeres (Spiegel!) und
- ruhige und sichere Ausstrahlung (versuchen).

Technische Vorbereitung

Im Rahmen der technischen Vorbereitungen kümmern Sie sich vorher um

- die Bildtechnik (erproben, ein-/ausschalten, Bildgröße optimieren, evtl. Projektor verschieben, scharf stellen, Bildhelligkeit und Bildfolge erproben; Ersatzlampe!),
- die Pultposition (günstig zum Sprechen, richtige Höhe, nicht im Sichtfeld der Visualisierung; für Rechtshänder am besten vom Publikum gesehen rechts von der Projektionswand; Ablage für Manuskript, Folien, Laptop, Stifte, Zeiger, Uhr),
- die Sprechtechnik (Fest-Mikrofon positionieren, einstellen auf Sprechrichtung, Richtcharakteristik beachten, notfalls erfragen; Ansteckmikrofon anstecken, Sender umhängen, einstecken, einschalten, Lautstärke unbedingt vortesten!) sowie
- ggf. die Modell-/Vorführtechnik (aufbauen, ausprobieren, dann zur Spannungserhöhung wieder abdecken).

Raumvorbereitung

Die Raumvorbereitung zielt darauf ab, eine angenehme Zuhör-Atmosphäre zu schaffen. Sie umfassen folgende Tätigkeiten:

- Raumhelligkeit so steuern (lassen), dass die Bilder brillant sind, dass aber am Zuhörerplatz noch gelesen und geschrieben werden kann,
- Raumluftqualität durch Lüften sicherstellen (sonst schlafen die Zuhörer eher ein),
- Raumtemperatur einstellen (lassen),
- Tafeln säubern, Flipcharts freimachen,
- in der Nähe des Vortragspultes alles Ablenkende entfernen,
- für Sauberkeit und Ordnung sorgen und
- akustische Störungen abschalten, entfernen (lassen), z. B. eine laute Lüftung, Lärm im Nachbarraum, Fenster schließen gegen Straßenlärm etc.

Sie wenden vielleicht ein: „Wozu gibt es einen Hausmeister?!" Richtig, bitten Sie ihn, aber die Verantwortung bleibt für die Dauer Ihrer Präsentation bei Ihnen selbst!

Inhaltliche Vorbereitung

Die inhaltliche Vorbereitung umfasst vorher

- das Ablegen/Verteilen von Begleitunterlagen und
- evtl. das Zeigen eines Einstimmungsbildes (wie z. B. Folie 3 des Beispielvortrags) bzw. einer Pausen- oder Begrüßungsfolie.

5.4.6 Schritt 8: Vortrag, Präsentation

Dieser Schritt bedeutet die Durchführung des Vortrags unter Berücksichtigung aller Merksätze und Hinweise. Er wird im folgenden Abschn. 5.5 nochmals unterteilt in die Phasen

Kontaktvorlauf und Kontaktaufnahme, Beziehungsebene herstellen, Richtiges Zeigen und das Umgehen mit Zwischenfragen.

5.5 Vortragsdurchführung

Endlich geht es los. – Die fast unerträgliche Spannung kann sich lösen. – Aber wie stellen Sie dies an? Wie machen Sie sich warm? Wie kommen Sie über die ersten kritischen fünf Minuten hinweg? Lesen und probieren Sie die folgenden Erfahrungen, Regeln und Tipps.

5.5.1 Kontaktvorlauf und Kontaktaufnahme

Mit dem Kontaktvorlauf und der Kontaktaufnahme beginnt Ihr Vortrag.

Kontaktvorlauf:
Die Rednerin tritt gut gekleidet, ausgeruht, straff, entschlossen ans Rednerpult. Sie startet die Stopp-Uhr auf dem Pult (wird oft vergessen!).

Nehmen Sie keine Armbanduhr mit Echtzeit, diese erfordert ständiges, ablenkendes Umrechnen auf die Vortragszeit.

Die Rednerin blickt dann einmal in die gesamte Runde, freundlich und respektvoll lächelnd, schaut in die erste Zuhörerreihe und sagt:

Kontaktaufnahme:
„Herr Doktor Gärtner (Präsident des Deutschen Verbands für Schweißtechnik), Herr Professor Hauser (Institutsleiter), meine sehr geehrten Damen, meine Herren, auch ich sehe die Sonne draußen scheinen! Umso mehr freue ich mich, dass Sie zu meinem Vortrag dennoch so zahlreich erschienen sind!"

Mit diesen Handlungen „Kontaktvorlauf" und „Kontaktaufnahme" sollen eine positive optische Wirkung und damit Akzeptanz der Person und Aufnahmebereitschaft für den Vortragsinhalt erzielt werden.

Diese beiden Phasen sind nicht zu unterschätzen: Wer hier chaotisch, arrogant oder sehr schüchtern auftritt, hat sich schon das erste Vorurteil, also den ersten Minuspunkt und damit das erste Erfolgshindernis eingehandelt.

Wichtig ist bei der Begrüßung die Einhaltung der wichtigen und auch heute unvermeidlichen richtigen Rangfolge der Prominenten und des Publikums:

- die „Hauptperson" zuerst begrüßen
  (die Dame vor dem Herrn, den Landrat vor dem Bürgermeister usw.)
- maximal 5–7 Einzelnennungen, sonst zusammenfassen: „Meine sehr geehrten Herren Abgeordneten, meine Damen und Herren Professoren"

- „Hauptperson" bzw. „Prominente" sind auch alle Zuhörer, die irgendwie herausragen: eine Dame unter lauter Herren, ein Herr unter lauter Damen.
- Politiker immer namentlich erwähnen (sie wollen bemerkt werden!)
- Niemanden nennen, der nicht anwesend ist! (peinlich, Minuspunkt für schlechte Organisation, vgl. Aktualisierung Abschn. 5.4.5!)
- Titel nennen, aber nicht übertreiben (schleimen)

Im Zweifelsfalle sprechen Sie den Tagungsleiter oder die Sekretärin an, um die richtigen Titel der Prominenten und deren Reihenfolge sicherzustellen – man wird Sie gern unterstützen. Im negativen Fall sind die „wichtigen" Leute, die ja oft auch Entscheidungsträger sind, gleich zu Beginn in ihrer Eitelkeit beleidigt und rebellieren innerlich von nun an gegen Ihren Vortrag. Außerdem schließt man von Ihrer Weltgewandtheit auch auf die Potenz Ihrer Firma. Vor Experimenten sei hier dringend gewarnt!

Die Präsentation beginnt nun mit der Vorstellung der Rednerin, des Vortragsziels und der Vorgehensweise anhand der Gliederung.

Begrüßung:
„Mein Name ist Franziska Fleißig, ich bin seit einem Jahr Hilfsassistentin am Institut für Schweißtechnik der Universität Hannover. Das Ziel meines Vortrags ist, Ihnen allen die neuesten Fortschritte in der brennerintegrierten Absaugtechnik beim Schweißen vorzustellen. Als Vorgehensweise habe ich mir folgende Gliederung gedacht:

(Nach der Titelfolie und der Gliederungsfolie erscheint nun Folie 3 und wird locker erläutert, ohne wörtlich vorzulesen.)

Dieser sachliche Einstieg ist immer richtig, wenn Ihnen nichts Aufregenderes einfällt. Wollen Sie mit einem Gag („Paukenschlag") beginnen, planen und testen Sie diesen Einstieg sorgfältig vor ehrlichen, kritischen Prüfpersonen. (Nebenbei: Bei der Vorstellung wird niemals der eigene Titel genannt, es sei denn, Sie haben dies nötig ...)

Den obigen Einstieg können Sie wörtlich vorformulieren, um ihn bei „Startproblemen" notfalls abzulesen. Die Begrüßungsreihenfolge sollten Sie immer schriftlich fixieren und danach auch vorgehen.

5.5.2 Beziehungsebene herstellen

Unerlässlich in der menschlichen Kommunikation, also auch beim Präsentieren selbst der trockensten Technikinhalte, ist das Herstellen einer Beziehungsebene zwischen Redner(in) und Zuhörerschaft. Wenn zwischen beiden Seiten nichts „läuft", kommt der Vortrag nicht gut „rüber"!

Diese Erfahrungstatsache wird gerade von Technikern/innen oft vernachlässigt, weil sie von der Qualität ihres Faches und ihrer Qualifikation so überzeugt sind, dass sie „der Form" keine Beachtung schenken. Eben diese „Form" ist aber mehr als nur die Verpackung technischer Inhalte. Die Form, die Menschenbehandlung im weitesten Sinne, ist der Schlüssel, um Technik zu vermitteln und bei Entscheidungsträgern durchzusetzen. Deswegen steht ein wenig Psychologie auch Ingenieuren/innen ganz gut an; im Gegenteil, je arbeitsteiliger, d. h. teambestimmter unser Berufsleben wird, desto notwendiger sind diesbezügliche Schlüsselqualifikationen.

Wie können Sie eine solche Beziehungsebene zu Beginn Ihrer Präsentation aufbauen? Es gibt kein Patentrezept, aber eine Empfehlung: Freundlichkeit, Offenheit und Interesse für das Publikum lassen bei den Zuhörenden Sympathie und dadurch wiederum Offenheit und Aufnahmefähigkeit (Akzeptanz) für Ihre Person und Ihre Vortragsinhalte entstehen. Mittel und Wege für den Aufbau einer positiven Beziehungsebene sind zum Beispiel:

- eine gelungene, gut abgewogene Begrüßung,
- die Ansprache der gemeinsamen Situation („schöner Saal", „gemeinsame Besichtigung von ... am gestrigen Abend" usw.),
- Einbau von Inhalten aus dem Vorgängervortrag, Lob des Vorgängervortrags (wenn berechtigt) und Werbung für den Nachfolgevortrag,
- verbindliche, positive, menschliche Einführungssätze,
- Aufforderung zu Zwischenfragen, Regelung der Pause, Angebot der Diskussion,
- Austeilen einer Begleitunterlage (1. Geschenk),
- Ankündigen/Versprechen eines Umdrucks oder einer kleinen Überraschung am Ende des Vortrags oder
- was Ihnen sonst Positives einfällt ...

Bedenken Sie, dass in jedem Menschen, auch in Ihnen, ein Kind steckt, das gestreichelt werden möchte – dann ist es viel offener für die Botschaft Ihrer Präsentation.

Dank und Einleitung
Unsere Rednerin bedankt sich beim Institutsleiter sowie bei ihrem betreuenden Assistenten und bei einigen Laboringenieuren für die fachlich und menschlich gute Betreuung. Nach diesem Einstieg arbeitet die Rednerin die vollständige Einleitung ab, indem sie ihre Folie 3 zeigt und die Notwendigkeit des Arbeitsschutzes beim Schweißen herausstellt. Um Betroffenheit in der Zuhörerschaft herzustellen, stellt sie z. B. die rhetorische Frage, wer im Publikum seinen Vater, Bruder oder Sohn so rauchumhüllt ein Arbeitsleben hindurch leiden lassen würde.

5.5.3 Richtiges Zeigen

Beim Erläutern der Bilder gehen Sie so vor, dass Sie möglichst viel Blickkontakt zum Publikum halten, d. h. Sie zeigen entweder mit einem Zeiger (Kunststoffhand, spitzes flaches Lineal, spitzer, nicht rollender Stift) oder mit dem Mauspfeil (Cursor) auf dem Display des Laptops. (Wer den Beamer benutzt, kann beim Zeigen nicht auf den Cursor verzichten.)

Gerade das Zeigen mit Blick zu den Zuhörern war die Geburtsidee des Tageslichtprojektors! Teleskopstab und Laserpointer bleiben am besten in der Schublade daheim, dann besteht weniger Gefahr, dass Sie „mit der Leinwand reden".

Wenn Sie beim Zeigen auf der Folie den Zeiger hinlegen, loslassen und zum weiteren Zeigen nur kurz verschieben, kann das Publikum die Zeigerrichtung länger, schärfer und besser sehen. Behalten Sie aber den Zeiger in der Hand und tippen damit auf die Folie, so sieht die Zuhörerschaft genüsslich das Zittern Ihrer Hand (stark vergrößert) und kann sich so ein genaues Bild von Ihrem Lampenfieber machen. Letzteres gilt erst recht für den meist wild tanzenden roten Punkt des Laserpointers.

Nun kommt die erste Zwischenfrage aus der Zuhörerschaft. Was tun?

5.5.4 Umgehen mit Zwischenfragen

Allgemein gilt, dass ein modernes Publikum keinen Maulkorb tragen will. Zwischenfragen lassen sich, obwohl sie zur Vortragszeit zählen, nicht rigoros verbieten (wirkt unsicher, unflexibel und autoritär; also Zeit dafür einplanen!). Es gibt zwei große Kategorien von Fragen: Echte Fragen und Unechte Fragen.

Echte Fragen können Fragen nach der Organisation, Verständnisfragen, Problemfragen oder schwierige Fragen sein.

- Fragen nach der Organisation (z. B. Raumlicht einschalten) und Verständnisfragen (z. B. Wort oder Zahl nicht verstanden) sollten Sie sofort, freundlich und kurz beantworten.
- Problemfragen, die eine umfangreiche Beantwortung erfordern, sollten Sie prüfen, ob Sie diese sofort oder besser nach dem Vortrag beantworten. Gewinnen Sie zunächst Zeit, indem Sie die Frage wiederholen für das gesamte Publikum. Antworten Sie dann kurz und treffend oder bitten Sie, die Frage nach dem Vortrag beantworten zu können (Frage notieren!).
- Schwierige Fragen, die Sie überfordern, beantworten Sie lieber nicht oder nennen Sie ausdrücklich nur eine Einschätzung oder Vermutung („Bitte nageln Sie mich darauf nicht fest!"). Geben Sie die Frage offen an das Publikum – oft weiß es jemand.

Unechte Fragen sind keine Fragen, sondern Meinungsäußerungen, Selbstdarstellungen, Einwände oder reine Störmanöver, z. B. der Konkurrenz. Behandlung und Abhilfe:

- rechtzeitig erkennen (Übungssache), höflich, aber bestimmt reagieren,
- je nach Sachlage „antworten", abwiegeln oder zurückweisen,
- nicht provozieren lassen,
- notfalls das Publikum abstimmen lassen und auf jeden Fall . . .
- das Heft des Handelns in der Hand behalten!

Schluss

Unsere Rednerin zeigt die letzte Folie, erklärt diese und sagt, während sie zur Abschluss-
folie mit ihren Kommunikationsdaten weiterblättert: „Meine sehr geehrten Damen und
Herren, ich freue mich, dass Sie mir so gespannt zugehört haben. Dieses war meine erste
Präsentation, ich war zu Beginn sehr aufgeregt; aber jetzt fühle ich mich gut. Ich danke Ih-
nen für Ihre Aufmerksamkeit und stehe für alle Ihre Fragen zur Verfügung. Vielen Dank!"
Beifall braust auf - - - jetzt verteilt die Rednerin ihre ausführliche Teilnehmerunterlage.

Setzen Sie immer einen klaren Schlusspunkt und lassen Sie Ihre Präsentation nicht
am Schluss „zerlaufen"! Das Publikum braucht ein klares Signal für seinen Applaus, und
dieses Signal sollte von Ihnen kommen.

5.6 Vortragsbewertung und -auswertung

Lässt sich eine so vielschichtige und facettenreiche Leistung wie eine Präsentation bewerten? Kommt es mehr auf den Inhalt oder auf die Form der Darbietung, die Rhetorik
an?

Hier sind die Ansichten der Experten sicher geteilt. Dennoch wollen wir versuchen,
hier eine sachgerechte, trennscharfe und möglichst objektive Bewertung durchzuführen
und sei es auch nur zu Ausbildungszwecken. Grundgedanke des folgenden Bewertungs-
schemas ist die ausgewogene Gewichtung aller Vortragselemente eines technisch-natur-
wissenschaftlichen Fachvortrags, Tab. 5.8.

Diese Zahlen wurden aus der Erfahrung heraus gewählt: sie haben sich gut bewährt.
Die Aufteilung besagt, dass die Rhetorik allein oder der Inhalt für sich noch nicht die
Gesamtqualität eines Vortrags ausmacht. Ähnlich wie bei der Beurteilung einer menschlichen Persönlichkeit zählt auch hier die Summe aller Eigenschaften. Diese Tatsache ist
auf der einen Seite keine leichte Aufgabe, weil gleichzeitig auf so viele Dinge zu achten
ist. Andererseits liegt hier eine Chance für jeden Redner und jede Rednerin, ihre Stärken
auszuspielen und damit Schwächen auszugleichen.

Das folgende Schema sähe für andere Disziplinen, z. B. geisteswissenschaftliche Fä-
cher sicher anders aus. Gleichzeitig stellt es eine Anforderungsliste oder Checkliste dar,
nach der die Präsentation eines Vortrags vorbereitet werden kann. Die 25 Kriterien seien
nachfolgend kurz definiert.

Tab. 5.8 Bewertungsschema für einen Fachvortrag mit Gewichtung der Vortragselemente

Vortragselemente	Gewichtung
Durchführung (mit Rhetorik)	30 % Gewicht
Inhalt (Menge und Niveau)	30 % Gewicht
Organisation	20 % Gewicht
Wirkung (subjektiv)	20 % Gewicht
	100 % Bewertung

Checkliste für die Vortragsbewertung (Kriterien)

Durchführung

- Atmosphäre: Zwischenmenschliche und räumliche Bedingungen
- Einstieg: Kontaktaufnahme, einleitende Sätze, ggf. der „Aufreißer"
- Rhetorik:
  - Sprachfluss: Redetempo, Sprachvariation, Pausentechnik
  - Lautstärke: zu leise, angenehm, zu laut
  - Verständlichkeit: Deutlichkeit der Aussprache, Betonung
  - Mimik: Gesichtsausdruck, Mienenspiel
  - Gestik: Einsatz von Hand-, Kopf- und Körperbewegungen
  - Stand: Standruhe, Körperhaltung
  - Blickkontakt: Augenkontakt und Kontrolle der Zuhörer
  - Ausstrahlung: Wirkung bezüglich Persönlichkeit, Engagement und Überzeugungskraft
- Spannung: Spürbarer Spannungsverlauf
- Flexibilität: Reaktion auf Fragen, Pannen, Störungen
- Abschluss: Erkennbarkeit, Harmonie, Aussage

Inhalt

- Stoffmenge: zu viel, gut angepasst, zu wenig (kein Reservestoff)
- Stoffniveau: zu hoch, gut angemessen, zu niedrig (schlechte Abmischung)

Organisation

- Vorbereitung: Materialauswahl, Aufwand, Planung
- Strukturierung: Gliederung, logischer Aufbau
- Transparenz: Klarheit, Überschaubarkeit, Erkennbarkeit der Gliederungselemente
- Visualisierung: Bildhafte Darstellung wichtiger Sachverhalte
- Medieneinsatz: Auswahl und Handhabung der Medien (Tafel oder Weißwandtafel, Flipchart, Overhead-Projektor, Laptop und Beamer, Modelle)
- Redundanz: Einfügen von Wiederholungen und Zwischenresümees
- Zeiteinteilung: Dauer der Vortragsteile, Einhaltung der unteren/oberen Zeitgrenze

Wirkung (subjektiv)

- Lernerfolg: „Mein Zuwachs an Wissen und Verständnis: ..."
- Identifikation: „Materie, Aussagen und Argumente habe ich mir in folgendem Maße zu Eigen gemacht: ..."
- Motivation: „Mein Wunsch und Wille, mich mit diesem Thema zu beschäftigen, mehr zu lernen und mich ggf. dafür einzusetzen: ..."

Bewertung

Um eine Bewertung des Vortrags zu erhalten, rechnen Sie wie folgt.

a) Für die Erfüllung der o. g. Kriterien können Noten gegeben werden:
- sehr gut, sehr häufig, exakt: Note 1
- gut, recht häufig, recht genau: Note 2

- durchschnittlich, mäßig, etwas ungenau: Note 3
- knapp, selten, niedrig, recht ungenau: Note 4
- nicht akzeptabel, nicht erkennbar, sehr ungenau: Note 5

b) Bilden Sie Zwischensummen für jede der Kriteriengruppen 1 bis 4.

c) Schließlich gewichten Sie die Zwischensummen, um eine Bewertung zu erhalten:
- Zwischensumme 1 (Durchführung)$/13 \times 0{,}3 = \ldots$
- Zwischensumme 2 (Inhalt)$/2 \times 0{,}3 = \ldots$
- Zwischensumme 3 (Organisation)$/7 \times 0{,}2 = \ldots$
- Zwischensumme 4 (Wirkung)$/3 \times 0{,}2 = \ldots$
- Bewertung $=$ Gesamtsumme aus den gewichteten Zwischensummen

Auswertung

Diese Bewertungsmethode hat bei über 800 Vorträgen bisher folgende Resultate bzw. Schwachstellen erbracht:

- Es sollte immer eine Tischvorlage mit der Gliederung vor jedem Zuhörenden liegen!
- Der Weg zu einem seriösen, erfolgreichen Fachvortrag führt immer wieder über gute Kleidung.
- Zum Einstieg ist neben der korrekten Begrüßung aller Prominenten und der übrigen Zuhörenden wichtig, durch Ankündigungen, Versprechungen oder Fragen eine gute Spannung aufzubauen. Diese kommt nicht von selbst!
- Über jedem Bild an der Wand sollte die jeweilige Kapitelüberschrift aus der Gliederung zu finden sein, allein das gibt beruhigende Transparenz.
- Die Rhetorik ist meist gut, krankt aber manchmal an ständigem oder zu häufigem Ablesen (nur Stichworte und Zahlen ins Manuskript!) und fehlender Mimik und Gestik (infolge von Lampenfieber, zu hoher Konzentration auf den Stoff und mangelnder Lockerheit). Das sind typische Technikerfehler beim Präsentieren.
- Der Inhalt enthält häufig nicht die drei Niveaus – Bekanntes, Wirres und Neues. Dann ist der Inhalt entweder zu oberflächlich (wenig Expertenwissen, also keine Details und Besonderheiten, kein Insiderwissen) oder er setzt zu viel „Selbstverständliches" voraus (meist auch zu viele Abkürzungen und zu viel verwirrender Fachjargon).
- Der Vortragsstoff enthält oft zunächst zu viel Theorie und zu wenig Beispielhaftes, Anschauliches (besser zuerst Praxis und Anschauung, die dann Appetit auf die Theorie machen!).
- Die Redundanz (das Zusammenfassende, kurze Wiederholungen zwischen den Kapiteln) kommt fast immer zu kurz – sie muss ins Manuskript ausdrücklich eingestrickt sein!
- Häufig ist kein oder zu wenig Reservestoff vorbereitet, mit dem ein zu kurz geratener Vortrag unauffällig auf das richtige Zeitmaß gestreckt werden kann.
- Die Organisation krankt häufig an mangelnder Transparenz, fehlender Redundanz und Zeitproblemen.

Aber: Ein Schritt nach dem anderen! Bis zur Perfektion bedarf es vieler Übung und manch bitterer Erfahrung aus eigenen Vorträgen und Präsentationen. Nach Ihrer Präsentation tun Sie daher gut daran, alle Pluspunkte und alle Schwächen, die Ihnen einfallen, sofort niederzuschreiben. Wenn Sie diese Punkte beim nächsten Vortrag beachten, machen Sie ständig Fortschritte und haben immer mehr Erfolg und Freude beim Präsentieren.

5.7 Der Kurzvortrag

Im heutigen Berufsgeschehen entsteht oft die Notwendigkeit, einen Sachverhalt vor einer Zuhörerschaft relativ kurz und mitunter improvisiert darzustellen. Dies ist die Gelegenheit für den Kurzvortrag von 3, 5 oder 10 Minuten Dauer. Seine Qualität in Form und Inhalt unterscheidet sich vom klassischen vorbereiteten 20-Minuten-Vortrag, wie im Vorangegangenen ausgeführt, nicht grundsätzlich, aber doch in mehreren Details.

5.7.1 Auslöser

Der Auftrag, einen Kurzvortrag zu halten, wird oft spontan erteilt: „Herr Müller-Goldenstedt, schildern Sie uns bitte die Arbeit Ihrer Abteilung!"

Diese Anweisung der Leitung eines Meetings kann jederzeit mehr oder weniger überraschend erfolgen, aus der Agenda zu erahnen oder klug vorherzusehen sein. Ein anders Beispiel: „Frau Dr. Kluge, würden Sie uns kurz über den Sachstand informieren?"

Nun müssen Sie als Redner sich je nach Ihrer Zielgruppe für einen 3-Minuten- oder 10 Minuten-Vortrag entscheiden.

5.7.2 Voraussetzungen

Bei Kurzvorträgen sind zwei Fälle zu unterscheiden:

Fall 1: Die Teilnehmer gehören ausnahmslos zu Ihrem bekannten Personen- und Kollegenkreis – die Zuhörerschaft kennt Sie.
Fall 2: Mindestens eine Person aus der Zuhörerschaft kennt Sie nicht.

Im seltenen Fall 1 (alle kennen Sie) vereinfacht sich das Vorgehen im Kurzvortrag, weil Vorstellung und Bekanntmachung der eigenen Person und des Aufgabengebietes meist entfallen können. Die Redezeit beträgt 3–5 Minuten.

Im häufigen Fall 2 sind Sie nicht oder noch nicht allen Zuhörenden bekannt und sollten die Kontaktaufnahme und Vorstellung auch im Kurzvortrag durchführen, um dem Inhalt Ihrer Ausführungen mehr Gewicht zu geben – die Bedeutung der Botschaft steigt, wenn alle Zuhörer die Person des Boten und dessen Glaubwürdigkeit positiv einschätzen können.

5.7.3   Beispiel-Kurzvortrag vor bekannter Zuhörerschaft

Nun folgt ein Beispiel-Kurzvortrag für Fall 1. Herr Müller-Goldenstedt führt Folgendes zur Arbeit seiner Abteilung aus:

> Ich möchte zwei Punkte ansprechen und Ihnen eine konkrete Empfehlung geben.
> Punkt 1 lautet: Die Konstruktion ist erfreulich weit fortgeschritten, die meisten Forderungen (etwa 90 %) des Lastenheftes sind erfüllt, zum Teil übererfüllt, was Festigkeit und Bruchsicherheit betrifft.
> Punkt 2: Design und Preis sind noch nicht abschließend geklärt. Das Gerät wirkt unpraktisch und hausbacken; an der Ergonomie muss noch gefeilt werden. Dies gilt auch für die Anmutung. Unsere Designlinie sollte noch besser herausgearbeitet werden.
> Der Preis bewegt sich bisher im oberen Bereich, verglichen mit der Konkurrenz, und muss daher neu kalkuliert werden.
> Meine Empfehlung: Wir gestalten das Gehäuse mit einem anderen Kunststoff eleganter und kostengünstiger unter Zugeständnissen an die Bruchsicherheit und können so den Verkaufspreis um 20 % zu senken.
> Der Zeitbedarf hierfür ist ca. 8 Wochen.
> Gibt es Fragen? Nicht?! Danke!

Die wesentlichen Merkmale dieser 3-Minuten-Rede sind:

- Überwiegend sachlich und nüchtern gehalten.
- Keine Begrüßung, keine Vorstellung der eigenen Person und des Aufgabengebietes, weil diese bekannt sind.
- Klare Gliederung in drei Teile (Ankündigung/Einleitung, Hauptteil, Schluss/Rückfragen).
- Jeder Teil ist klar erkennbar. Das schafft Transparenz.
- Die Ankündigung der Empfehlung schafft Erwartung und Aufmerksamkeit.
- Die Aussagen und Begründungen sind schlüssig.

5.7.4   Beispiel-Kurzvortrag vor unbekannter Zuhörerschaft

Hier folgt ein Beispiel-Kurzvortrag für Fall 2. Frau Dr. Kluge informiert über den Sachstand Ihres Projekts:

> Herr Direktor, sehr geehrte Gäste,
> mein Name ist Sandra Kluge, meine Abteilung HG 2 entwickelt Haushaltsgeräte der Spitzenklasse, mit denen unserem Unternehmen im letzten Jahr die Marktführerschaft gelungen ist. Ich freue mich über Ihr Interesse – falls Sie Fragen haben, unterbrechen Sie mich ruhig.
> Zunächst stelle ich Ihnen den Stand der Konstruktion vor, anschließend die noch ausstehenden Schritte und drittens meine Planung bis zur Verkaufsreife.
> Auf dem ersten Bild sehen Sie ...
> (wie Fall 1)

Abschließend möchte ich Ihnen danken für Ihr Interesse; Ihre Anregungen und Hinweise nehme ich gerne entgegen. Ich denke, die meisten Vorschläge lassen sich realisieren – dazu steht hinter mir ein junges, flexibles Team, das ich an dieser Stelle hervorheben möchte.

Sollten sich weitere Fragen ergeben haben, stehen Ihnen meine Mitarbeiter mit folgenden Kontaktdaten zur Verfügung: ...

Danke für Ihr Interesse und weiterhin auf gute Zusammenarbeit!

Die Kennzeichen dieser 10-Minuten-Rede sind:

- Starkes Einbringen der Persönlichkeit durch Vorstellung, Aufgabenbeschreibung, Kontaktherstellung, positive Ausstrahlung.
- Umfassender Inhalt (klare Gliederung, hohe Transparenz, detaillierte Aussagen, fundierte Begründungen).
- Persönlich geprägter Abschluss, Zuhörer bekommen „Lust auf mehr" durch das Angebot der weiteren guten Zusammenarbeit.

5.7.5   Probleme des Kurzvortrags

Beim Kurzvortrag treten die folgenden fünf Probleme immer wieder auf:

- Es ist oft Improvisation gefordert. Um diese Anforderung gut zu erfüllen, sollten Sie jede nur mögliche Situationen vorplanen und Stoff bereithalten (Folien oder Manuskriptkarten).
- Meist ist kein Spannungsbogen möglich.
- Die Zuhörenden (auch die Chefs) sind oft ungeduldig.
- Hilfsmittel sind oft nicht vorhanden. Sie müssen aus dem Stegreif sprechen. Zur Vorbereitung darauf können Sie nur Improvisation üben, z. B. eine Rede über die Vorzüge der Taschenlampe oder Einsatzmöglichkeiten von Büroklammern ausdenken.
- Das Zeitkorsett ist oft unbekannt. Wenn möglich, klären Sie dies vorher, z. B. gleich nach dem Erhalt der Einladung zu einem größeren Meeting. Ansonsten fragen Sie zu Beginn des Kurzvortrags nach.

5.7.6   Taktische Maßnahmen

Um für alle Eventualitäten gerüstet zu sein, sind die folgenden Dinge hilfreich:

- Halten Sie kurze Gliederungen auf Notizkarten und Manuskriptkarten bereit.
- Pro Minute 1 Karte vorsehen, nicht mehr.
- Die Zeitaufteilung soll in etwa 20 % für Begrüßung und Einleitung, 70 % für den Sachinhalt und 10 % für den Abschluss vorsehen.

- Kurzvortrag mit Beamer bzw. Magnettafel oder Magnetleiste, aber auch am Tisch sitzend, besser stehend, mit Karten in der Hand oder auf dem Tisch liegend üben.
- Machen Sie die Übergänge zwischen den Vortragspunkten deutlich.
- Halten Sie viel Blickkontakt zu Ihrem Publikum, lesen Sie wenig ab.
- Sprechen Sie möglichst frei.
- Beachten und praktizieren Sie auch im Kurzvortrag die Rhetoriktipps.

5.8   Rhetorik-Tipps von A bis Z

Auf vielfachen Wunsch unserer Leser folgen nun noch einige Rhetorik-Tipps von A bis Z, die teilweise den drei am Ende Kapitels aufgelisteten Büchern entnommen sind.

ABLR5   sagt nicht Jedem etwas – erklären Sie jede **Abkürzung**, sonst ernten Sie Nachfragen, die Zeit kosten und Sie stören.

Atmen   sollten Sie nicht mit der Atemtechnik eines Sängers, sondern unmerklich; das heißt, so kurz und so häufig wie möglich und dabei „schnell, geräuschlos und mühelos".

Arroganz   ist auch für den totalen Experten fehl am Platz. Sie macht unsympathisch und stört die Akzeptanz (Aufnahmewilligkeit) des Publikums.

Aussprache von Schlüssel- und Fremdwörtern: Sie sollen übertrieben deutlich und in Betonungspausen eingeschlossen gesprochen werden.

Ausstrahlung des/der Vortragenden: Sie beruht auf spürbarer Fachkompetenz, Engagement, Souveränität und dabei auf Offenheit und Freundlichkeit.

Beeinflussung   ist ein Ziel guter Rhetorik. Die Zuhörenden sollen zum Verständnis, zu positiver Entscheidung (Bewilligung, Kauf, Projektverlängerung, . . .), zu persönlichem Vertrauen und zur Wertschätzung des/der Vortragenden motiviert werden.

Begrüßung   ist der erste verbale Kontakt zum Publikum. Sie soll sorgfältig geplant werden (Prominente . . .) und locker und gewinnend die erste Brücke bilden, aber niemals abgelesen werden, womöglich auch noch ohne Blickkontakt.

Beobachtung   einerseits aller Reden und Vorträge in der Öffentlichkeit (Fernsehmoderatoren, Politiker, Experten . . .) helfen zu eigenen Verbesserungen, andererseits soll der Redner sein Publikum immer auf dessen Reaktionen hin im Auge behalten.

Bescheidenheit ist das Gegenteil von Arroganz; zu viel davon wird aber auch als Schüchternheit (Unsicherheit) gedeutet. Ideal sind die bescheidene Selbstsicherheit oder die selbstsichere Bescheidenheit („Ich weiß viel, kann aber nicht alles wissen").

Betonung, und zwar die richtige, ist unabdingbar für eine lebendige Vortragsweise und für das Verständnis, insbesondere bei Fremdwörtern und Eigennamen (im Zweifelsfall nachschlagen, sich schlau machen).

Blick ist die erste Brücke zum Publikum, die Kontakt, Respekt und Vertrauen schafft; nur so entsteht Akzeptanz im Publikum.

Chance, sie besteht bei jedem gelungenen Vortrag: eine gute Kritik, ein Kredit, ein Auftrag oder ein Karriereschritt können folgen.

Dialekt ist menschlich und fast überall hörbar; er sollte weder unterdrückt noch übertrieben werden; er soll das Verständnis des jeweiligen Publikums nicht stören, nicht lächerlich wirken und nicht trennen. Ideal ist „gedachtes Hochdeutsch".

Demagogie („Volksverführung") darf niemals Ziel eines Vortrags oder einer Rede sein, also keine unwahren oder unfairen Inhalte vortragen!

Eindruck ist das Bild, mit dem Sie beim Publikum ankommen. Hierzu dürfen Sie auch mal übertreiben, sich selbst etwas anders geben oder in Maßen schauspielern.

Formulierung ist das wichtigste Mittel zum Verständnis. Bilden Sie klare, kurze Sätze in persönlichem Sprech- (Umgangs-)deutsch unter Vermeidung eines allzu hochwissenschaftlichen oder von Beamtendeutsch geprägten Sprachstils.

Fragen sind das Salz in der Suppe, können einen Vortrag aber auch versalzen (Vgl. Abschn. 5.5.4). Nehmen Sie sie als sportliche Herausforderung und legen Sie sich notwendige Antworten im Voraus zurecht.

Fremdwörter sollten Sie immer (locker nebenbei) erklären bzw. übersetzen, ehe jemand die Stirn runzeln kann, das kostet nur Sekunden und vermeidet Fragen. Fremdwortgebrauch ist aber keine Garantie für „Wissenschaftlichkeit".

Füße sind meist sichtbar und auch Teil der Körpersprache. Stellen und benutzen Sie sie natürlich und unauffällig.

Gestik ist die Verstärkung des Vortragsinhalts durch die Körpersprache. Die Hände in Bauchnabelhöhe sind die beste und lockerste Ausgangsposition für eine inhaltsbezogene, ungezwungene optische Unterscheidung wichtiger (nicht aller) Vortragspunkte.

Haltung ist das optische Mittel, mit dem Sie zugleich Sicherheit, Entschlossenheit und Bescheidenheit signalisieren sollten, also aufrecht und straff, aber dennoch lebendig und immer möglichst frontal zum Publikum stehen.

Hände sind nur anfangs ein Problem. Sie sollten immer sichtbar und so oft wie möglich frei von Gegenständen (Karten, Zeiger, Maus) sein, um gestikulieren zu können.

Hemmungen bauen Sie ab durch exzellente fachliche Vorbereitung (Probevorträge) und beste körperliche Verfassung (Schlaf, Kleidung, Pünktlichkeit).

Humor ist das Kräutersalz der Suppe; er sollte nie ganz fehlen (auch der selbstkritische Humor), stets gut erprobt sein und nie unter die Gürtellinie gehen oder rassistisch sein.

Intelligenz misst das Publikum nicht an Ihrer „Wissenschaftlichkeit", sondern an Ihrer Flexibilität, Schlagfertigkeit und Menschenbehandlung.

Klangfarbe, das heißt, Tonhöhe und -intensität, sollten sich im Laufe des Vortrags einige Male ändern, um Monotonie zu vermeiden.

Kleidung ist der erste optische Eindruck; sie zeigt Ihr Engagement für das Publikum; sie soll dem Anlass, dem Inhalt und Ihrer Person angemessen, im Zweifelsfall eher traditionell und besser als alltäglich sein. Keine Experimente!

Kontakt zum Publikum ist der entscheidende Vorteil des Redners im Gegensatz zum Buch oder Video. Gestalten Sie ihn bewusst durch Begrüßung, Blickkontrolle, Fragen und persönliche Bemerkungen. Tun Sie dies niemals durch Bilder! („Vielen Dank für Ihre Aufmerksamkeit" auf der Schlussfolie ist eher kontraproduktiv, tritt aber leider sehr häufig in Präsentationen auf).

Kontrolle des Redners über sich selbst und über das Publikum sind mühsam, aber unabdingbar: Zeitstand, Aufmerksamkeit des Publikums sowie Bild- und Sprachqualität müssen ständig überwacht werden.

Körpersprache durch Gestik und Mimik macht aus dem Vortrag ein Ereignis und Erlebnis für das Publikum, das nachwirkt.

Lächeln sollte den ganzen Vortrag würzen, wo es passt, ohne schmierig zu wirken. Auch fachliche und ernste Fakten kommen mit freundlicher Miene besser 'rüber. Selbst bei Störungen sollten Sie immer freundlich (= sympathisch) bleiben, selbst wenn Sie innerlich kochen.

Lampenfieber, siehe Hemmungen!

Lautstärke (Ihrer Rede) richtet sich nach der Raumgröße und der Publikumsmenge; sie sollte eher höher sein, aber von Zeit zu Zeit etwas variieren (vgl. Mithören).

Mimik ist die Sprache Ihrer Gesichtszüge; sie soll lebendig und natürlich sein, d. h. öfter wechseln von freundlich zu neutral oder ernst, je nach Vortragsinhalt.

Mithören ist das Rezept für die unauffällige Kontrolle der eigenen Sprache, der Deutlichkeit, der Lautstärke und des Sprechtempos: Hören Sie sich öfter mal bewusst selbst zu, während Sie sprechen, dann regeln sich die obigen Probleme fast von selbst.

Nachbereiten ist klug, um aus jedem Misserfolg oder Erfolg zu lernen; nur so kommen Verbesserung und Routine.

Pannen kommen vor, rechnen Sie mit ihnen! (Versprecher, Technikausfall, Bildverwechslung ...) Kleine Pannen nicht aufbauschen, größere Pannen ansprechen und Verständnis erbitten.

Pausen sind das Schönste an der Arbeit. Auch im Vortrag sind Augenblicke der Stille gut: Denkpausen, Hervorhebungspausen, Nachwirkungspausen, aber möglichst keine zu langen Verlegenheits- oder Absturzpausen (und keinesfalls Füllgeräusche, siehe auch Verlegenheitslaute!).

Persönlichkeit ist das Hauptkapital für den Erfolg eines guten Fachvortrags. Nicht nur was man weiß, sondern wer man ist bzw. wie man wirkt, ist entscheidend.

Pointe ist der Gipfel des Humors; sie sollte wirklich geistreich, passend und erprobt sein, sonst wird sie eher zum Minuspunkt./3/S. 103

Publikum ist Ihr Gegenüber, sind die Adressaten Ihres Vortrags, aber auch Mitwirkende und Partner, die so behandelt werden wollen, vor allem wie Menschen und nicht wie Scanner. Andernfalls streikt das Publikum und Sie reden gegen eine Wand.

Satzbau sollte einfach und leicht verständlich sein und keine Schachtelsätze enthalten (vgl. Formulierung)

Spannung innerhalb des Vortrags kann, wenn sie nicht inhaltlich hineingeplant wurde, auch durch stimmliche Mittel, Mimik und Körpersprache erzeugt werden.

Sprechdeutsch bedeutet nicht Geplauder oder Geschwätz, nicht den Sprachstil einer Betriebsanleitung, eines Gesetzestextes oder einer Regierungserklärung, sondern eine gewählte, allgemeinverständliche Sprache des Alltags.

Sprichwörter lassen sich, wenn sie zum Thema passen, sehr gut einbauen. Insbesondere kann die erste Hälfte gut zur Spannungserzeugung dienen, wenn die zweite Hälfte erst gegen Ende des Vortrags verwendet wird (z. B. Thema Mähdrescher: dazu die Bauernregel: „Steht im November noch das Korn, . . . “, „. . . dann ist es wohl vergessen wor'n!“)

Stand des/der Vortragenden zeigt deren Zustand. Er sollte natürlich sein, also weder stocksteif noch ständig wechselnd, dann lenkt er am wenigsten ab vom Vortrag.

Stimmlage kennzeichnet ein Komma im Satz mit erhöhter Tonlage, einen Punkt immer mit deutlicher und entschlossener Stimmsenkung. Vor allem ein guter Schlusssatz endet in völlig gesenkter Tonlage. (vgl. auch Klangfarbe)

Tempo der Sprache sollte dem Inhalt und dessen jeweiliger Bedeutung angepasst sein; im Zweifelsfall eher etwas langsamer als gewohnt sprechen und durch das eigene Mithören kontrollieren!

Üben ist wichtiger als ein sprachgewandtes Mundwerk; häufige Vorträge und Reden mit ehrlicher Rückmeldung von Zuhörenden schaffen Erfahrung und Routine.

Überzeugung durch gesprochene und durch Gestik und Mimik unterstützte Vortragsweise ist das Ergebnis guter Vorträge – man muss Ihnen glauben können, was Sie sagen.

Verlegenheitslaute und -wörter sind völlig entbehrlich und zeugen nicht von gedanklicher Disziplin! Statt mit „Also . . . “ zu beginnen, statt „ähm“, „und . . . “ und „eigentlich . . . “ machen Sie lieber eine Pause.

Vertrauen zu erzeugen, ist ein wesentliches Ziel Ihres Vortrags, sowohl in dessen Inhalt als auch in Ihre Person und Ihre Firma.

Wiederholung von wichtigen Inhalten, Zahlen und Fakten verstärken Verständnis und Merkfähigkeit.

Yuppie sein ist cool, aber stellen Sie Ihren Sprachstil eher auf die Mitte der Gesellschaft ein – dort sitzen die Entscheidungsträger!

Zeitdruck ist der größte Feind des/der Vortragenden. Es helfen nur eine Stoppuhr und viel Übung, um diesen Feind zu besiegen.

Zeigen sollten Sie beim Reden nie an der Wand, sondern unter Beibehaltung der Publikumskontrolle mit einem spitzen Lineal auf dem Projektor oder mit der Maus auf dem Bildschirm des Laptops! – Zeigen Sie ruhig und länger andauernd, es schauen nicht alle Zuhörer in der gleichen Sekunde nach vorn!

Zwischenfragen erledigen Sie freundlich, erschöpfend und rasch, umso weniger Zeit kosten sie.

5.9 Literatur zu Kapitel 5

- Herrman, P.: Reden wie ein Profi. München, Orbis, 1992
- Jung, H.: Versammlung und Diskussion. München, Goldmann, 1980
- Brehler, R.: Modernes Redetraining. München, Falken, 1995
- DIN 19045-3:1998-12 Projektion für Steh- und Laufbild – Teil 3: Mindestmaße für kleinste Bildelemente, Linienbreiten, Schrift- und Bildzeichengrößen in Originalvorlagen für die Projektion.

Zusammenfassung und Ausblick

6

Nun ist praktisch alles, was bei der Erstellung und beim Vortrag Technischer Berichte an Regeln und Verhaltensweisen zu beachten ist, ausführlich dargelegt worden. Unser Netzplan zur Erstellung Technischer Berichte, Abb. 6.1, ist von der Entgegennahme des Auftrags bis zur Verteilung des fertigen Berichts vollständig abgearbeitet worden. Auch die Umsetzung eines Technischen Berichts als Präsentation bzw. Vortrag vor Publikum wurde detailliert vorgestellt.

Bei allen Schritten ist vom Ersteller des Technischen Berichts zu prüfen, ob vom Auftraggeber oder innerhalb der eigenen Institution bereits Regeln vorliegen, wie Technische Berichte zu verfassen sind. Für den Gebrauch des vorliegenden Buches gilt daher: Vorgegebene Regeln (Institutsnormen, „Prof.“-Normen, Werksnormen) haben grundsätzlich Vorrang vor den im Buch gegebenen Hinweisen.

Liegen derartige Regeln nicht oder nicht vollständig vor, verwenden Sie die hier gegebenen Hinweise und Anregungen. Die konsequente Anwendung der im Buch beschrie-

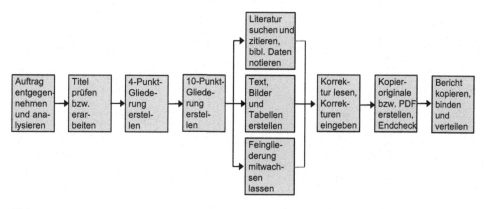

Abb. 6.1 Netzplan zur Erstellung Technischer Berichte – vollständig bearbeitet

© Springer Fachmedien Wiesbaden GmbH, ein Teil von Springer Nature 2019
H. Hering, *Technische Berichte*, https://doi.org/10.1007/978-3-658-23484-3_6

benen Sachverhalte und Vorgehensweisen wird Ihre zukünftigen Technischen Berichte und Vorträge bzw. Präsentationen vermutlich qualitätsmäßig besser werden lassen als Ihre bisherigen. Wir wünschen Ihnen, dass Ihre zukünftigen Technischen Berichte und deren Präsentation zu Ihrem persönlichen Erfolg beitragen.

Literatur

Bücher, Aufsätze u. ä.

In der nachfolgenden Auflistung der zitierten Quellen wurden auf Wunsch von Springer Vieweg die bibliografischen Angaben teilweise angepasst an die aktuell verfügbare Auflage des jeweils zitierten Buches. Wenn dies der Fall ist, wurde darauf hingewiesen mit dem Vermerk „(aktualisierte bibliografische Angaben)".

- *Ammelburg, G.*: Rhetorik für den Ingenieur. 5. Aufl. Düsseldorf: VDI-Verlag, 1991
- *Baker, W. H.*: How To Produce and Communicate Structured Text. In: Technical Communication. 41 (1994), p. 456–466
- *Bargel, H.-J.; Schulze, G.*: Werkstoffkunde. 12. Aufl. Berlin: Springer Vieweg, 2018 (aktualisierte bibliografische Angaben)
- *Brändle, M. et al.* Praxisleitfaden Betriebsanleitungen. tekom (Hrsg.), Stuttgart, 4. Aufl. 2014
- *Brehler, R*: Modernes Redetraining. Niedernhausen/TS: Falken, 1995
- *Decker, K.-H.*: Maschinenelemente: Tabellen und Diagramme. 20. Aufl. München: Carl Hanser, 2018; außerdem ist ein Aufgabenbuch und ein Formelbuch erhältlich (aktualisierte bibliografische Angaben)
- *Dudenredaktion (Hrsg.)*: Duden – die deutsche Rechtschreibung. 27. Aufl. Berlin: Dudenverlag, 2017 (aktualisierte bibliografische Angaben)
- *Erdmann, E. et al.* Praxisleitfäden: Regelbasiertes Schreiben – Englisch für deutschsprachige Autoren. tekom (Hrsg.), Stuttgart, 2. Auflage 2017
- *Fritz, A. H.; Schulze, G.*: Fertigungstechnik. 12. Aufl. Berlin: Springer Vieweg, 2018 (aktualisierte bibliografische Angaben)
- *Fritz, A. (Hrsg.); Hoischen, H. (Begr. d. Werks)*: Technisches Zeichnen: Grundlagen, Normen, Beispiele, darstellende Geometrie. 36. Aufl. Berlin: Scriptor, 2018 (aktualisierte bibliografische Angaben)
- *Gabriel, C.-H. et al.* Richtlinie zur Erstellung von Sicherheitshinweisen in Betriebsanleitungen. tekom (Hrsg.), Stuttgart, 2005

© Springer Fachmedien Wiesbaden GmbH, ein Teil von Springer Nature 2019
H. Hering, *Technische Berichte*, https://doi.org/10.1007/978-3-658-23484-3

- *Grote, K.-H., Feldhusen, J.* (Hrsg.): Dubbel – Taschenbuch für den Maschinenbau. 24. Aufl. Berlin, Heidelberg: Springer Vieweg, 2014 (aktualisierte bibliografische Angaben)
- *Grünig, C.; Mielke, G.*: Präsentieren und überzeugen. Planegg/München: Haufe, 2004
- *Hartmann, M., Ulbrich, B., Jacobs-Strack, D.*: Gekonnt vortragen und präsentieren. Weinheim: Beltz Verlag, 2004
- *Hering, H.*: Verbesserung des Arbeitsschutzes beim Schweißen durch Einsatz brennerintegrierter Absaugdüsen: Effektivität und Qualitätssicherung. Große Studienarbeit, betreut vom Institut für Fabrikanlagen der Universität Hannover und dem Heinz-Piest-Institut für Handwerkstechnik an der Universität Hannover, 1987
- *Hering, H.*: Berufsanforderungen und Berufsausbildung Technischer Redakteure: Verständlich schreiben im Spannungsfeld von Technik und Kommunikation. Dissertation, Universität Klagenfurt, 1993
- *Hering, L.*: Computergestützte Werkstoffwahl in der Konstruktionsausbildung: CAMS in Design Education. Dissertation, Universität Klagenfurt, 1990
- *Hering, L; Hering, H.; Kurmeyer, U.*: EDV für Einsteiger. 2. Aufl. Hemmingen, 1995
- *Hering,L.; Hering, H.; Köhler, N.*: Der TEXTdesigner: Computergestützte Analyse und Optimierung der Verständlichkeit von Sachtexten aller Art. Computerprogramm und Handbuch. Hemmingen, 1994
- *Herrmann, P.*: Reden wie ein Profi. München: Orbis, 1991
- *Hermann, U.; Götze, L.*: Die deutsche Rechtschreibung. Gütersloh, München: Bertelsmann Lexikon Verlag 2002 (aktualisierte bibliografische Angaben)
- *Holzbaur, U; Holzbaur, M.*: Die wissenschaftliche Arbeit. München: Hanser, 1998
- *Horn, J.*: Urheberrecht beim Einsatz neuer Medien in der Hochschullehre. Oldenburg: OLWIR Verlag, 2007
- *Ilzhöfer, V.*: Patent-, Marken- und Urheberrecht – Leitfaden für Ausbildung und Praxis. 10. Aufl. München: Vahlen, 2018 (aktualisierte bibliografische Angaben)
- *Jung, H.*: Versammlung und Diskussion. München, Goldmann, 1980
- *Klein, M.*: Einführung in die DIN-Normen. hrsg. vom DIN, bearb. v. K. G. Krieg, 14. Aufl. Wiesbaden: B. G. Teubner und Berlin: Beuth, 2008
- *Kurz, U., Wittel, H; Böttcher, P. (Begr. d. Werks)*: Böttcher/Forberg, Technisches Zeichnen – Grundlagen, Normung, Übungen und Projektaufgaben. 26. Aufl. Wiesbaden: Springer Vieweg, 2014 (aktualisierte bibliografische Angaben)
- *Labisch, S.; Weber, Chr.*: Technisches Zeichnen: Selbstständig lernen und effektiv üben. 4. Aufl. Wiesbaden: Springer Vieweg, 2013 (aktualisierte bibliografische Angaben)
- *Marks, H.E.*: Der technische Bericht: Ein Leitfaden zum Abfassen von Fachaufsätzen sowie zum Vorbereiten von Vorträgen. 2. Aufl. Düsseldorf: VDI-Verlag, 1975
- *Melezinek, A.*: Unterrichtstechnologie. Wien, New York: Springer, 1982
- *Melezinek, A.*: Ingenieurpädagogik – Praxis der Vermittlung technischen Wissens. 4. Aufl. Wien: Springer, 1999
- *N. N.*: Intensivkurs Neue Rechtschreibung. Köln: Serges Medien, 1998

- *Nordemann, W.; Vinck. K.; Hertin, P.W.:* Urheberrecht: Kommentar zum Urheber-rechtsgesetz, Verlagsgesetz, Urheberrechtswahrnehmungsgesetz. 10. Aufl. Stuttgart: Kohlhammer, 2008 (aktualisierte bibliografische Angaben)
- *Rehbinder, M; Hubmann, H.:* Urheberrecht. 17. Aufl. München: Beck, 2015 (aktualisierte bibliografische Angaben)
- *Reichert, G. W.:* Kompendium für Technische Anleitungen. 6. Aufl. Leinfelden-Echterdingen: Konradin, 1989
- *Reichert, G. W.:* Kompendium für Technische Dokumentationen. 2. Aufl. Leinfelden-Echterdingen: Konradin, 1993
- *Seifert, J. W.:* Visualisieren – Präsentieren – Moderieren. 30. Aufl. Offenbach: Gabal, 2011 (aktualisierte bibliografische Angaben)
- *Theisen, M.:* Wissenschaftliches Arbeiten. 17. Aufl. München: Vahlen, Franz, 2017 (aktualisierte bibliografische Angaben)
- *Thiele, A.:* Überzeugend Präsentieren. 2. Aufl. Berlin: Springer, 2000 (aktualisierte bibliografische Angaben)
- *Wittel, H. et al.:* Roloff/Matek Maschinenelemente. 23. Aufl. Wiesbaden: Springer Vieweg, 2017 (aktualisierte bibliografische Angaben)

Normen, Richtlinien u. ä.

Beim Eintrag „mehrere Teile (oder Blätter)" besteht die Norm oder Richtlinie aus mindestens zwei Teilen (oder Blättern), so dass kein Ausgabedatum angegeben werden kann, weil die Teile (oder Blätter) der Norm oder Richtlinie i. d. R. zu verschiedenen Zeitpunkten erschienen sind.

DIN, Deutsches Institut für Normung (Hrsg.) (erhältlich über Düsseldorf, Berlin: Beuth)

- DIN 108 Diaprojektoren und Diapositive, mehrere Teile
- DIN 406-10:1992-12 Technische Zeichnungen; Maßeintragung; Begriffe, allgemeine Grundlagen
- DIN 406-11:1992-12 Technisches Zeichnen – Maßeintragung, Teil 11: Grundlagen der Anwendung
- DIN 461:1973-03 Graphische Darstellungen in Koordinatensystemen
- DIN 616:2000-06 Wälzlager, Maßpläne <Anm. d. Verf.: Anschlußmaße von Wälzlagern>
- DIN 623-2:2000-06 Wälzlager; Grundlagen; Teil2: Zeichnerische Darstellung von Wälzlagern
- DIN 824:1981-03 Technische Zeichnungen – Faltung auf Ablageformat
- DIN 1301:2010-10 Einheiten, mehrere Teile, u. a. Teil 1: Einheitennamen, Einheitenzeichen
- DIN 1302:1999-12 Allgemeine mathematische Zeichen und Begriffe
- DIN 1303:1987-03 Vektoren, Matrizen, Tensoren – Zeichen und Begriffe

- DIN 1304-1:1994-03 Formelzeichen; Allgemeine Formelzeichen
- DIN 1313:1998-12 Größen <Anm. d. Verf.: enthält auch Einheitensysteme und Gleichungen>
- DIN 1338:2011-03 Formelschreibweise und Formelsatz
- DIN 1421:1983-01 Gliederung und Benummerung in Texten
- DIN 1422-1:1983-02 Veröffentlichungen aus Wissenschaft, Technik, Wirtschaft und Verwaltung; Teil 1: Gestaltung von Manuskripten und Typoskripten
- DIN 1426:1988-10 Inhaltsangaben von Dokumenten; Kurzreferate, Literaturberichte
- DIN 1460:1982-04 Umschrift kyrillischer Alphabete slawischer Sprachen
- DIN 2340:2009-04 Kurzformen für Benennungen und Namen
- DIN 5007:2005-08 Ordnen von Schriftzeichenfolgen (ABC-Regeln)
- DIN 5008:2011-04 Schreib- und Gestaltungsregeln für die Textverarbeitung
- DIN 5473:1992-07 Logik und Mengenlehre – Zeichen und Begriffe
- DIN 5478:1973-10 Maßstäbe in graphischen Darstellungen
- DIN 5483:1982-03 Zeitabhängige Größen; Formelzeichen
- DIN 16511:1966-01 Korrekturzeichen
- DIN 19045-3:1998-12 Projektion für Steh- und Laufbild – Teil 3: Mindestmaße für kleinste Bildelemente, Linienbreiten, Schrift- und Bildzeichengrößen in Originalvorlagen für die Projektion
- DIN 31051:2012-09 Grundlagen der Instandhaltung (auch DIN 31051:2018-09, Entwurf)
- DIN 31623-1:1988-09 Indexierung zur inhaltlichen Erschließung von Dokumenten; Begriffe, Grundlagen
- DIN 31634:2011-10 Information und Dokumentation – Umschrift des griechischen Alphabets
- DIN 31635:2011-07 Information und Dokumentation – Umschrift des arabischen Alphabets für die Sprachen Arabisch, Osmanisch-Türkisch, Persisch, Kurdisch, Urdu und Paschtu
- DIN 31636:2011-01 Information und Dokumentation – Umschrift des hebräischen Alphabets (auch DIN 31636:2018-04 - Entwurf)
- DIN 31638:1994-08 Bibliografische Ordnungsregeln
- DIN 32520 Grafische Symbole für die Schweißtechnik, mehrere Teile
- DIN 55301:1978-09 Gestaltung statistischer Tabellen
- DIN 66001:1983-12 Informationsverarbeitung, Sinnbilder und ihre Anwendung
- DIN 66261:1985-11 Sinnbilder für Struktogramme
- DIN EN 82079:2018-05; VDE 0039-1:2018-05 (Entwurf) Erstellen von Anleitungen; Gliederung, Inhalt und Darstellung – Teil 1: Allgemeine Grundsätze und ausführliche Anforderungen; Text Deutsch und Englisch
- DIN ISO 128 Technische Zeichnungen; Allgemeine Grundlagen der Darstellung, mehrere Teile, u. a. zu Linien, Ansichten, Flächen in Schnitten und Schnittansichten
- DIN ISO 1101:2017-09 Geometrische Produktspezifikation (GPS) - Geometrische Tolerierung - Tolerierung von Form, Richtung, Ort und Lauf

- DIN ISO 2768 Allgemeintoleranzen … ohne einzelne Toleranzeintragung, mehrere Teile aus 1991
- DIN ISO 5456 Technische Zeichnungen; Projektionsmethoden, mehrere Teile aus 1998

VDI, Verein Deutscher Ingenieure (Hrsg.) (erhältlich über Düsseldorf, Berlin: Beuth)

- VDI 2222-2225 Konstruktionsmethodik, mehrere Blätter
- VDI 2244:1988-05 Konstruieren sicherheitsgerechter Erzeugnisse
- VDI 4500 Blatt 1:2006-06 Technische Dokumentation – Benutzerinformation, Begriffsdefinitionen und rechtliche Grundlagen
- VDI 4500 Blatt 2:2006-11 Technische Dokumentation – Organisieren und Verwalten
- VDI 4500 Blatt 3:2006-06 Technische Dokumentation – Erstellen und Verteilen elektronischer Ersatzteilinformationen
- VDI 4500 Blatt 4:2011-12 Technische Dokumentation – Dokumentationsprozess – Planen, Gestalten, Erstellen
- VDI 4500 Blatt 6:2017-11 (Entwurf) Technische Dokumentation – Dokumentationsprozess – Publizieren

ISO, International Organisation for Standardization (Hrsg.) (erhältlich über Düsseldorf, Berlin: Beuth)

- ISO 4:1997-12 Information und Dokumentation – Regeln für das Kürzen von Wörtern in Titeln und für das Kürzen der Titel von Veröffentlichungen
- ISO 8:1977-09 Dokumentation; Gestaltung von Zeitschriften
- ISO 9:1995-02 Information und Dokumentation – Transliteration kyrillischer Buchstaben in lateinische Buchstaben – Slawische und nicht-slawische Sprachen
- ISO 128-1:2003-02 Technische Zeichnungen – Allgemeine Grundlagen der Darstellung – Teil 1: Einleitung und Stichwortverzeichnis
- ISO 128-20:1996-11 Technische Zeichnungen – Allgemeine Grundlagen der Darstellung – Teil 20: Grundlagen für Linien
- ISO 128-21:1997-03 Technische Zeichnungen – Allgemeine Grundlagen der Darstellung – Teil 21: Ausführung von Linien mit CAD-Systemen
- ISO 128-22:1999-05 Technische Zeichnungen – Allgemeine Grundlagen der Darstellung – Teil 22: Grundregeln und Anwendungen für Hinweis- und Bezugslinien
- DIN ISO 128-24:1999-12 Technische Zeichnungen - Allgemeine Grundlagen der Darstellung - Teil 24: Linien in Zeichnungen der mechanischen Technik (ISO 128-24:1999)
- ISO 128-30:2001-04 Titel (Deutsch): Technische Zeichnungen – Allgemeine Grundlagen der Darstellung – Teil 30: Grundregeln für Ansichten
- ISO 128-44:2001-04 Technische Zeichnungen – Allgemeine Grundlagen der Darstellung – Teil 44: Schnitte in Zeichnungen der mechanischen Technik

- ISO 233:1984-12 Dokumentation; Transliteration von arabischen Buchstaben in lateinische Buchstaben
- ISO 259-2:1994-12 Information und Dokumentation – Transliteration hebräischer Buchstaben in lateinische Buchstaben – Teil 2: Vereinfachte Transliteration
- DIN ISO 690:2013-10 Information und Dokumentation – Richtlinien für Titelangaben und Zitierung von Informationsressourcen (ISO 690:2010)
- ISO 832:1994-12 Information und Dokumentation – Bibliographische Beschreibung und bibliographische Nachweise – Regeln für die Abkürzung von bibliographischen Bezeichnungen
- ISO 843:1997-01 Information und Dokumentation – Transliteration und Transkription griechischer Zeichen in lateinische Zeichen
- ISO 1101:2017-02 Geometrische Produktspezifikation (GPS) – Geometrische Tolerierung – Tolerierung von Form, Richtung, Ort und Lauf
- ISO 2145:1978-12 Documentation – Numbering of divisions and subdivisions in written documents
- ISO 2710-1:2017-11 Reciprocating internal combustion engines – Vocabulary – Part 1: Terms for engine design and operation
- DIN EN ISO 3098-1:2015-06 Technische Produktdokumentation – Schriften – Teil 1: Grundregeln (ISO 3098-1:2015); Deutsche Fassung EN ISO 3098-1:2015
- DIN EN ISO 3098-2:2000-11 Technische Produktdokumentation – Schriften – Teil 2: Lateinisches Alphabet, Ziffern und Zeichen (ISO 3098-2:2000); Deutsche Fassung EN ISO 3098-2:2000
- DIN EN ISO 3098-3:2000-11 Technische Produktdokumentation – Schriften – Teil 3: Griechisches Alphabet (ISO 3098-3:2000); Deutsche Fassung EN ISO 3098-3:2000
- DIN EN ISO 3098-4:2000-11 Technische Produktdokumentation – Schriften – Teil 4: Diakritische und besondere Zeichen im lateinischen Alphabet (ISO 3098-4:2000); Deutsche Fassung EN ISO 3098-4:2000
- DIN EN ISO 3166-1:2014-10 Codes für die Namen von Ländern und deren Untereinheiten – Teil 1: Codes für Ländernamen (ISO 3166-1:2013); Deutsche Fassung EN ISO 3166-1:2014
- DIN EN ISO 4762:2004-06 Zylinderschrauben mit Innensechskant (ISO 4762:2004)
- ISO 5456-1:1996-06 Technische Zeichnungen – Projektionsmethoden – Teil 1: Übersicht
- ISO 5456-2:1996-06 Technische Zeichnungen – Projektionsmethoden – Teil 2: Orthogonale Darstellungen
- ISO 5456-3:1996-06 Technische Zeichnungen – Projektionsmethoden – Teil 3: Axonometrische Darstellungen
- ISO 5456-4:1996-06 Technische Zeichnungen – Projektionsmethoden – Teil 4: Zentralprojektion
- ISO 5776:2016-04 Drucktechnik – Korrekturzeichen für Text
- ISO 6410-3:1993-12 Technische Zeichnungen; Gewinde und Gewindeteile; Vereinfachte Darstellung

- ISO 7098:2015-12 Information und Dokumentation – Umschrift des Chinesischen
- ISO 7144:1986-12 Dokumentation; Gestaltung von Dissertationen und ähnlichen Hochschulschriften

Internet-Links, Newsletter und Foren

- http://dnb.d-nb.de Katalog der Deutschen Nationalbibliothek
- www.mvb-online.de MVB Marketing- und Verlagsservice des Buchhandels GmbH erstellt das VLB
- www.vlb.de Verzeichnis lieferbarer Bücher VLB, melden Sie Ihre Publikationen dort an.
- www.german-isbn.org, falls Sie eine ISBN beantragen wollen
- www.vgwort.de Um einen finanziellen Anteil zu bekommen, wenn Bibliotheken Ihre Publikation kaufen oder wenn Leser Ihre Publikation kopieren, müssen Sie Ihre Publikation bei der VG Wort anmelden.
- www.beuth.de und www.iso.org Bezug von und Recherche nach Normen
- www.din5008.de bzw. www.tastschreiben.de: die DIN 5008 im Wortlaut, eine ausführliche Darstellung der Regeln für die neue Rechtschreibung
- www.duden.de/rechtschreibpruefung-online: Rechtschreibprüfung (max. 800 Zeichen)
- dict.leo.org und www.dict.cc: Wörterbücher für verschiedene Übersetzungsrichtungen
- www.systranbox.com/systran/box: Übersetzung von kurzen Texten in verschiedenen Übersetzungsrichtungen
- http://www.google.de/language_tools?hl=de: Übersetzung von kurzen Texten in verschiedenen Übersetzungsrichtungen
- http://de.wikipedia.org/wiki/Liste_von_Konjunktionen_im_Deutschen
- http://grammar.yourdictionary.com/parts-of-speech/conjunctions/conjunctions.html
- www.thepunctuationguide.com Zeichensetzungsregeln für Texte in amerikanischem Englisch
- www.chicagomanualofstyle.org Grammatik, Sprachverwendung, Zitieren von Texten, gilt für Texte in amerikanischem Englisch
- http://openpdf.com/ebook/iso-690-1-pdf.html
- HTML Referenz SelfHTML von Stefan Münz: https://wiki.selfhtml.org/wiki/Startseite
- HTML Referenz von w3schools.com http://www.w3schools.com/tags/
- Online HTML-Bearbeitung: http://htmledit.squarefree.com/
- HTML-Editor Phase 5 (kostenlos): http://www.phase5.info.
- HTML-Editor HTML-kit 292 (kostenlos): http://www.htmlkit.com/
- HTML-Editor für Responsive Web Design (kostenlos): http://www.coffeecup.com/free-editor/
- Formelsatz im HTML-Format www.mathe-online.at/formeln

Glossar – Fachbegriffe der Drucktechnik

Nachfolgend erklären wir Ihnen wichtige Begriffe aus der Drucktechnik, die Ihnen beim Gestalten Ihrer Technischen Berichte und beim Kontakt mit Copy-Shop, Computerladen, Druckerei sowie Zeitschriften- und Buchverlag helfen können.

A

Acrobat Reader ist ein Gratis-Leseprogramm der Firma Adobe zum Ansehen von PDF-Dateien, das Sie sich unter www.adobe.com/de/products/acrobat/readstep2.html herunterladen können.

Das **ANSI** (**A**merican **N**ational **S**tandards **I**nstitute, US-Amerikanisches Normungsinstitut) beschäftigt sich mit Standardisierung und hat u. a. den → ASCII-Code entwickelt.

Der **ASCII**-Code (**A**merican **S**tandard **C**ode for **I**nformation **I**nterchange) ist der Standard, um Buchstaben, Ziffern und Sonderzeichen als Dezimalzahl in Byte zu speichern (in txt-Dateien).

B

bedingter Trennstrich → Trennvorschlag

Ein geschützter Bindestrich (engl.: non-breaking hyphen, NBH) ist ein **Bindestrich**, an dem das Textverarbeitungs-Programm unter keinen Umständen trennt. So wird verhindert, dass bei zusammengesetzten Wörtern wie z. B. „EU-Einfuhrzölle" die Abkürzung allein auf der alten Zeile steht.

Bold ist ein Schriftattribut und bedeutet dasselbe wie „fett".

Bookmark ist das englische Wort für Lesezeichen. Lesezeichen sind vor allem im Internet-Browser und in PDF-Dateien gebräuchlich.

C

Character ist das englische Wort für „Zeichen", also für Buchstabe, Zahl oder Sonderzeichen.

CMYK steht für die Farben türkis, pink, gelb und schwarz (**c**yan, **m**agenta, **y**ellow, bla**c**k). Druckereien benötigen für den Vierfarbdruck alle Farbinformationen basierend auf diesem Farbsystem.

cpi (engl. **c**haracters **p**er **i**nch = Zeichen pro Zoll). 10 und 12 cpi sind gängige Teilungen bei Schriften mit festem Schreibschritt (Schreibmaschine bzw. Courier, Letter Gothic usw.).

D

dpi (engl. **d**ots **p**er **i**nch = Punkte pro Zoll). 300 und 600 dpi sind übliche Auflösungen für Laser- und Tintenstrahldrucker.

Digital Object Identifier **DOI** für digitale bzw. elektronische Dokumente

Im Internet können digitale Dokumente (Dateien) bzw. Objekte unter der Adresse gefunden werden, unter der sie auf einen Server hochgeladen wurden (URL/URI), aber Internetadressen ändern sich von Zeit zu Zeit. Darum wurde das DOI (digital object identification)-System von der internationalen DOI-Stiftung (IDF) gegründet, um die Objekte selbst identifizieren zu können. Die Objekte bekommen eine Nummer und ein Server sucht in seiner Datenbasis, wo die Objekte aktuell verfügbar sind. Beispiel: Das Objekt mit der DOI:10.1007/s003390201377 wird gefunden, wenn Sie den DOI Resolver aufrufen und die DOI-Nummer auf dem Server in das Suchfenster eintragen oder wenn Sie direkt die URI http://dx.doi.org/ 10.1007/s003390201377 in Ihren Browser eintragen, d. h. http://dx.doi.org/ und die DOI-Nummer. Sie werden dann auf den Server weitergeleitet, auf dem sich das Objekt befindet oder Sie erhalten eine Linkliste.

DTP (engl. **D**esktop **P**ublishing = druckfertiges Vorbereiten von Dokumenten auf dem Schreibtisch) mit Hilfe geeigneter DTP-Programme, die Text und Grafik mischen können. Damit wird zwei- und mehrspaltiger Satz erstellt, die Bildpositionierung lässt sich genauer steuern als mit einem Textverarbeitungsprogramm und für den Druck werden → CMYK-Farbauszüge erstellt. Quark Express und PageMaker sind bekannte seitenorientierte DTP-Programme, mit FrameMaker kann man sehr effizient auch sehr große Dokumente bzw. dicke Bücher erstellen.

DTV (**D**idaktisch-**T**ypografisches **V**isualisieren) nach REICHERT ist Visualisieren mit „Textbildern". Hier werden Aufzählungen, Umrahmungen u. ä. typografische Mittel eingesetzt. Zu DTV gehört auch die Darstellung der logischen und ggf. hierarchischen Abhängigkeit von Textblöcken durch gezielten Einsatz von Linien, die meist nur senkrecht und waagerecht verlaufen. DTV füllt die Lücke zwischen konventionellem Langtext und grafischer Visualisierung und ermöglicht leichtes Erstellen, interessiertes Lesen und spontanes Verstehen der jeweiligen Sachaussage.

E

Editieren ist das Erstellen bzw. Modifizieren von Text, Tabellen und Grafiken mit dem Textverarbeitungs-Programm oder anderen Programmen.

F

Fixed spacing ist die englische Benennung für Schriften mit fester Teilung (Courier usw.). Bei einer Fixed-spacing-Schrift ist der Abstand von der Mitte eines Buchstabens bis zur

Mitte des nächsten Buchstabens konstant. Dadurch bleibt rechts und links von schmalen Buchstaben etwas Platz frei.

Ein **Font** ist eine Schriftart mit eigenem Namen (Times New Roman, Arial, Symbol usw.)

Führungsspalte ist bei Tabellen die erste Spalte von links gesehen. Sie enthält die Oberbegriffe für die Einträge in den Zeilen. Deshalb wird sie häufig typografisch hervorgehoben (z. B. durch eine Doppellinie abgetrennt oder durch Rasterung).

G

geschützter Bindestrich → Bindestrich

geschütztes Leerzeichen → Leerzeichen

Gesperrt ist ein Schriftattribut. Dabei wird nach jedem Zeichen ein Leerzeichen gesetzt. Das Leerzeichen nicht gesperrt geschriebener Schrift wird bei gesperrter Schrift durch drei Leerzeichen dargestellt. Bei Proportionalschrift kann man festlegen, um wie viele typografische Punkte die Zeichen voneinander abgerückt (erweitert) werden sollen.

Die **Gliederung** enthält jeweils Dokumentteil-Nummer und Dokumentteil-Überschrift, jedoch keine Seitenzahlen. Sie enthält die Ablauflogik, den sog. „roten Faden". Sie ist ein Zwischenergebnis und wächst mit bei der fortschreitenden Erstellung des Technischen Berichts über die Stadien 4-Punkt-Gliederung und 10-Punkt-Gliederung bis zur fertig ausgearbeiteten Feingliederung.

Glossar ist der aus dem Griechischen abgeleitete, internationale Name ($\gamma\lambda\omega\tau\tau\alpha$ = Zunge, Sprache) für ein alphabetisch geordnetes Verzeichnis von Fachbegriffen mit Erklärungen dieser Begriffe.

H

Halbtonbild ist ein Bild mit stufenlosen Übergängen der jeweiligen Grauwerte oder Farbwerte.

Ein **Hyperlink** ist eine Verknüpfung, ein Verweis bzw. ein Sprungbefehl. Wenn man den Befehl anklickt, gelangt man an eine andere Stelle innerhalb derselben Datei bzw. es wird ein Programm gestartet und die in dem Hyperlink genannte Datei angezeigt.

I

Ein **Icon** ist ein kleines Bildsymbol auf dem Desktop oder in Computerprogrammen. Wenn man das Icon anklickt, ruft man dadurch eine Funktion auf. Das ist bequemer als der Weg über Menüs.

Ein **Inch** (= Zoll) ist eine Längeneinheit. 1 Inch = 25,4 mm = 2,54 cm. Die Auflösung von Bildern, Druckern, Kopierern und Scannern wird in → **dpi** (engl. dots per inch = Punkte pro Zoll) angegeben.

Index ist der aus dem Englischen abgeleitete, internationale Name für das Stichwort- (bzw. Fachwort-) Verzeichnis mit Seitenzahlen zum schnellen Auffinden dieser Begriffe im Text.

Das **Inhaltsverzeichnis** enthält jeweils Dokumentteil-Nummer, Dokumentteil-Überschrift und Seitenzahl und ermöglicht das schnelle Aufsuchen von Kapiteln, Unterkapiteln, Abschnitten usw.

International Standard Book Number **ISBN** für Bücher (Monographien)

International Standard Serial Number **ISSN** (für Zeitschriften und Schriftenreihen bzw. fortlaufende Sammelwerke)

Italic ist ein Schriftattribut und bedeutet dasselbe wie kursiv.

K

Kapitälchen ist bzw. sind ein Schriftattribut, bei dem keine Kleinbuchstaben sondern nur normalgroße und etwas kleinere Großbuchstaben auftreten. Siehe auch → Versalien

Komprimieren, Kompression → packen.

Konsistenz in Technischen Berichten bedeutet, dass gleichartige Sachverhalte bezüglich Rechtschreibung, Zeichensetzung und Typografie im gesamten Bericht einheitlich ausgeführt werden.

Kopfzeile ist bei Tabellen die oberste Zeile. Sie enthält die Oberbegriffe für die Einträge in den Spalten. Deshalb wird sie häufig typografisch hervorgehoben (z. B. durch eine Doppellinie abgetrennt oder durch Rasterung).

Korrekturzeichen werden zur Textkorrektur verwendet und sind in DIN 16 511 genormt. Sie stehen auch im Rechtschreib-Duden.

L

Unter dem Begriff **Layout** werden alle Maßnahmen zusammengefasst, die das Erscheinungsbild von Informationen auf dem Papier beeinflussen. Hierunter fallen das Dokument- bzw. Seitenlayout (zum Beispiel die Festlegung der Seitenränder, Verwendung einer Kopfzeile) und die Festlegung von Absatz- und Zeichenformaten: Wahl der Schriftart und Schriftgröße für Dokumentteil-Überschriften, Text, Bildunterschriften, Tabellenüberschriften, Einrückungen und Einzüge, Texthervorhebungen (kursiv, fett, unterstrichen), die Verwendung von Leitzeichen in Aufzählungen sowie die Festlegung, wie Bildbeschriftungen und Tabellen gestaltet werden.

Library of Congress Control Number **LCCN** (früher Library of Congress Catalog Card Number) für Publikationen, die von der amerikanischen Nationalbibliothek registriert wurden.

Das geschützte **Leerzeichen** (engl.: non-breaking space, NBSP) wird z. B. zwischen den Komponenten einer mehrteiligen Abkürzung oder zwischen abgekürzten Titeln und Nachnamen verwendet. Es erzeugt einen festen Wortabstand, der bei Blocksatz ggf. kleiner als zwischen normalen Wörtern ist, und es behindert den automatischen Zeilenumbruch an dieser Stelle, so dass Abkürzungen und Namen wie „i. Allg., i. w. S, z. T., Dr. Meier" entweder auf der alten oder auf der neuen Zeile zusammen stehen.

Legende ist eine Erläuterung für Tabellen und Bilder, die immer *unterhalb* der Tabelle bzw. des Bildes steht.

Leitzeichen treten bei Aufzählungen auf, z. B. folgende Zeichen: ·, •, -, –, — usw.

Lesehilfen sind alle Verzeichnisse und Beschriftungen eines Dokumentes, die über den reinen Text mit Bildern und Tabellen hinausgehen, d. h. sämtliche Arten von Verzeichnissen, Fußnoten, Randnotizen (Marginalien), Register-Markierungen, Kopf- und Fußzeilen sowie Spaltenüberschriften.

lpi (engl. **l**ines **p**er **i**nch = Linien pro Zoll). 6, 4 und 3 lpi bedeutet 1-zeilig, 1 1/2-zeilig und 2-zeilig. Dies ist eine nicht mehr so übliche Angabe des Zeilenabstandes aus der Schreibmaschinenzeit.

M

Ein **Makro** ist ein Kurzbefehl in einem Computer-Programm, der die aufeinander folgende Eingabe von mehreren anderen Befehlen (oder Zeichen in einem Textverarbeitungs-Programm) ersetzt.

Majuskeln sind Großbuchstaben bzw. eine nur aus Großbuchstaben bestehende Schrift, siehe auch → Versalien.

Minuskeln sind Kleinbuchstaben bzw. eine nur aus Kleinbuchstaben bestehende Schrift.

Multimedia ist die Kombination von Text, Tabellen, Bildern, Ton und Filmsequenzen (einschließlich Computer-Animationen) zu einer neuen Form der Informationsdarstellung. Wenn ein Mensch derartige Informationen wahrnimmt, werden gleichzeitig mehrere Sinne angesprochen. Dadurch erhöht sich die Lern- und Behaltensleistung.

O

OCR (**O**ptical **C**haracter **R**ecognition, optische Zeichenerkennung) ist eine Funktion beim Scannen, bei der gedruckte Textseiten eingelesen und in bearbeitbare Zeichen umgewandelt werden.

P

Beim **Packen** wird die Dateigröße durch ein Packprogramm verringert. Außerdem können mehrere Einzeldateien zu einer gut handhabbaren Archivdatei verbunden werden. Dabei entsteht eine Datei mit der Dateiendung *.zip. Durch das Packen/die Datenkompression können mehr Daten auf einem Datenträger gespeichert werden. Der Versand von E-Mails mit Dateianhängen wird beschleunigt.

PDF (Portable Document Format) ist eine Seitenbeschreibungssprache, die von der Firma Adobe definiert wurde. Der Zeilen- und Seitenumbruch bleibt erhalten, d. h. der Betrachter sieht die Seiten auf seinem Computer genauso, wie sie der Autor gestaltet hat → Acrobat Reader.

Ein **Piktogramm** ist ein Bildsymbol → Icon.

Wenn ein Bild als **Pixelgrafik** vorliegt, dann setzt sich die Bildinformation aus einzelnen Bildpunkten (Pixeln) zusammen. für jeden einzelnen Bildpunkt wird gespeichert, welche Farbe er hat. Dadurch wächst die Dateigröße bei Pixelgrafiken mit der Bildfläche schnell an.

PostScript (PS) ist eine Seitenbeschreibungssprache, die von der Firma Adobe definiert wurde. Heutige Drucker arbeiten praktisch alle mit PostScript. Da Adobe für die Bildschirm-Darstellung von PS-Dateien Lizenzgebühren verlangt, und den Acrobat Reader für PDF-Dateien kostenlos bereitstellt, hat sich PDF für den Dateiaustausch etabliert.

Proportionalschrift = englische Benennung für Schriften mit variabler Teilung (Times New Roman, Arial usw.). Bei einer Proportionalschrift ist – vereinfacht ausgedrückt – der Abstand vom Ende eines Buchstabens bis zum Anfang des nächsten Buchstabens konstant.

Punkt: Maß im grafischen Gewerbe für die Buchstabenhöhe und die Strichstärke von Linien.

R

Mit einer **Rasterfolie** kann ein Halbtonbild beim Kopieren oder ein Negativ beim Vergrößern in Bildpunkte zerlegt werden.

Rasterung ist die Zerlegung von Halbtonbildern in Bildpunkte z. B. mit Rasterfolien. Rasterung ist aber auch das Hinterlegen von Flächen mit Grau- bzw. Farbraster unterschiedlicher Intensität. In Textverarbeitungs-Programmen wird diese Rasterung oft als „Schattierung" bezeichnet.

RFID (**R**adio **F**requency **Id**entification) bedeutet im Deutschen Identifizierung von Gegenständen und Lebewesen (z. B. Hunden) mit Hilfe von elektromagnetischen Wellen, die ein Funkchip aussendet. RFID-Chips sind auch im Buchrücken von Büchern aus der Bibliothek versteckt.

S

Sachwortverzeichnis → Index.

Satzspiegel ist der Bereich einer Druckseite, in dem sich „Druckerschwärze", also Texte, Bilder, Kopf- und Fußzeilen, Tabellen usw. befinden (dürfen). Bei mehrspaltigem Text ist der Satzspiegel für jede Spalte durch Weißraum abgegrenzt.

Schattierung → Rasterung.

Schriftattribute sind verschiedene Ausführungsarten von Buchstaben und Wörtern einer bestimmten Schriftart. Schriftattribute sind z. B. **fett**, *kursiv*, unterstrichen <u>einfach</u>, <u>doppelt</u> und p̤ünktiert, aber auch ~~durchgestrichen~~, ^{hochgestellt}, _{tiefgestellt}, KAPITÄLCHEN und GROSSBUCHSTABEN.

Serifen sind die kleinen Abschlussquerstriche an den Buchstaben mancher Schriften, z. B. aus der Times-Familie. Beim Lesen erleichtern sie dem Auge das Halten der Zeile.

Bei **skalierbaren** Schriftarten ist die Größe der Schrift im Textverarbeitungs-Programm wählbar. Sie wird in der typografischen Maßeinheit „Punkt" angegeben.

Der **Style Guide** ist eine Sammlung von bestimmten Schreibweisen, Fachbegriffen sowie Layout-Vorschriften für ein größeres Dokument (ab ca. 20 Seiten). Er stellt sicher, dass innerhalb einer größeren Arbeit gleiche Sachverhalte immer gleich ausgedrückt (Terminologie) bzw. dargestellt (Layout) werden, dass also die Arbeit in sich *konsistent* ist.

SW ist die Abkürzung für Schwarz-Weiß und tritt z. B. in den Begriffen SW-Drucker, SW-Kopierer, SW-Bild auf.

T

In **Textbildern** wird Text bildhaft so angeordnet, dass die Erfassung der Sachaussage leichter ist und die Behaltensleistung steigt. Textbilder werden oft auf Folien angewendet → DTV.

Textformatierung → Layout.

Eine **Texttabelle** ist eine Tabelle, die (weitaus überwiegend) Text enthält.

Ein bedingter Trennstrich (engl.: soft hyphen, SHY) ist ein **Trennvorschlag**, der dem Textverarbeitungs-Programm gegeben wird, um falsche Trennungen zu verhindern oder zu große Abstände zwischen den Wörtern zu vermeiden. Er wird in Word mit Strg und „-" in der normalen Tastatur eingegeben. Wenn der bedingte Trennstrich durch Texteinfügungen oder Textlöschungen in die Mitte der Zeile verschoben wird, ist er nicht zu sehen. Ein von Ihnen gesetzter, normaler Bindestrich müsste über die Tastatur gelöscht werden, was aber oft übersehen bzw. vergessen wird.

Typografie ist die Anordnung der Druckerschwärze auf dem Papier. Es wird zwischen Makrotypografie (auf Text- bzw. Seitenebene) und Mikrotypografie (auf Zeichenebene) unterschieden.

U

Unicode ist ein internationaler Computer-Code für Schriftzeichen und Textsymbole aus allen bekannten Sprachen, Schriftkulturen und Zeichensystemen der Erde. Unicode soll unterschiedliche inkompatible Kodierungen in verschiedenen Ländern oder Kulturkreisen beseitigen.

V

Wenn ein Bild als **Vektorgrafik** vorliegt, dann setzt sich die Bildinformation aus skalierbaren Geometrie-Informationen zusammen (z. B. Mittelpunktskoordinaten und Radius eines Kreises). Für diese Geometrie-Objekte wird auch Linien- und Füllfarbe, Linienart, Füllmuster usw. gespeichert. Die Dateigröße ist bei Vektorgrafiken deutlich kleiner als bei Pixelgrafiken.

Versalien ist bzw. sind ein Schriftattribut. Dabei werden zum Schreiben nur Großbuchstaben verwendet. Schrift mit Versalien ist schlechter lesbar als Schrift mit Groß- *und* Kleinbuchstaben.

Ein **Viewer** ist ein Programm zum Betrachten von Text- und Grafikdateien.

W

Weißraum ist ein weißer Bereich auf der Seite, wo sich keine alphanummerischen Zeichen befinden, z. B. die Leerzeile zwischen zwei Absätzen oder der weiße Raum, der sich zwischen Tabellenzellen und -zeilen befindet (wenn die Zellen nicht durch Linien abgegrenzt sind).

Z

Zip-Datei, zippen → packen.

Ein **Zoll** (engl. inch) ist eine Längeneinheit. 1 Zoll = 25,4 mm = 2,54 cm. Die Auflösung von Bildern, Druckern, Kopierern und Scannern wird in → **dpi** (engl. dots per inch = Punkte pro Zoll) angegeben.

Sachverzeichnis

Printed in the United States
By Bookmasters